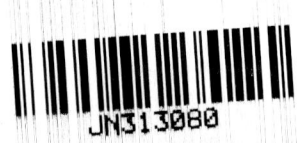

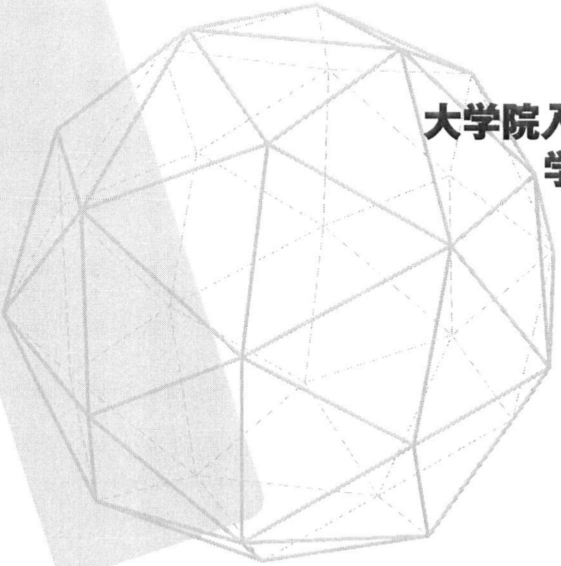

大学院入試問題から
学ぶシリーズ

池田和正［著］

線形代数

日本評論社

はじめに

日本の大学の講義は抽象論に終始して，現実に直面している事態を解決する上でどのように数学を使って作業をしたらよいかわからないことが多いと思います．本書では，理論が実際の問題にどのように適用されるかに主眼をおいています．

各大学の大学院の入試問題を調べてみましたが，膨大な量があり，集約しきれないことがわかったので，本書では，東京大学の大学院に焦点を絞りました．しかし，東大だけを見ても，理学系，工学系などさまざまな研究科があり，分量はとても多くあります．さらに，大学院の各専攻で独自に作問しているところもあるので，問題は多種多様で，他大学の大学院を受験する場合の教材としても役に立つことでしょう．

本書では，文系の経済学や，生物系の薬学などの問題を多く採用したので，大学１年の線形代数学の中間試験や期末試験の勉強にも適切な問題がたくさん入っています．

また，高校で習ったベクトル・行列を忘れてしまった人や未習の人のために，最初の章にウォーミングアップ用の，大学の入学試験問題を入れました．

大学受験生，大学院受験生，社会人で数学の速習が必要になった人，演習の題材に困っている大学の先生など，さまざまな人のお役に立つことができれば幸いです．なお，問題の解答・解説は，すべて著者の責任のもとに執筆を行っており，出題した大学院は一切関わっていないことをお断りします．

筆者が希代の遅筆なため，刊行に時間がかかってしまいました．担当の佐藤大器氏，筧裕子氏が叱咤激励し，粘り強く待っていただいたおかげで，出版に漕ぎ着けることができ，感謝しております．

2011 年 8 月

池田和正

目 次

第0章 基本問題でウォーミングアップ

問題 0.1

空間ベクトルの内積

次の $\square$ にあてはまる数は何か．

空間の2つのベクトル $\vec{a}=\begin{pmatrix}1\\-1\\0\end{pmatrix}$ と $\vec{b}=\begin{pmatrix}1\\1\\4\end{pmatrix}$ とに直交し，長さが1で，その x 成分が正となるベクトル $\vec{c}$ は $\vec{c}=\begin{pmatrix}\square\\\square\\\square\end{pmatrix}$ である．また，ベクトル $\vec{d}=\begin{pmatrix}4\\2\\3\end{pmatrix}$ が $\vec{d}=\alpha\vec{a}+\beta\vec{b}+\gamma\vec{c}$ と表されるとすると，$\gamma=\square$ である．

1974年 東京大 入試問題

解答 | $\vec{c}=\begin{pmatrix}x\\y\\z\end{pmatrix}$ とおくと $\vec{a}\cdot\vec{c}=0$ かつ $\vec{b}\cdot\vec{c}=0$ より，$\begin{cases}x-y=0\\x+y+4z=0.\end{cases}$

これを解いて $x:y:z=2:2:(-1)$．よって $\vec{c}=k\begin{pmatrix}2\\2\\-1\end{pmatrix}$ とおける．$|\vec{c}|=1$ より $\sqrt{(2k)^2+(2k)^2+(-k)^2}=1$ なので $k=\pm\frac{1}{3}$．x 成分が正より，$k=\frac{1}{3}$．

$$\text{(答)}\quad \vec{c}=\begin{pmatrix}\frac{2}{3}\\\frac{2}{3}\\-\frac{1}{3}\end{pmatrix}.$$

$\vec{d}=\alpha\vec{a}+\beta\vec{b}+\gamma\vec{c}$ の両辺に $\vec{c}$ を内積して，

$$\vec{d}\cdot\vec{c}=\alpha\vec{a}\cdot\vec{c}+\beta\vec{b}\cdot\vec{c}+\gamma\vec{c}\cdot\vec{c},$$

$$\vec{d}\cdot\vec{c}=4\times\frac{2}{3}+2\times\frac{2}{3}+3\times\left(-\frac{1}{3}\right)=3,$$

$$\vec{a}\cdot\vec{c}=0,\quad \vec{b}\cdot\vec{c}=0,\quad \vec{c}\cdot\vec{c}=|\vec{c}|^2=1$$

より

(答) $\gamma=3.$

解説 | $\vec{a}=\begin{pmatrix}a_1\\a_2\\a_3\end{pmatrix}$ の長さ $|\vec{a}|$ を $\sqrt{a_1^2+a_2^2+a_3^2}$ で定義する．$\vec{a}$ と $\vec{b}=\begin{pmatrix}b_1\\b_2\\b_3\end{pmatrix}$ の内積 $\vec{a}\cdot\vec{b}$ を $a_1b_1+a_2b_2+a_3b_3$ で定義する．このとき $|\vec{a}|=\sqrt{\vec{a}\cdot\vec{a}}$ が成り立つ．

$\vec{a}$ と $\vec{b}$ の成す角を θ とおくと，$\vec{a}\cdot\vec{b}=|\vec{a}||\vec{b}|\cos\theta$ が成り立つ．特に，

$$\vec{a}\cdot\vec{b}=0 \iff \vec{a}\perp\vec{b}.$$

ただし，$\vec{0}$ は任意のベクトルと垂直であると見なした．

問題 0.2

空間図形の式

座標に定められた空間において，直線 l は 2 点 (1,1,0), (2,1,1) を通り，直線 m は (1,1,1), (1,3,2) を通る．

(問 1) l を含み m に平行な平面の方程式を $ax+by+cz+d=0$ の形に表せ．

(問 2) 点 (2,0,1) を通り l,m の両方と交わる直線を n とする．l と n の交点および m と n の交点を求めよ．

1977 年 東京大 入試問題

解答 | **問 1** 求める平面の法線ベクトル $\vec{n}=\begin{pmatrix}a\\b\\c\end{pmatrix}$ は，l の方向ベクトル

$$\vec{l}=\begin{pmatrix}2\\1\\1\end{pmatrix}-\begin{pmatrix}1\\1\\0\end{pmatrix}=\begin{pmatrix}1\\0\\1\end{pmatrix}$$

と m の方向ベクトル

$$\vec{m}=\begin{pmatrix}1\\3\\2\end{pmatrix}-\begin{pmatrix}1\\1\\1\end{pmatrix}=\begin{pmatrix}0\\2\\1\end{pmatrix}$$

の両方に垂直である (図 0.1).

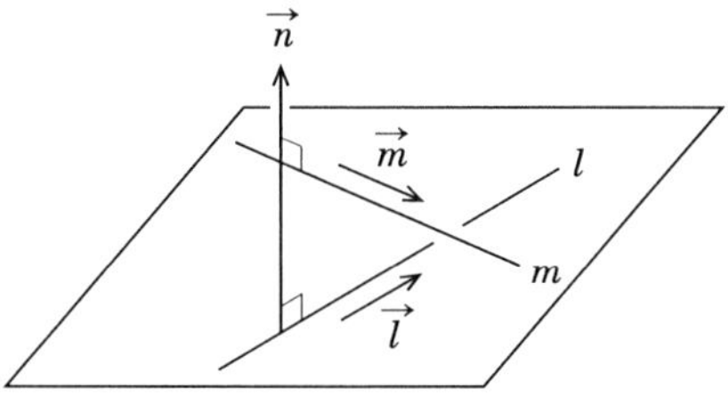

図 0.1

よって，$\vec{n}\cdot\vec{l}=0$ かつ $\vec{n}\cdot\vec{m}=0$. これを解いて，$a=-c$ かつ $b=-\dfrac{c}{2}$ より，

$$a:b:c=2:1:(-2).$$

よって，$\vec{n}$ の 1 つは，$\begin{pmatrix}2\\1\\-2\end{pmatrix}$ なので，平面の式は，

$$2x+y-2z+d=0 \tag{1}$$

とおける．求める平面は，直線 l を含むので，点 $(x,y,z)=(1,1,0)$ を含む．これを 式 (1) に代入して，$3+d=0$. よって，$d=-3$.

(答)　$2x+y-2z-3=0$.

問 2　l 上の点 P と m 上の点 Q をパラメータ表示すると，

$$\overrightarrow{\mathrm{OP}}=\begin{pmatrix}1\\1\\0\end{pmatrix}+s\begin{pmatrix}1\\0\\1\end{pmatrix},\quad \overrightarrow{\mathrm{OQ}}=\begin{pmatrix}1\\1\\1\end{pmatrix}+t\begin{pmatrix}0\\2\\1\end{pmatrix}$$

となる．ここで s と t はすべての実数を動くパラメータである．R(2,0,1) とおくと，

$$\overrightarrow{\mathrm{RP}}=\overrightarrow{\mathrm{OP}}-\overrightarrow{\mathrm{OR}}=\begin{pmatrix}s-1\\1\\s-1\end{pmatrix},\quad \overrightarrow{\mathrm{RQ}}=\overrightarrow{\mathrm{OQ}}-\overrightarrow{\mathrm{OR}}=\begin{pmatrix}-1\\2t+1\\t\end{pmatrix}$$

である (図 0.2). P, Q, R が一直線上にあることから $\overrightarrow{\mathrm{RP}}=k\overrightarrow{\mathrm{RQ}}$ より，$t=-1$,

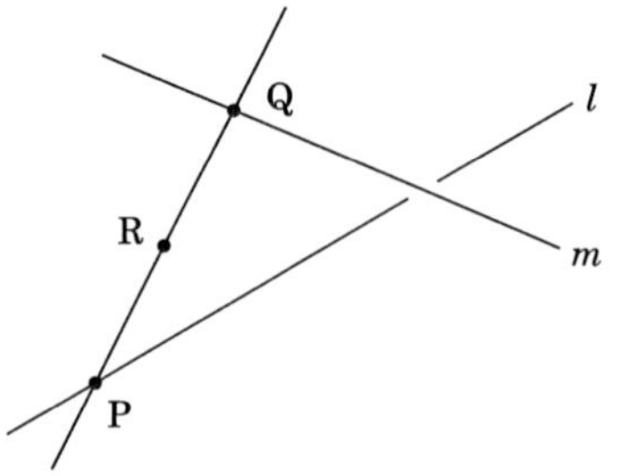

図 0.2

$k=-1,\ s=2$. よって,

$$\textbf{(答)}\quad \mathrm{P}(3,1,2),\qquad \mathrm{Q}(1,-1,0).$$

解説 | $\vec{n}=\begin{pmatrix}a\\b\\c\end{pmatrix}$ を $\vec{0}$ でないベクトルとする. $\vec{n}$ に垂直な平面の式は

$$ax+by+cz+d=0$$

とおける. $\vec{n}$ はこの平面の法線ベクトルと呼ばれる. 実数項 d は, 平面上に載る 1 点から決めることができる.

$\vec{d}=\begin{pmatrix}a\\b\\c\end{pmatrix}$ を $\vec{0}$ でないベクトルとする. $\vec{d}$ に平行な直線の式は

$$\frac{x-x_0}{a}=\frac{y-y_0}{b}=\frac{z-z_0}{c}$$

とおける. $\vec{d}$ はこの直線の方向ベクトルと呼ばれる. (x_0,y_0,z_0) は, 直線上に載る 1 点である. ただし, この式で分母が 0 のときは分子も 0 とみなすことにする.

問題 0.3

スペクトル分解による行列の n 乗

(問 1) $\alpha<\beta$ とする. 2 次の正方行列 A,P,Q が, 5 つの条件

$$A=\alpha P+\beta Q,\quad P^2=P,\quad Q^2=Q,\quad PQ=O,\quad QP=O$$

を満たすとする．ただし，O は零行列 $\begin{pmatrix}0 & 0\\ 0 & 0\end{pmatrix}$ である．このとき $(P+Q)A=A$ が成り立つことを示せ．

(問 2) 行列 $A=\begin{pmatrix}1 & -1\\ 2 & 4\end{pmatrix}$ を考える．この A に対し，問 1 の 5 つの条件をすべて満たす行列 P,Q を求めよ．ただし $\alpha<\beta$ とする．

(問 3) n を正の整数とする．A^n を求めよ．

2007 年 東京大 入試問題 (改題)

解答 | **問 1**
$$(P+Q)A=(P+Q)(\alpha P+\beta Q)=\alpha P^2+\beta PQ+\alpha QP+\beta Q^2$$
$$=\alpha P+O+O+\beta Q=A.$$

問 2 $AP=(\alpha P+\beta Q)P=\alpha P^2+\beta QP=\alpha P+O=\alpha P$. P を列ベクトルに分けて $P=(\overrightarrow{p_1},\overrightarrow{p_2})$ と書くと $A(\overrightarrow{p_1},\overrightarrow{p_2})=\alpha(\overrightarrow{p_1},\overrightarrow{p_2})$.

$$\therefore A\overrightarrow{p_1}=\alpha A\overrightarrow{p_1},\quad A\overrightarrow{p_2}=\alpha A\overrightarrow{p_2}.$$

よって，P の列ベクトルは，A の固有値 α に対応する固有ベクトルか $\vec{0}$ である．同様にして，Q の列ベクトルは，A の固有値 β に対応する固有ベクトルか $\vec{0}$ である．A の固有方程式は，$\lambda^2-5\lambda+6=0$ なので，A の固有値は $\lambda=2,3$. よって，$A=2P+3Q$ とおける．問 1 より $P+Q=E$ なので，

(答) $P=3E-A=\begin{pmatrix}2 & 1\\ -2 & -1\end{pmatrix},\quad Q=A-2E=\begin{pmatrix}-1 & -1\\ 2 & 2\end{pmatrix}.$

問 3 n に小さな自然数を代入して数学実験すると $A^n=2^nP+3^nQ$ と予想される．これを n に関する数学的帰納法で証明する．

(i) $n=1$ のとき，左辺は A, 右辺は $2P+3Q$ となり成立する．

(ii) $n=k$ のとき，成立を仮定する．つまり $A^k=2^kP+3^kQ$ が成り立つとする．

この仮定のもとで $n=k+1$ の場合を考える．

$$A^{k+1}=AA^k=(2P+3Q)(2^kP+3^kQ)$$
$$=2^{k+1}P^2+2\cdot 3^kPQ+3\cdot 2^kQP+3^{k+1}Q^2$$
$$=2^{k+1}P+3^{k+1}Q.$$

よって $n=k+1$ のときも成り立つ．

(答) $A^n=2^nP+3^nQ.$

解説 | $A=\begin{pmatrix} a & b \\ c & d \end{pmatrix}$ に対して，固有多項式を $\lambda^2-(a+d)\lambda+(ad-bc)$, 固有方程式を $\lambda^2-(a+d)\lambda+(ad-bc)=0$ で定める．固有方程式の解を A の固有値という．λ が A の固有値のとき $A\vec{v}=\lambda\vec{v}$ かつ $\vec{v}\neq\vec{0}$ を満たす $\vec{v}$ が存在する．これを A の固有ベクトルという．

2 次正方行列 A の固有値が α,β $(\alpha\neq\beta)$ のとき，上記の性質をもつ P,Q を用いて $A=\alpha P+\beta Q$ とかける．これを A のスペクトル分解という．

$$A^n=\alpha^n P+\beta^n Q$$

が成り立つ．また，A の固有値が重解 α のときは，$A^n=\alpha^n E+n\alpha^n N$ とかける．ただし，E は単位行列 $\begin{pmatrix} 1 & 0 \\ 0 & 1 \end{pmatrix}$, N は $N^2=O$ を満たすある行列でべき零行列と呼ばれる．

問題 0.4

2 次行列の 2 次方程式

行列 $X=\begin{pmatrix} x & z \\ z & y \end{pmatrix}$ が条件 $X^2-4X+\begin{pmatrix} 3 & 0 \\ 0 & 3 \end{pmatrix}=\begin{pmatrix} 0 & 0 \\ 0 & 0 \end{pmatrix}$ を満たすとき，このような x,y を座標とする点 (x,y) が存在する範囲を図示せよ．ただし，行列の成分は実数とする．

1987 年 東京大 入試問題

解答 | (i) $X=kE$ のとき．与式に代入して

$(kE)^2-4(kE)+3E=O \Longleftrightarrow (k^2-4k+3)E=O \Longleftrightarrow k^2-4k+3=0 \Longleftrightarrow k=1,3.$

よって，$X=E,3E$. $(x,y)=(1,1),(3,3)$.

(ii) $X\neq kE$ のとき．ハミルトン–ケーリーの定理より，

$$X^2-(x+y)X+(xy-z^2)E=O.$$

与式 $X^2-4X+3E=O$ をこれから辺々引くと，

$$-(x+y-4)X+(xy-z^2-3)E=O \quad \Longleftrightarrow \quad (x+y-4)X=(xy-z^2-3)E. \quad (1)$$

もし，$x+y-4\neq 0$ とすると，$X=\dfrac{xy-z^2-3}{x+y-4}E$ となり，場合分けの条件に反する．よって，$x+y-4=0$. 式 (1) に代入して，$xy-z^2-3=0$. よって，$x+y=4$

かつ $xy=z^2+3$.

$$\therefore \quad x+y=4 \quad \text{かつ} \quad xy \geqq 3.$$

逆にこのとき，$xy=z^2+3$ を満たす実数 z が存在し，ハミルトン–ケーリーの定理より，与式 $X^2-4X+3E=O$ が成立する．

以上より，$x+y=4$ かつ $xy \geqq 3$. (i) (ii) より

（答） $(x,y)=(1,1),(3,3)$ または $y=4-x \quad (1 \leqq x \leqq 3)$.

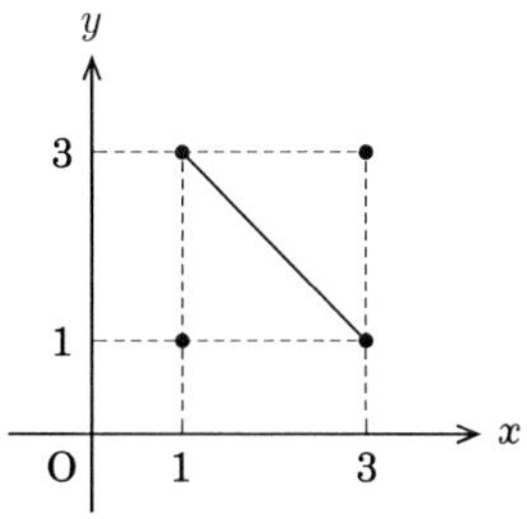

図 0.3

解説 | A の固有方程式を $f(x)=0$ とおくと，$f(A)=O$ が成り立つ．これをハミルトン–ケーリーの定理という．$A=\begin{pmatrix} a & b \\ c & d \end{pmatrix}$ のとき，固有方程式は

$$x^2-(a+d)x+(ad-bc)=0$$

なので，ハミルトン–ケーリーの定理は，

$$A^2-(a+d)A+(ad-bc)E=O$$

となる．定数項に単位行列を付けることを忘れずに．0 は零行列 O になる．

与式 $X^2-4X+3E=O$ を因数分解して，$(X-E)(X-3E)=O$. よって，

$$X-E=O \quad \text{または} \quad X-3E=O$$

としてはいけない．なぜなら，行列には零因子が存在するので，かけて O でもどちらかが O とは限らないからである．

また，与式 $X^2-4X+3E=O$ と，ハミルトン–ケーリーの定理の式

$$X^2-(x+y)X+(xy-z^2)E=O$$

の係数を単純に比較してはいけない．なぜなら，2つの2次方程式がともに $\begin{pmatrix} x & z \\ z & y \end{pmatrix}$ を解にもつからといって，方程式が一致するとは限らないからである．定数の場合でも，たとえば $x^2-4x+3=0$ と $x^2-2x-3=0$ はともに $x=3$ を解にもつが係数は一致しない．

問題 0.5

a を実数とする．行列 $X=\begin{pmatrix} x & -y \\ y & x \end{pmatrix}$ が $X^2-2X+aE=O$ を満たすような実数 x,y を求めよ．ただし，$E=\begin{pmatrix} 1 & 0 \\ 0 & 1 \end{pmatrix},O=\begin{pmatrix} 0 & 0 \\ 0 & 0 \end{pmatrix}$ とする．

1996 年 東京大 入試問題

解答 | $f\left(\begin{pmatrix} x & -y \\ y & x \end{pmatrix}\right)=x+yi$ とおく．与式より $f(X^2-2X+aE)=f(O)$, $f(X^2)-f(2X)+f(aE)=O$, $z=f(X)$ とおくと $z^2-2z+a=0$.

(i) $a\leqq 1$ のとき，$z=1\pm\sqrt{1-a}=1\pm\sqrt{1-a}+0i$. よって，

$$X=f^{-1}(z)=\begin{pmatrix} 1\pm\sqrt{1-a} & 0 \\ 0 & 1\pm\sqrt{1-a} \end{pmatrix} \quad (\text{複号同順}).$$

(ii) $a>1$ のとき，$z=1\pm\sqrt{a-1}i$. よって，

$$X=f^{-1}(z)=\begin{pmatrix} 1 & \mp\sqrt{a-1} \\ \pm\sqrt{a-1} & 1 \end{pmatrix} \quad (\text{複号同順}).$$

解説 | 上で定めた f は四則演算を保つ．つまり，

$$f(A+B)=f(A)+f(B), \quad f(A-B)=f(A)-f(B),$$
$$f(AB)=f(A)f(B), \quad B\neq O$$

のとき $f(AB^{-1})=\dfrac{f(A)}{f(B)}$ が成り立つ．しかも，逆写像 $f^{-1}(x+yi)=\begin{pmatrix} x & -y \\ y & x \end{pmatrix}$ があるので，与えられた形の行列の方程式 $X^2-2X+aE=O$ を考えることと複素数の方程式 $z^2-2z+a=0$ を考えることは同値になっている．

問題 0.6

回転拡大を表す 1 次変換

行列 $A=\begin{pmatrix} a & -b \\ b & a \end{pmatrix}$ の表す xy 平面の 1 次変換が，直線 $y=2x+1$ を直線

$y=-3x-1$ へうつすとする．点 P(1,2) がうつる点を Q とし，原点を O とするとき，2 直線 OP と OQ の成す角の大きさを求めよ．

1987 年 東京大 入試問題

解答 | A は原点を中心とする回転拡大を表す 1 次変換である (図 0.4).

x 軸の正方向と $y=2x+1$, $y=-3x-1$ の成す角を順に α, β, $y=2x+1$ と $y=-3x-1$ の成す角を θ とおくと

$$\tan\theta=\tan(\beta-\alpha)=\frac{\tan\beta-\tan\alpha}{1+\tan\beta\tan\alpha}=\frac{-3-2}{1+(-3)\cdot 2}=1.$$

よって $\theta=\dfrac{\pi}{4}$. したがって A の表す 1 次変換の回転角は $\dfrac{\pi}{4}$ である (図 0.5).

(答) $\dfrac{\pi}{4}$.

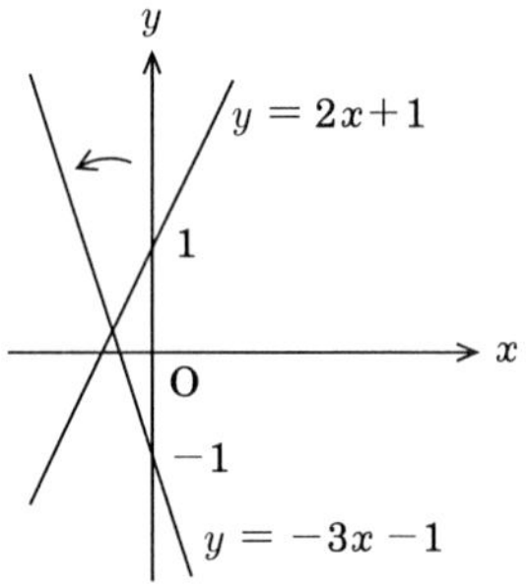

図 0.4

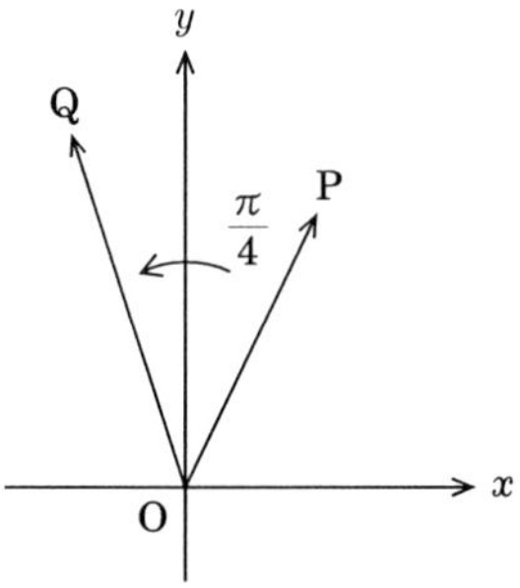

図 0.5

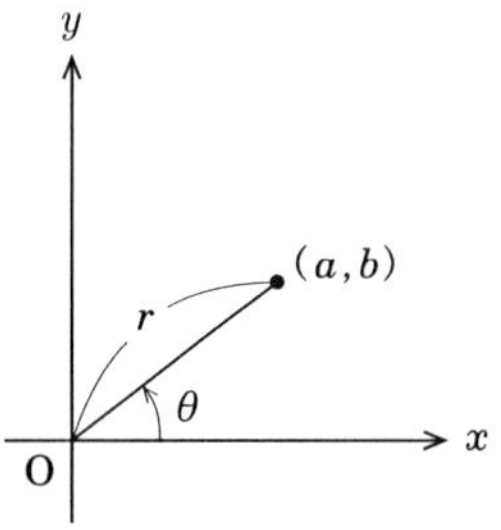

図 0.6

解説 | 点 (x,y) に対して $\begin{pmatrix} X \\ Y \end{pmatrix}=A\begin{pmatrix} x \\ y \end{pmatrix}$ で新しい点 (X,Y) を定めることを 1 次変換と言うのであった．本問の A の場合，図 0.6 で r と θ を定めると，対応 $(x,y)\mapsto(X,Y)$ は原点を中心とする反時計回りに角 θ の回転と，原点を中心とする r 倍の拡大の合成になっている．

問題 0.7

正射影を表す 1 次変換

a,b は $a^2+b^2\neq 0$ なる実数とし，$A=\dfrac{1}{a^2+b^2}\begin{pmatrix} a^2 & ab \\ ab & b^2 \end{pmatrix}$, $I=\begin{pmatrix} 1 & 0 \\ 0 & 1 \end{pmatrix}$ とおく．行列 A^3, $(I-A)^2$ の表す 1 次変換による点 $\mathrm{P}(x,y)$ の像を，それぞれ Q, R とする．ただし，Q, R はいずれも P と一致しないものとする．

(問 1) $\angle\mathrm{QPR}$ の大きさを求めよ．

(問 2) $\triangle\mathrm{PQR}$ の面積を a,b,x,y を用いて表せ．

1985 年 東京大 入試問題

解答 | **問 1**　$a=r\cos\theta$, $b=r\sin\theta$ $(r>0)$ とおける．

$$A=\begin{pmatrix} \cos^2\theta & \cos\theta\sin\theta \\ \cos\theta\sin\theta & \sin^2\theta \end{pmatrix}$$

となる．これは，直線 $l:\begin{pmatrix} x \\ y \end{pmatrix}=t\begin{pmatrix} \cos\theta \\ \sin\theta \end{pmatrix}$ 上への正射影を表す行列である．$A\overrightarrow{\mathrm{OP}}$ は l 上の点なのであと何回 A を施しても動かない．よって，Q は，P から l へ下ろした垂線の足である．

$$(I-A)\overrightarrow{\mathrm{OP}}=I\overrightarrow{\mathrm{OP}}-A\overrightarrow{\mathrm{OP}}=\overrightarrow{\mathrm{OP}}-\overrightarrow{\mathrm{OQ}}=\overrightarrow{\mathrm{QP}}.$$

A が正射影を表す行列だったので $(I-A)\overrightarrow{\mathrm{OP}}\perp\overrightarrow{\mathrm{OQ}}$ である．$(I-A)\overrightarrow{\mathrm{OP}}+\overrightarrow{\mathrm{OQ}}=\overrightarrow{\mathrm{OP}}$ なので $(I-A)\overrightarrow{\mathrm{OP}}$ と $\overrightarrow{\mathrm{OQ}}$ の張る長方形の対角線である．したがって，$I-A$ は l に直交する直線

$$l^{\perp}:\begin{pmatrix} x \\ y \end{pmatrix}=t\begin{pmatrix} -\sin\theta \\ \cos\theta \end{pmatrix}$$

上への正射影である．$(I-A)\overrightarrow{\mathrm{OP}}$ は $l^{\perp}$ 上の点なので，あと何回 $I-A$ を施しても動かない．よって R は，P から $l^{\perp}$ へ下ろした垂線の足である (図 0.7).

$\angle\mathrm{QPR}$ は長方形の 1 つの角なので，

$$\textbf{(答)}\quad \angle\mathrm{QPR}=\frac{\pi}{2}.$$

問 2　l の式 $\begin{cases} x=t\cos\theta \\ y=t\sin\theta \end{cases}$ からパラメータ t を消去すると

$$(\sin\theta)x-(\cos\theta)y=0,\qquad (r\sin\theta)x-(r\cos\theta)y=0$$

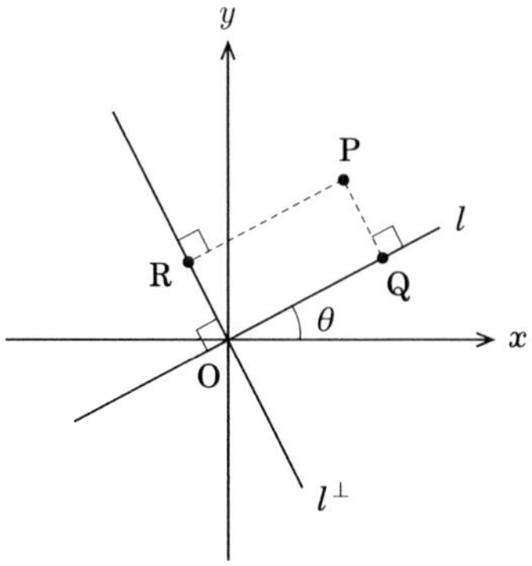

図 0.7

$l:bx-ay=0$ となる．同様にして，$l^{\perp}:ax+by=0$ となる．P から l への距離 PQ は，$\dfrac{|bx-ay|}{\sqrt{a^2+b^2}}$．P から $l^{\perp}$ への距離 PR は，$\dfrac{|ax+by|}{\sqrt{a^2+b^2}}$．よって，△PQR の面積 $\dfrac{1}{2}$PQ· PR は,

$$\text{(答)}\quad \frac{|(bx-ay)(ax+by)|}{2(a^2+b^2)}.$$

解説 | $\vec{u}=\begin{pmatrix}\cos\theta\\ \sin\theta\end{pmatrix}$ は l の単位方向ベクトルの 1 つである．点 P の位置ベクトル $\vec{v}=\begin{pmatrix}x\\ y\end{pmatrix}$ の l 上への正射影を $\vec{p}$ とおく．$\vec{u}$ と $\vec{v}$ の成す角を φ とおくと $\vec{p}$ の符号付き長さは $|\vec{v}|\cos\varphi=|\vec{u}||\vec{v}|\cos\varphi=\vec{u}\cdot\vec{v}$ である (図 0.8).

よって

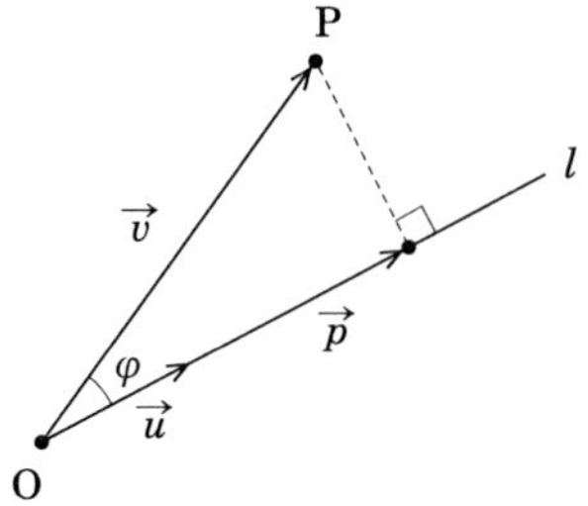

図 0.8

$$\begin{aligned}\vec{p}&=(\vec{v}\cdot\vec{u})\vec{u}=\left(\begin{pmatrix}x\\y\end{pmatrix}\cdot\begin{pmatrix}\cos\theta\\\sin\theta\end{pmatrix}\right)\begin{pmatrix}\cos\theta\\\sin\theta\end{pmatrix}\\&=(x\cos\theta+y\sin\theta)\begin{pmatrix}\cos\theta\\\sin\theta\end{pmatrix}=\begin{pmatrix}x\cos^2\theta+y\cos\theta\sin\theta\\x\cos\theta\sin\theta+y\sin^2\theta\end{pmatrix}\\&=\begin{pmatrix}\cos^2\theta & \cos\theta\sin\theta\\\cos\theta\sin\theta & \sin^2\theta\end{pmatrix}\begin{pmatrix}x\\y\end{pmatrix}.\end{aligned}$$

問題 0.8

対称行列による 1 次変換

行列 $A=\begin{pmatrix}2 & \sqrt{3}\\\sqrt{3} & 4\end{pmatrix}$ の表す 1 次変換 f によって，単位ベクトル $\vec{u}$ がうつされるとき，像の長さの最大値，最小値を求めよ．

1994 年 東京大 入試問題 (改題)

解答 | A の固有方程式は $\lambda^2-6\lambda+5=0$ なので，A の固有値は $\lambda=1,5$ である．$\lambda=5$ のときの固有ベクトルを $\begin{pmatrix}x\\y\end{pmatrix}$ とおくと

$$A\begin{pmatrix}x\\y\end{pmatrix}=5\begin{pmatrix}x\\y\end{pmatrix}\iff\begin{cases}2x+\sqrt{3}y=5x\\\sqrt{3}x+4y=5y\end{cases}\iff\sqrt{3}x=y.$$

$\therefore x:y=1:\sqrt{3}$. 長さが 1 のものの 1 つとして $\vec{a}=\frac{1}{2}\begin{pmatrix}1\\\sqrt{3}\end{pmatrix}$ がある．$\lambda=1$ のときも同様にして $\vec{b}=\frac{1}{2}\begin{pmatrix}-\sqrt{3}\\1\end{pmatrix}$ が単位固有ベクトルの 1 つである．$\vec{a}$ と $\vec{b}$ は直交するので $\vec{u}=(\cos\theta)\vec{a}+(\sin\theta)\vec{b}$ とおける (図 0.9).

$A\vec{u}=(5\cos\theta)\vec{a}+(\sin\theta)\vec{b}$ であり，この長さ $|A\vec{u}|$ は $\sqrt{(5\cos\theta)^2+(\sin\theta)^2}$ なので，最大値 5, 最小値 1.

解説 | ${}^tA=A$ を満たす実行列を実対称行列という．実対称行列の固有値はすべて実数であり，固有ベクトルは直交することが知られている．

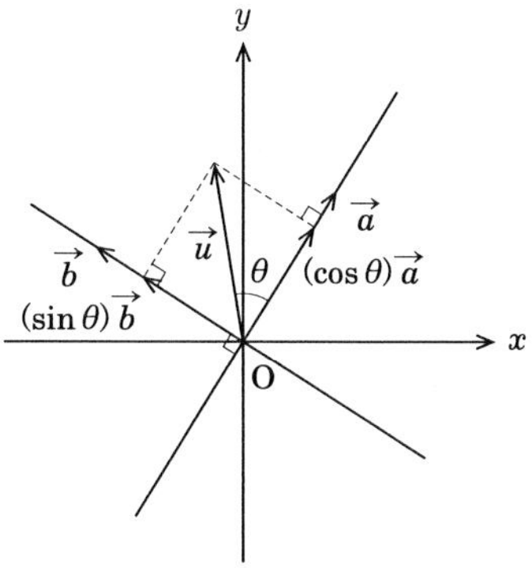

図 0.9

問題 0.9

1 次変換による直線の像

座標平面の点 (x,y) を $(3x+y,-2x)$ へ写す 1 次変換 f を考える．f を用いて直線 $l_0,l_1,l_2,\cdots$ を以下のように定める．

- l_0 は直線 $3x+2y=1$ である．
- l_n の f による像 $f(l_n)$ を l_{n+1} とする $(n=0,1,2,\cdots)$.

直線 l_n の式 $a_nx+b_ny=1$ を求めよ．

2008 年 東京大 入試問題 (改題)

解答 | $\begin{pmatrix}X\\Y\end{pmatrix}=\begin{pmatrix}3x+y\\-2y\end{pmatrix}=\begin{pmatrix}3&1\\0&-2\end{pmatrix}\begin{pmatrix}x\\y\end{pmatrix}$ なので，f の表現行列は $A=\begin{pmatrix}3&1\\-2&0\end{pmatrix}$ である．A の固有方程式は $\lambda^2-3\lambda+2=0$ なので A の固有値は $\lambda=1,2$. 固有ベクトルを求めると $A\begin{pmatrix}1\\-1\end{pmatrix}=2\begin{pmatrix}1\\-1\end{pmatrix}$, $A\begin{pmatrix}-1\\2\end{pmatrix}=\begin{pmatrix}-1\\2\end{pmatrix}$ の成立がわかる．

この 2 点は l_0 上にあるので，

$$l_0:\begin{pmatrix}x\\y\end{pmatrix}=(1-t)\begin{pmatrix}1\\-1\end{pmatrix}+t\begin{pmatrix}-1\\2\end{pmatrix}$$

とおける．f で n 回写すと，

$$l_n:\begin{pmatrix}x\\y\end{pmatrix}=(1-t)2^n\begin{pmatrix}1\\-1\end{pmatrix}+t\begin{pmatrix}-1\\2\end{pmatrix}$$

となる．両辺に $\begin{pmatrix}2\\1\end{pmatrix}$ を内積して $2x+y=(1-t)2^n$ より

$$2^{1-n}x+2^{-n}y=1-t. \tag{1}$$

また両辺に $\begin{pmatrix}1\\1\end{pmatrix}$ を内積して

$$x+y=t. \tag{2}$$

(1)+(2) より

$$\textbf{(答)}\quad (2^{1-n}+1)x+(2^{-n}+1)y=1.$$

解説 | f による図形 A の像 $f(A)$ とは，A の写り先全体 $\{f(\vec{v})\,|\,\vec{v}\in A\}$ のこと．f による図形 B の原像 $f^{-1}(B)$ とは，B に写ってくるもの全体 $\{\vec{v}\in B\,|\,f(\vec{v})\in B\}$ のことである．

たとえば $l_{n+1}:a_{n+1}X+b_{n+1}Y=1$ の原像 $f^{-1}(l_{n+1})$ は，$(X,Y)=(3x+y,-2x)$ を代入して $a_{n+1}(3x+y)+b_{n+1}(-2x)=1$．∴ $(3a_{n+1}-2b_{n+1})x+a_{n+1}y=1$ となる．もしこれが $l_n:a_nx+b_ny=1$ に等しければ

$$\begin{cases}a_n=3a_{n+1}-2b_{n+1}\\ b_n=a_{n+1}\end{cases}$$

を得る．一般には $f(l_n)=l_{n+1}$ であっても $f^{-1}(l_{n+1})=l_n$ とは限らないので注意せよ．たとえば $A=\begin{pmatrix}1&2\\3&6\end{pmatrix}$ のとき $l:3x+2y=1$ の像は $m:3x-y=0$ だが，m の原像は l でなく平面全体となる．

問題 0.10

行列 $A=\begin{pmatrix}a&b\\c&d\end{pmatrix}$ によって定まる xy 平面の 1 次変換を f とする．原点以外のある点 P が f によって P 自身に写されるならば，原点を通らない直線 l であって，l のどの点も f によって，l の点に写されるようなものが存在することを証明せよ．

1982 年 東京大 入試問題

解答 | A の固有方程式 $\lambda^2-(a+d)\lambda+(ad-bc)=0$ に解 $\lambda=1$ がある．よって ${}^tA=\begin{pmatrix}a&c\\b&d\end{pmatrix}$ の固有方程式 $\lambda^2-(a+d)+(ad-cb)=0$ にも解 $\lambda=1$ がある．つまり ${}^tA$ にも固有値 1 がある．したがって，

$$ {}^{t}\!A\begin{pmatrix}p\\q\end{pmatrix}=\begin{pmatrix}p\\q\end{pmatrix} \tag{1} $$

を満たす，$\vec{0}$ でないベクトル $\begin{pmatrix}p\\q\end{pmatrix}$ がある．(1)の両辺を転置して，$(p,q)A=(p,q)$．直線 l

$$ pX+qY=1 \iff (p,q)\begin{pmatrix}X\\Y\end{pmatrix}=1 \tag{2} $$

の原像 $f^{-1}(l)$ は，(2)に $\begin{pmatrix}X\\Y\end{pmatrix}=A\begin{pmatrix}x\\y\end{pmatrix}$ を代入して，$(p,q)A\begin{pmatrix}x\\y\end{pmatrix}=1$ なので，直線 $l:(p,q)\begin{pmatrix}x\\y\end{pmatrix}=1$ となる．$l=f^{-1}(l)$ より $f(l)=f(f^{-1}(l))\subseteqq l$ となるので l が求める不変直線である．

解説 | ${}^{t}\begin{pmatrix}a&b\\c&d\end{pmatrix}=\begin{pmatrix}a&c\\b&d\end{pmatrix}$ や ${}^{t}\begin{pmatrix}p\\q\end{pmatrix}=(p,q)$ のように，行と列を入れ替えて縦のものを横にする操作を転置という．${}^{t}({}^{t}A)=A$ や ${}^{t}(AB)={}^{t}B\,{}^{t}A$ が成り立つ．たとえば本問の解答では

$$ \begin{aligned} {}^{t}\left(\begin{pmatrix}a&c\\b&d\end{pmatrix}\begin{pmatrix}p\\q\end{pmatrix}\right)&={}^{t}\begin{pmatrix}ap+cq\\bp+dq\end{pmatrix}\\ &=(ap+cq,bp+dq)=(p,q)\begin{pmatrix}a&b\\c&d\end{pmatrix}\\ &={}^{t}\begin{pmatrix}p\\q\end{pmatrix}{}^{t}\begin{pmatrix}a&c\\b&d\end{pmatrix} \end{aligned} $$

が使われている．

$f^{-1}(l)$ は f で l に写ってくる点全体を表すのであった．この図形を f で写したとき l 全体になるとは限らない．一般には $f(f^{-1}(l))\subseteqq l$ しか言えない．たとえば $\begin{pmatrix}3&6\\-1&-2\end{pmatrix}$ で表される 1 次変換を f とし $l:x+2y=1$ とおくと，$f^{-1}(l)$ は $x+2y=1$ であるが，この像 $f(f^{-1}(l))$ は，l 上の 1 点 $(3,-1)$ につぶれてしまう．

第1章　連立方程式と階数

基礎のまとめ

1　縦ベクトルと横ベクトル

縦に m 個の数 $a_1,a_2,\cdots,a_m$ を並べたもの

$$\begin{pmatrix} a_1 \\ a_2 \\ \vdots \\ a_m \end{pmatrix}$$

を m **次元縦ベクトル**, m **次列ベクトル**などという．$(a_i)_{1\leqq i\leqq m}$ とか (a_i) と略記する．縦ベクトルの上から i 番目の場所にある数を**第 i 成分**という．成分を明示的に書く必要がない場合は，ベクトルを $\vec{a}$, $\boldsymbol{a}$ などと表す．

すべての成分が 0 であるベクトルを**零ベクトル**といい，$\vec{0}$, $\boldsymbol{0}$ などと表す．

$\vec{a}=(a_i)_{1\leqq i\leqq m}$ と $\vec{b}=(b_i)_{1\leqq i\leqq m'}$ に対して，$\vec{a}=\vec{b}$ とは，次元が等しく，すべての i に対して $a_i=b_i$ となることである．つまり，$m=m'$ で $a_1=b_1$ かつ $a_2=b_2$ かつ $\cdots$ かつ $a_m=b_m$ となることである．

2 ベクトルの**和**を $\vec{a}+\vec{b}=(a_i+b_i)$, **差**を $\vec{a}-\vec{b}=(a_i-b_i)$, スカラー (実数や複素数) k とベクトルの**積**を $k\vec{a}=(ka_i)$ で定義する．たとえば，

$$\begin{pmatrix} a_1 \\ a_2 \end{pmatrix}+\begin{pmatrix} b_1 \\ b_2 \end{pmatrix}=\begin{pmatrix} a_1+b_1 \\ a_2+b_2 \end{pmatrix}, \quad \begin{pmatrix} a_1 \\ a_2 \end{pmatrix}-\begin{pmatrix} b_1 \\ b_2 \end{pmatrix}=\begin{pmatrix} a_1-b_1 \\ a_2-b_2 \end{pmatrix}, \quad k\begin{pmatrix} a_1 \\ a_2 \end{pmatrix}=\begin{pmatrix} ka_1 \\ ka_2 \end{pmatrix}.$$

横に n 個の数を並べたもの $(b_1,b_2,\cdots,b_n)$ を n **次元横ベクトル**, n **次行ベクトル**などという．相等，和，差，スカラー倍の定義は縦ベクトルと同様．

長方形状に縦に m 個，横に n 個，合計 mn 個の数を並べたもの

$$\begin{pmatrix} a_{11} & a_{12} & \cdots & a_{1n} \\ a_{21} & a_{22} & \cdots & a_{2n} \\ \vdots & \vdots & \cdots & \vdots \\ a_{m1} & a_{m2} & \cdots & a_{mn} \end{pmatrix}$$

を m **行** n **列の行列**, $m\times n$ **行列**, (m,n) **行列**などという．(m,n) を行列の**型**, **サイズ**などという．特に，正方形状に数を並べた n 行 n 列の行列を n 次正方行列という．

行列の上から i 番目で左から j 番目の場所にある数を i 行 j 列成分といい，a_{ij} と書く．m 行 n 列の行列 A を $(a_{ij})_{\substack{1\leqq i\leqq m\\1\leqq j\leqq n}}$ とか (a_{ij}) と略記する．

すべての成分が 0 である行列を**零行列**といい，O で表す．n 行 n 列の行列を n **次正方行列**という．

2　行列の成分

行列の，上から i 番目の数字の並び

$$\begin{pmatrix} \vdots & \vdots & \cdots & \vdots \\ a_{i1} & a_{i2} & \cdots & a_{in} \\ \vdots & \vdots & \cdots & \vdots \end{pmatrix}$$

を**第** i **行**という．行列の，左から j 番目の数字の並び

$$\begin{pmatrix} \cdots & a_{j1} & \cdots \\ \cdots & a_{j2} & \cdots \\ \cdots & \vdots & \cdots \\ \cdots & a_{jm} & \cdots \end{pmatrix}$$

を**第** j **列**という．相等，和，差，スカラー倍の定義は縦ベクトルと同様．m 行 l 列の行列 $A=(a_{ij})$ と，l 行 n 列の行列 $B=(b_{ij})$ には積 AB が $\left(\sum_{k=1}^{l} a_{ik}b_{kj}\right)$ で定義される．たとえば,

$$\begin{pmatrix} a_{11} & a_{12} \\ a_{21} & a_{22} \end{pmatrix}+\begin{pmatrix} b_{11} & b_{12} \\ b_{21} & b_{22} \end{pmatrix}=\begin{pmatrix} a_{11}+b_{11} & a_{12}+b_{12} \\ a_{21}+b_{21} & a_{22}+b_{22} \end{pmatrix},$$

$$\begin{pmatrix} a_{11} & a_{12} \\ a_{21} & a_{22} \end{pmatrix}-\begin{pmatrix} b_{11} & b_{12} \\ b_{21} & b_{22} \end{pmatrix}=\begin{pmatrix} a_{11}-b_{11} & a_{12}-b_{12} \\ a_{21}-b_{21} & a_{22}-b_{22} \end{pmatrix},$$

$$k\begin{pmatrix} a_{11} & a_{12} \\ a_{21} & a_{22} \end{pmatrix}=\begin{pmatrix} ka_{11} & ka_{12} \\ ka_{21} & ka_{22} \end{pmatrix}.$$

$$\begin{pmatrix} a_{11} & a_{12} & a_{13} \\ \vdots & \vdots & \vdots \\ a_{m1} & a_{m2} & a_{m3} \end{pmatrix}\begin{pmatrix} b_{11} & \cdots & b_{1n} \\ b_{21} & \cdots & b_{2n} \\ b_{31} & \cdots & b_{3n} \end{pmatrix}$$
$$=\begin{pmatrix} a_{11}b_{11}+a_{12}b_{21}+a_{13}b_{31} & \cdots & a_{11}b_{1n}+a_{12}b_{2n}+a_{13}b_{3n} \\ \vdots & \cdots & \vdots \\ a_{m1}b_{11}+a_{m2}b_{21}+a_{m3}b_{31} & \cdots & a_{m1}b_{1n}+a_{m2}b_{2n}+a_{m3}b_{3n} \end{pmatrix}.$$

一般に $AB \neq BA$ である．これを積の**非可換性**という．

また $AB=O$ でも $A \neq O$ かつ $B \neq O$ となることがある．このような A,B を**零因子**という．

正方行列において，a_{ii} を**対角成分**という．対角成分より下がすべて 0, つまり，$i>j$ のとき $a_{ij}=0$ となる行列を**上三角行列**という．対角成分より上がすべて 0, つまり，$i<j$ のとき $a_{ij}=0$ となる行列を**下三角行列**という．対角成分以外がすべて 0, つまり，$i \neq j$ のとき $a_{ij}=0$ となる行列を**対角行列**という．対角成分がすべて 1, 残りの成分がすべて 0 の n 次正方行列を n 次の**単位行列**といい，I_n, I, E_n, E などと表す．

$A=(a_{ij})$ に対して，行と列を入れ替えた (a_{ji}) を A の**転置行列**といい，${}^tA$, A^T, A' などと書く．たとえば $\begin{pmatrix} a & b & c \\ d & e & f \end{pmatrix}$ のとき ${}^tA=\begin{pmatrix} a & d \\ b & e \\ c & f \end{pmatrix}$ となる．

${}^tA=A$ を満たす行列 A を**対称行列**という．${}^tA=-A$ を満たす行列 A を**交代行列**, **歪対称行列**などという．

$A=(a_{ij})$ に対して，成分を共役複素数にして，行と列を入れ替えた $(\overline{a_{ji}})$ を A の**随伴行列**といい，A^*, $A^\dagger$ などと書く．$A^*=A$ を満たす行列 A を**エルミート行列**という．$A^*=-A$ を満たす行列 A を**歪エルミート行列**という．

3　行に関する基本変形

行列に関する次の 3 つの操作を，**行に関する (階数用の) 基本変形**, **左基本変形**などという．

(i) ある行に別の行の定数倍を足したり引いたりする．

(ii) ある行に 0 でない数をかけたり割ったりする．

(iii) ある行と別の行を入れ替える．

行列は，行に関する (階数用の) 基本変形で，次の 3 つの条件をすべて満たす形に変形できる．

[1] どの行も $(0,\cdots,0,1,*,\cdots,*,0,*\cdots)$ の形である．ただし，左側の 0 がない $(1,*,\cdots,*,0,*\cdots)$ でもよく，全部 0 の行 $(0,\cdots,0)$ でもよい．

[2] 各行の左端の 1 の上下の成分はすべて 0 である．

[3] 下に下がるほど各行の左端の 1 は右側にずれていく．

具体的には，

$$\begin{pmatrix}\cdots & 0 & 1 & * & \cdots & * & 0 & * & \cdots & * & 0 & * & \cdots & * & 0 & * & \cdots \\ \cdots & 0 & 0 & 0 & \cdots & 0 & 1 & * & \cdots & * & 0 & * & \cdots & * & 0 & * & \cdots \\ \cdots & \vdots & \vdots & \vdots & \cdots & \vdots & 0 & & \ddots & & 0 & \vdots & \cdots & \vdots & \vdots & \vdots & \cdots \\ \cdots & 0 & 0 & 0 & \cdots & 0 & 0 & 0 & \cdots & 0 & 1 & * & \cdots & * & 0 & * & \cdots \\ \cdots & 0 & 0 & 0 & \cdots & 0 & 0 & 0 & \cdots & 0 & 0 & 0 & \cdots & 0 & 1 & * & \cdots \\ \cdots & \vdots & \vdots & \vdots & \cdots & \vdots & \vdots & \vdots & \cdots & \vdots & \vdots & \vdots & \cdots & \vdots & \vdots & \ddots & \cdots\end{pmatrix}$$

この形の行列を，**階段行列**, **簡約行列**などという.

A に関して，行に関する (階数用の) 基本変形を施し，階段行列にしたとき，行ベクトルのうち $\vec{0}$ でないものの本数，つまり行の左端にある 1 の個数を，A の**階数**とか**ランク**といい，$\mathrm{rank}A$, $r(A)$ などと書く.

上の形にまで整えなくても，

$$\begin{pmatrix}\cdots & 0 & a_1 & * & \cdots & * & * & * & \cdots & * & * & * & \cdots \\ \cdots & 0 & 0 & 0 & \cdots & * & * & * & \cdots & * & * & * & \cdots \\ \cdots & \vdots & \vdots & \vdots & \ddots & \vdots & \vdots & \vdots & \cdots & \vdots & \vdots & \vdots & \cdots \\ \cdots & 0 & 0 & 0 & \cdots & 0 & a_{r-1} & * & \cdots & * & * & * & \cdots \\ \cdots & 0 & 0 & 0 & \cdots & 0 & 0 & 0 & \cdots & 0 & a_r & * & \cdots \\ \cdots & 0 & 0 & 0 & \cdots & 0 & 0 & 0 & \cdots & 0 & 0 & 0 & \cdots \\ \cdots & \vdots & \vdots & \vdots & \cdots & \vdots & \vdots & \vdots & \cdots & \vdots & \vdots & \cdots & \ddots\end{pmatrix}$$

$$(a_1 \neq 0,\ a_2 \neq 0,\ \cdots,\ a_r \neq 0)$$

の形にできれば，$\mathrm{rank}A = r$ とわかる.

n 次元縦ベクトル $\vec{x} = (x_k)$ は n 行 1 列ベクトルでもあるから，m 行 n 列の行列 $A = (a_{ij})$ とベクトル $\vec{x} = (x_k)$ の積 $A\vec{x}$ は n 行 1 列ベクトル $\left(\sum_{j=1}^{n} a_{ij}x_j\right)$, つまり，$n$ 次元縦ベクトル $(a_{i1}x_1 + a_{i2}x_2 + \cdots + a_{in}x_n)$ となる.

連立方程式 $A\vec{x} = \vec{b}$ に対して，A を**係数行列**, $(A|\vec{b})$ を**拡大係数行列**という. $A\vec{x} = \vec{b}$ を解く操作は，拡大係数行列を行に関する (階数用の) 基本変形で階段行列に変形する操作と同一である. 基本変形で連立方程式の解を出すやり方を，**掃き出し法**と呼ぶ. 次の 2 つの場合のみがおこる.

(i) $\mathrm{rank}(A|\vec{b}) = \mathrm{rank}A + 1$ のときは解なし.

(ii) $\mathrm{rank}(A|\vec{b}) = \mathrm{rank}A$ のときは解がある. $\vec{x}$ が n 次元縦ベクトルのとき，$n - \mathrm{rank}A$ 個の未知数は決まらず，パラメータとして文字のまま残り，残りの $\mathrm{rank}A$ 個の未知数は，数値とこれらのパラメータで表せる.

たとえば，

$$\begin{pmatrix} a_{11} & a_{12} & a_{13} \\ a_{21} & a_{22} & a_{23} \\ a_{31} & a_{32} & a_{33} \end{pmatrix}\begin{pmatrix} x_1 \\ x_2 \\ x_3 \end{pmatrix}=\begin{pmatrix} b_1 \\ b_2 \\ b_3 \end{pmatrix}$$

において，行に関する (階数用の) 基本変形で，拡大係数行列

$$\widetilde{A}=\left(\begin{pmatrix} a_{11} & a_{12} & a_{13} \\ a_{21} & a_{22} & a_{23} \\ a_{31} & a_{32} & a_{33} \end{pmatrix}\middle|\begin{pmatrix} b_1 \\ b_2 \\ b_3 \end{pmatrix}\right)$$

が

$$\left(\begin{pmatrix} 1 & c_1 & 0 \\ 0 & 0 & 1 \\ 0 & 0 & 0 \end{pmatrix}\middle|\begin{pmatrix} d_1 \\ d_2 \\ 0 \end{pmatrix}\right)$$

になったとすると，係数行列

$$A=\begin{pmatrix} a_{11} & a_{12} & a_{13} \\ a_{21} & a_{22} & a_{23} \\ a_{31} & a_{32} & a_{33} \end{pmatrix}$$

の階数 $\mathrm{rank}A$ は 2, 拡大係数行列 $\widetilde{A}$ の階数 $\mathrm{rank}\widetilde{A}$ も 2 である．与えられた方程式は，

$$\begin{pmatrix} 1 & c_1 & 0 \\ 0 & 0 & 1 \\ 0 & 0 & 0 \end{pmatrix}\begin{pmatrix} x_1 \\ x_2 \\ x_3 \end{pmatrix}=\begin{pmatrix} d_1 \\ d_2 \\ 0 \end{pmatrix}$$

と同値で，解は，

$$\begin{cases} x_1=d_1-c_1x_2 \\ x_3=d_2 \end{cases}$$

となる．$3-\mathrm{rank}A=1$ 個の未知数は決まらずに，パラメータとして残り，$\mathrm{rank}A=2$ 個の未知数はこのパラメータと数値を用いて表される．

拡大係数行列 $\widetilde{A}$ が行に関する (階数用の) 基本変形で，

$$\left(\begin{pmatrix} 1 & c_1 & 0 \\ 0 & 0 & 1 \\ 0 & 0 & 0 \end{pmatrix}\middle|\begin{pmatrix} 0 \\ 0 \\ 1 \end{pmatrix}\right)$$

になったとすると，係数行列の階数は $\mathrm{rank}A=2$, 拡大係数行列の階数は $\mathrm{rank}\widetilde{A}=3$ となり，解はなくなる．実際，与えられた方程式は，

$$\begin{pmatrix} 1 & c_1 & 0 \\ 0 & 0 & 1 \\ 0 & 0 & 0 \end{pmatrix}\begin{pmatrix} x_1 \\ x_2 \\ x_3 \end{pmatrix}=\begin{pmatrix} 0 \\ 0 \\ 1 \end{pmatrix}$$

と同値であり，3 行目の $0x_3=1$ より解なしとなる．

4　列に関する基本変形

行列に関する次の 3 つの操作を，**列に関する (階数用の) 基本変形**, **右基本変形**などという．

(i) ある列に別の列の定数倍を足したり引いたりする．

(ii) ある列に 0 でない数をかけたり割ったりする．

(iii) ある列と別の列を入れ替える．

行列 A に行と列に関する (階数用の) 基本変形を施すと $\begin{pmatrix} E_r & O \\ O & O \end{pmatrix}$ の形にできる．この r は $\mathrm{rank}A$ に等しい．連立方程式を解くときには，行に関する基本変形と，列に関する基本変形を混ぜて使ってはいけない．

$\mathrm{rank}A=\mathrm{rank}\,{}^tA$ が成り立つ．

$$k_1\overrightarrow{a_1}+k_2\overrightarrow{a_2}+\cdots+k_n\overrightarrow{a_n}=\overrightarrow{0} \quad \text{ならば} \quad (k_1,k_2,\cdots,k_n)=(0,0,\cdots,0)$$

を満たすとき，n 本のベクトル $\overrightarrow{a_1},\overrightarrow{a_2},\cdots,\overrightarrow{a_n}$ は **1 次独立**であるとか，**線形独立**であるという．そうでないとき，つまり，

$$k_1\overrightarrow{a_1}+k_2\overrightarrow{a_2}+\cdots+k_n\overrightarrow{a_n}=\overrightarrow{0} \quad \text{かつ} \quad (k_1,k_2,\cdots,k_n)\neq(0,0,\cdots,0)$$

を満たす $(k_1,k_2,\cdots,k_n)$ があるとき，**1 次従属**であるとか，**線形従属**であるという．

$A=(\overrightarrow{a_1},\overrightarrow{a_2},\cdots,\overrightarrow{a_n})$ において，列ベクトル $\overrightarrow{a_1},\overrightarrow{a_2},\cdots,\overrightarrow{a_n}$ のうち，1 次独立なものの最大本数は，$\mathrm{rank}A$ に等しい．

$$A=\begin{pmatrix} {}^t\overrightarrow{a_1} \\ {}^t\overrightarrow{a_2} \\ \vdots \\ {}^t\overrightarrow{a_n} \end{pmatrix}$$

において，行ベクトル ${}^t\overrightarrow{a_1},{}^t\overrightarrow{a_2},\cdots,{}^t\overrightarrow{a_n}$ のうち，1 次独立なものの最大本数も $\mathrm{rank}A$ に等しい．

5　内積

2 つの n 次元実ベクトル $\vec{a}=(a_k)$ と $\vec{b}=(b_k)$ の**標準内積**を $\sum_{k=1}^{n} a_kb_k$ で定義する．これを $\vec{a}\cdot\vec{b}$ とか $(\vec{a},\vec{b})$ などと表す．以下の性質が成り立つ．

(i) $\vec{a}\cdot\vec{a} \geqq 0$ かつ等号は $\vec{a}=\vec{0}$ のときのみ (非退化正値性).

(ii) $\vec{b}\cdot\vec{a}=\vec{a}\cdot\vec{b}$ (対称性).

(iii) $(k_1\overrightarrow{a_1}+k_2\overrightarrow{a_2})\cdot\vec{b}=k_1(\overrightarrow{a_1}\cdot\vec{b})+k_2(\overrightarrow{a_2}\cdot\vec{b})$ (左線形性).
$\vec{a}\cdot(l_1\overrightarrow{b_1}+l_2\overrightarrow{b_2})=l_1(\vec{a}\cdot\overrightarrow{b_1})+l_2(\vec{a}\cdot\overrightarrow{b_2})$ (右線形性).

${}^tAA=E$ かつ $A{}^tA=E$ を満たす行列を**直交行列**という.

$\vec{a}\cdot A\vec{b}={}^tA\vec{a}\cdot\vec{b}$ が成り立つ. これを用いると, 直交行列 T は内積を保つ, つまり, $T\vec{a}\cdot T\vec{b}=\vec{a}\cdot\vec{b}$ が成り立つことがわかる.

一般に, 上の (i),(ii),(iii) を満たすものを **(実) 内積**という.

2つの n 次元複素ベクトル $\vec{a}=(a_k)$ と $\vec{b}=(b_k)$ の (エルミート) 標準内積 $\vec{a}\cdot\vec{b}$ を $\sum_{k=1}^{n} a_k\overline{b_k}$ で定義する. $\vec{a}\cdot\vec{b}$ とか $(\vec{a},\vec{b})$ などと表す. 以下の性質が成り立つ.

(i) $\vec{a}\cdot\vec{a} \geqq 0$ かつ 等号は $\vec{a}=\vec{0}$ のときのみ (非退化正値性).

(ii) $\vec{b}\cdot\vec{a}=\overline{\vec{a}\cdot\vec{b}}$.

(iii) $(k_1\overrightarrow{a_1}+k_2\overrightarrow{a_2})\cdot\vec{b}=k_1(\overrightarrow{a_1}\cdot\vec{b})+k_2(\overrightarrow{a_2}\cdot\vec{b})$ (左線形性).
$\vec{a}\cdot(l_1\overrightarrow{b_1}+l_2\overrightarrow{b_2})=\overline{l_1}(\vec{a}\cdot\overrightarrow{b_1})+\overline{l_2}(\vec{a}\cdot\overrightarrow{b_2})$ (右線形性).

$A^*A=E$ かつ $AA^*=E$ を満たす行列を**ユニタリ行列**という. $\vec{a}\cdot A\vec{b}=A^*\vec{a}\cdot\vec{b}$ が成り立つ. これを用いると, ユニタリ行列 U は内積を保つ, つまり, $U\vec{a}\cdot U\vec{b}=\vec{a}\cdot\vec{b}$ が成り立つことがわかる.

一般に, 上の (i),(ii),(iii) を満たすものを**複素内積**とか**エルミート内積**という.

6 グラム–シュミットの直交化法

1次独立なベクトルの列 $\overrightarrow{a_1},\overrightarrow{a_2},\overrightarrow{a_3},\cdots,\overrightarrow{a_m}$ に対して, 次の方法で, 新しいベクトルの列 $\overrightarrow{u_1},\overrightarrow{u_2},\overrightarrow{u_3},\cdots,\overrightarrow{u_m}$ を作る.

$$\overrightarrow{u_1}=\frac{\overrightarrow{a_1}}{|\overrightarrow{a_1}|},\qquad \overrightarrow{u_2}=\frac{\overrightarrow{a_2}-(\overrightarrow{a_2}\cdot\overrightarrow{u_1})\overrightarrow{u_1}}{|\overrightarrow{a_2}-(\overrightarrow{a_2}\cdot\overrightarrow{u_1})\overrightarrow{u_1}|},$$
$$\overrightarrow{u_3}=\frac{\overrightarrow{a_3}-(\overrightarrow{a_3}\cdot\overrightarrow{u_1})\overrightarrow{u_1}-(\overrightarrow{a_3}\cdot\overrightarrow{u_2})\overrightarrow{u_2}}{|\overrightarrow{a_3}-(\overrightarrow{a_3}\cdot\overrightarrow{u_1})\overrightarrow{u_1}-(\overrightarrow{a_3}\cdot\overrightarrow{u_2})\overrightarrow{u_2}|},\qquad \cdots.$$

$\overrightarrow{u_1},\overrightarrow{u_2},\overrightarrow{u_3},\cdots,\overrightarrow{u_m}$ はどの2本も直交する単位ベクトルの列になっている. これを**グラム–シュミットの直交化法**という. $\overrightarrow{a_1},\overrightarrow{a_2},\cdots$ が複素ベクトルのとき, 内積の順番を誤ると, 直交しなくなるので注意が必要である. たとえば, $\overrightarrow{a_2}-(\overrightarrow{a_2}\cdot$

$\overrightarrow{u_1})\overrightarrow{u_1}$ を間違えて $\overrightarrow{a_2}-(\overrightarrow{u_1}\cdot\overrightarrow{a_2})\overrightarrow{u_1}$ にしてはいけない．エルミート内積では，$\overrightarrow{u_1}\cdot\overrightarrow{a_2}=\overline{\overrightarrow{a_2}\cdot\overrightarrow{u_1}}$ であり，両者は異なる．

シュミットの直交化法を逆算すると，

$$\overrightarrow{a_1}=k_{11}\overrightarrow{u_1},\quad \overrightarrow{a_2}=k_{12}\overrightarrow{u_1}+k_{22}\overrightarrow{u_2},\quad \overrightarrow{a_3}=k_{13}\overrightarrow{u_1}+k_{23}\overrightarrow{u_2}+k_{33}\overrightarrow{u_3},\quad \cdots$$

の形になる．1本にまとめると，

$$(\overrightarrow{a_1},\overrightarrow{a_2},\overrightarrow{a_3},\cdots,\overrightarrow{a_m})=(\overrightarrow{u_1},\overrightarrow{u_2},\overrightarrow{u_3},\cdots,\overrightarrow{u_m})\begin{pmatrix} k_{11} & k_{12} & k_{13} & \cdots & k_{1m} \\ 0 & k_{22} & k_{23} & \cdots & k_{2m} \\ 0 & 0 & k_{33} & \cdots & k_{3m} \\ \vdots & \vdots & \vdots & \ddots & \vdots \\ 0 & 0 & 0 & \cdots & k_{mm} \end{pmatrix}$$

を得る．ここで，

$$k_{11}=|\overrightarrow{a_1}|>0,\quad k_{22}=|\overrightarrow{a_2}-(\overrightarrow{a_2}\cdot\overrightarrow{u_1})\overrightarrow{u_1}|>0,$$
$$k_{33}=|\overrightarrow{a_3}-(\overrightarrow{a_3}\cdot\overrightarrow{u_1})\overrightarrow{u_1}-(\overrightarrow{a_3}\cdot\overrightarrow{u_2})\overrightarrow{u_2}|>0,\quad \cdots$$

である．よって，任意の正則な複素 m 次行列 M は列ベクトルに対して，シュミットの直交化法を施すことにより，ユニタリ行列 U と，対角成分が正の上三角行列の積にかけることがわかる．

問題と解答・解説

問題 1.1

3 次正方行列の階数

次の 3 次正方行列の階数 (rank) を求めよ．

$$C=\begin{pmatrix}1 & a & bc\\ 1 & b & ca\\ 1 & c & ab\end{pmatrix}.$$

2008 年 東京大 経済学研究科 金融システム専攻

ポイント

行に関する (階数用の) 基本変形を行って，階段行列にする．階段行列の行ベクトルのうち $\vec{0}$ でないものの本数が C の階数 rank$C$ である．

解答 (i) $a=b=c$ のとき．2,3 行目から 1 行目を引くと

$$C=\begin{pmatrix}1 & a & a^2\\ 1 & a & a^2\\ 1 & a & a^2\end{pmatrix}\longrightarrow\begin{pmatrix}1 & a & a^2\\ 0 & 0 & 0\\ 0 & 0 & 0\end{pmatrix}.$$

よって，rank$C=1$.

(ii) $a\neq b=c$ のとき．3 行目から 2 行目を引くと

$$C=\begin{pmatrix}1 & a & b^2\\ 1 & b & ba\\ 1 & b & ab\end{pmatrix}\longrightarrow\begin{pmatrix}1 & a & b^2\\ 1 & b & ba\\ 0 & 0 & 0\end{pmatrix}.$$

2 行目から 1 行目を引くと

$$\longrightarrow\begin{pmatrix}1 & a & b^2\\ 0 & b-a & ba-b^2\\ 0 & 0 & 0\end{pmatrix}.$$

2 行目を $b-a$ で割ると，

$$\longrightarrow\begin{pmatrix}1 & a & b^2\\ 0 & 1 & -b\\ 0 & 0 & 0\end{pmatrix}.$$

よって，rank$C=2$.

$b\neq c=a$, $c\neq a=b$ の場合も同様に答えは 2.

◀ 簡約階段行列まで，変形しなくても，rank$C=2$ であることはわかる．たとえば，2 回目の変形で止めてもよい．

(iii) a,b,c がすべて異なるとき．2,3 行目から 1 行目を引くと

$$C=\begin{pmatrix}1 & a & bc\\ 1 & b & ca\\ 1 & c & ab\end{pmatrix}\longrightarrow\begin{pmatrix}1 & a & bc\\ 0 & b-a & ca-bc\\ 0 & c-a & ab-bc\end{pmatrix}.$$

2 行目を $b-a$ で，3 行目を $c-a$ で割ると，

$$\longrightarrow\begin{pmatrix}1 & a & bc\\ 0 & 1 & -c\\ 0 & 1 & -b\end{pmatrix}.$$

2 行目を 3 行目から引くと，

$$\longrightarrow\begin{pmatrix}1 & a & bc\\ 0 & 1 & -c\\ 0 & 0 & -b+c\end{pmatrix}.$$

3 行目を $c-b$ で割ると，

$$\longrightarrow\begin{pmatrix}1 & a & bc\\ 0 & 1 & -c\\ 0 & 0 & 1\end{pmatrix}.$$

よって，$\mathrm{rank}\,C=3$.

◀ 簡約階段行列まで，変形しなくても，$\mathrm{rank}\,C=3$ であることはわかる．たとえば，3 回目の変形で止めてもよい．

解説 | (i) ある行に別の行の定数倍を足したり引いたりする．

(ii) ある行に 0 でない数をかけたり，割ったりする．

(iii) ある行と別の行を入れ替える．

この 3 つの操作を行に関する (階数用の) 基本変形という．3 次の正方行列 A の場合，これらの変形で，

$$\begin{pmatrix}0 & 0 & 0\\ 0 & 0 & 0\\ 0 & 0 & 0\end{pmatrix} \tag{1}$$

の形にできたら A の階数 $(\mathrm{rank}A)$ は 0 である．

$$\begin{pmatrix}1 & * & *\\ 0 & 0 & 0\\ 0 & 0 & 0\end{pmatrix},\quad \begin{pmatrix}0 & 1 & *\\ 0 & 0 & 0\\ 0 & 0 & 0\end{pmatrix},\quad \begin{pmatrix}0 & 0 & 1\\ 0 & 0 & 0\\ 0 & 0 & 0\end{pmatrix} \tag{2}$$

のいずれかの形にできたら A の階数 $(\mathrm{rank}A)$ は 1 である．

$$\begin{pmatrix}1 & 0 & * \\ 0 & 1 & * \\ 0 & 0 & 0\end{pmatrix},\quad \begin{pmatrix}1 & * & 0 \\ 0 & 0 & 1 \\ 0 & 0 & 0\end{pmatrix},\quad \begin{pmatrix}0 & 1 & 0 \\ 0 & 0 & 1 \\ 0 & 0 & 0\end{pmatrix} \tag{3}$$

のいずれかの形にできたら A の階数 (rank$A$) は 2 である．

$$\begin{pmatrix}1 & 0 & 0 \\ 0 & 1 & 0 \\ 0 & 0 & 1\end{pmatrix} \tag{4}$$

の形にできたら A の階数 (rank$A$) は 3 である．

実は rank$A$=0 の場合は，最初から A は零行列となる．つまり，

$$\mathrm{rank}A=0 \iff A=O.$$

A の階数は，A の行ベクトルのうち，1 次独立なものの最大本数となる．つまり，A の行ベクトルが張る空間の次元は rank$A$ に等しいことが証明できる．したがって，すべての行ベクトルが平行，もしくは 零ベクトルで，$A \neq O$ なら，rank$A$=1 となる．本問の場合，行ベクトルは $\vec{0}$ でなく，$a=b=c$ のときに限って，行ベクトルがすべて平行なので，$a=b=c$ のときのみ rank$C$=1 となる．この事実は「行」を「列」に換えても成立する．

n 次の正方行列 A が $\det A \neq 0$ を満たすなら，A の階数は n である，つまり，rank$A$=n であることが知られている．このことを A はフルランク (full rank) であるという．ここで，$\det A$ とは，A^{-1} の分母にくる式のことである．$A=\begin{pmatrix}a & b \\ c & d\end{pmatrix}$ の場合は，$\det A=ad-bc$ となる．

$$A=\begin{pmatrix}a & b & c \\ d & e & f \\ g & h & i\end{pmatrix}$$

の場合は，少し長くて，

$$\det A=aei+bfg+cdh-afh-bdi-ceg$$

となる．本問の場合

$$\det C=ab^2+a^2c+bc^2-ac^2-a^2b-b^2c=(b-a)(c-a)(c-b)$$

である．したがって，a,b,c がすべて異なる場合のみ $\det C \neq 0$ であり，

$$\mathrm{rank}C=3$$

となる．

(i) ある列に別の列の定数倍を足したり引いたりする.

(ii) ある列に 0 でない数をかけたり，割ったりする.

(iii) ある列と別の列を入れ替える.

この 3 つの操作を列に関する (階数用の) 基本変形という. これらを用いると，最終的に (1), (2), (3), (4) 式の転置である

$$\begin{pmatrix} 1 & 0 & 0 \\ 0 & 1 & 0 \\ * & * & 0 \end{pmatrix}$$

などの形にまで簡約化できる.

もし，行に関する (階数用の) 基本変形と，列に関する (階数用の) 基本変形を混ぜて使うと，3 次正方行列なら

$$\begin{pmatrix} 0 & 0 & 0 \\ 0 & 0 & 0 \\ 0 & 0 & 0 \end{pmatrix}, \quad \begin{pmatrix} 1 & 0 & 0 \\ 0 & 0 & 0 \\ 0 & 0 & 0 \end{pmatrix}, \quad \begin{pmatrix} 1 & 0 & 0 \\ 0 & 1 & 0 \\ 0 & 0 & 0 \end{pmatrix}, \quad \begin{pmatrix} 1 & 0 & 0 \\ 0 & 1 & 0 \\ 0 & 0 & 1 \end{pmatrix}$$

のいずれかの形にまで簡約化できる. 一般の行列 A の場合,

$$\begin{pmatrix} E_r & O \\ O & O \end{pmatrix}$$

の形にまで簡約化できる. ここで, E_r は r 次の正方行列であり, $r = \mathrm{rank}A$. なお, 3 つの O は同じ記号で書いてあるが, 同じサイズの零行列とは限らない.

(補足)　階数 (rank) の意味

行列の階数 $\mathrm{rank}A$ には, さまざまな意味がある.

(i) 行ベクトルのうち 1 次独立なものの最大本数.

(ii) 列ベクトルのうち 1 次独立なものの最大本数.

(iii) A で表される 1 次変換 f の像の次元 $\dim(\mathrm{Im}f)$.

(iv) A の r 次の小行列式のうち, 0 でないものが存在する最大の r.

問題に応じて, こうした意味を使い分けるとよい.

類題 1.1

A,B,D をそれぞれ $m\times m$ 行列, $m\times n$ 行列, $n\times n$ 行列とする. また, O を $n\times m$ 零行列とする. これらの行列を用いて $(m+n)\times(m+n)$ 行列 F を

$$F=\begin{pmatrix} A & B \\ O & D \end{pmatrix}$$

によって，定義する．このとき，$\mathrm{rank}(A)+\mathrm{rank}(D)\leqq\mathrm{rank}(F)$ を示せ．ここで，rank は行列の階数とする．

2010 年度 東京大 経済学研究科 経済理論・現代経済専攻

解答 | $a=\mathrm{rank}A$ とおき，a 次の単位行列を E_a とおく．A を $\begin{pmatrix} E_a & O \\ O & O \end{pmatrix}$ にするのと同じ行と列に関する基本変形を F の $1\sim m$ 行目と $1\sim m$ 列目に施す．すると，F は

$$F'=\begin{pmatrix} E_a & O & B_1' \\ O & O & B_2' \\ O & O & D \end{pmatrix}$$

となる．

$d=\mathrm{rank}D$ とおき，d 次の単位行列を E_d とおく．D を $\begin{pmatrix} E_d & O \\ O & O \end{pmatrix}$ にするのと同じ行と列に関する基本変形を F' の $m+1\sim m+n$ 行目と $m+1\sim m+n$ 列目に施す．すると，F' は

$$F''=\begin{pmatrix} E_a & O & B_1'' & B_2'' \\ O & O & B_3'' & B_4'' \\ O & O & E_d & O \\ O & O & O & O \end{pmatrix}$$

となる．F'' の 1 列目から a 列目を使って列に関する基本変形を行うと，

$$\begin{pmatrix} E_a & O & O & O \\ O & O & B_3'' & B_4'' \\ O & O & E_d & O \\ O & O & O & O \end{pmatrix}$$

の形にできる．さらに，$m+1$ 行目から $m+d$ 行目を使って行に関する基本変形を行うと，

$$\begin{pmatrix} E_a & O & O & O \\ O & O & O & B_4'' \\ O & O & E_d & O \\ O & O & O & O \end{pmatrix}$$

の形にできる．よって，

$$\mathrm{rank}(F)=\mathrm{rank}(E_a)+\mathrm{rank}(E_d)+\mathrm{rank}(B_4'')\geqq a+d=\mathrm{rank}(A)+\mathrm{rank}(D).$$

問題 1.2

部分空間の交わりと和

3 次元のベクトル空間 $\mathbb{R}^3$ の部分空間 W_1, W_2 を次のように定める.

$$W_1 = \left\{ \begin{pmatrix} x \\ y \\ z \end{pmatrix} \in \mathbb{R}^3 \;\middle|\; x+2y-2z=0 \right\},$$

$$W_2 = \left\{ \begin{pmatrix} x \\ y \\ z \end{pmatrix} \in \mathbb{R}^3 \;\middle|\; \begin{array}{l} -x+y+3z=0 \\ 2x-y+z=0 \end{array} \right\},$$

このとき以下の問 1, 問 2 に答えよ.

(問 1) W_1 と W_2 の共通部分の次元, $\dim(W_1 \cap W_2)$ を求めよ.

(問 2) W_1 と W_2 の和の次元, $\dim(W_1 + W_2)$ を求めよ.

2010 年 東京大 経済学研究科 金融システム専攻

ポイント

問 1　ベクトル空間 V の次元 $\dim V$ とは, V に含まれる 1 次独立なベクトルの最大本数のこと. W_1 と W_2 の定義式を連立して, $W_1 \cap W_2$ を求める.

問 2　部分ベクトル空間の和 W_1+W_2 とは, W_1 内のベクトル $\overrightarrow{w_1}$ と W_2 内のベクトル $\overrightarrow{w_2}$ の和 $\overrightarrow{w_1}+\overrightarrow{w_2}$ 全体のことである. 次元の定義に基づいて求めてもよいが, 次元の性質

$$\dim(W_1+W_2) = \dim(W_1) + \dim(W_2) - \dim(W_1 \cap W_2)$$

を使えばすぐに解ける.

解答 | **問 1**　W_2 の定義式

$$-x+y+3z=0 \quad \text{かつ} \quad 2x-y+z=0$$

は

$$x=-4z \quad \text{かつ} \quad y=-7z \tag{1}$$

と同値である. これらを W_1 の定義式 $x+2y-2z=0$ に代入して,

◀ 2 式を足して $x+4z=0$, 上の式の 2 倍を下の式に足して $y+7z=0$.

$$\begin{pmatrix} x \\ y \\ z \end{pmatrix} = \begin{pmatrix} 0 \\ 0 \\ 0 \end{pmatrix}$$

を得る．ゆえに $W_1 \cap W_2 = \{\vec{0}\}$ である．ベクトル $\vec{0}$ は 1 次独立でないので，$\{\vec{0}\}$ 内の 1 次独立なベクトルの本数は 0 本である．

◀ 0 でない k に対して $k\vec{0} = \vec{0}$ となるので，$\vec{0}$ は 1 次独立にならない．

（答） $\dim(W_1 \cap W_2) = 0.$

問 2　$W_1 : x+2y-2z=0$ より，$x=-2y+2z$．よって，平面 W_1 上の点の位置ベクトルは，

$$\begin{pmatrix} x \\ y \\ z \end{pmatrix} = \begin{pmatrix} -2y+2z \\ y \\ z \end{pmatrix} = y\begin{pmatrix} -2 \\ 1 \\ 0 \end{pmatrix} + z\begin{pmatrix} 2 \\ 0 \\ 1 \end{pmatrix}$$

となる．$\begin{pmatrix} -2 \\ 1 \\ 0 \end{pmatrix}$ と $\begin{pmatrix} 2 \\ 0 \\ 1 \end{pmatrix}$ は平行でないので，

◀ もう 1 本つけ加えようと思うと 3 本めは $y\begin{pmatrix} -2 \\ 1 \\ 0 \end{pmatrix} + z\begin{pmatrix} 2 \\ 0 \\ 1 \end{pmatrix}$ の形なので必ず 1 次従属になってしまう．

$$k_1\begin{pmatrix} -2 \\ 1 \\ 0 \end{pmatrix} + k_2\begin{pmatrix} 2 \\ 0 \\ 1 \end{pmatrix} = \vec{0}$$

ならば $(k_1, k_2) = (0, 0)$ となる．よって，1 次独立である．よって，W_1 の基底は

$$\left(\begin{pmatrix} -2 \\ 1 \\ 0 \end{pmatrix}, \begin{pmatrix} 2 \\ 0 \\ 1 \end{pmatrix}\right)$$

であり，$\dim W_1 = 2$．

(1) 式より直線 W_2 上の点の位置ベクトルは，

◀ もう 1 本つけ加えようと思うと 2 本めは $z\begin{pmatrix} -4 \\ -7 \\ 1 \end{pmatrix}$ の形なので必ず 1 次従属になってしまう．

$$\begin{pmatrix} x \\ y \\ z \end{pmatrix} = \begin{pmatrix} -4z \\ -7z \\ z \end{pmatrix} = z\begin{pmatrix} -4 \\ -7 \\ 1 \end{pmatrix}$$

とおける．$\begin{pmatrix} -4 \\ -7 \\ 1 \end{pmatrix}$ は 1 次独立なので，W_2 の基底は

$$\left(\begin{pmatrix} -4 \\ -7 \\ 1 \end{pmatrix}\right)$$

であり，$\dim W_2=1$. よって，W_1+W_2 は

$$\left(\begin{pmatrix}-2\\1\\0\end{pmatrix},\begin{pmatrix}2\\0\\1\end{pmatrix},\begin{pmatrix}-4\\-7\\1\end{pmatrix}\right)$$

で生成される．この 3 本は 1 次独立である．実際，

$$k_1\begin{pmatrix}-2\\1\\0\end{pmatrix}+k_2\begin{pmatrix}2\\0\\1\end{pmatrix}+k_3\begin{pmatrix}-4\\-7\\1\end{pmatrix}=\begin{pmatrix}0\\0\\0\end{pmatrix}$$

$$\Longleftrightarrow\begin{cases}-2k_1+2k_2-4k_3=0\\k_1-7k_3=0\\k_2+k_3=0.\end{cases}$$

第 2 式, 第 3 式より $k_1=7k_3$, $k_2=-k_3$. これらを第 1 式に代入して，$(k_1,k_2,k_3)=(0,0,0)$ となる．したがって，$\dim(W_1+W_2)\geqq 3$. $W_1+W_2\subset\mathbb{R}^3$ なので，$\dim(W_1+W_2)\leqq\dim\mathbb{R}^3=3$.

（答） $\dim(W_1+W_2)=3$.

◀ 一本のベクトル $\overrightarrow{a}$ が 1 次独立にならないのは $\overrightarrow{a}=\overrightarrow{0}$ のときのみ．

問 2 の別解　次元の性質より，

（答） $\dim(W_1\cup W_2)$

$=\dim(W_1)+\dim(W_2)-\dim(W_1\cap W_2)$

$=1+2-0=3.$

解説 ｜ 実ベクトル空間 V とは，和と差と実数倍について閉じている空間のことである．式で書くと，

(i) V の任意の元 (要素) $\overrightarrow{v_1}$ と $\overrightarrow{v_2}$ に対して足し算と引き算が定義されていて，その結果が $\overrightarrow{v_1}+\overrightarrow{v_2}\in V$ かつ $\overrightarrow{v_1}-\overrightarrow{v_2}\in V$ となる．

(ii) V の任意の元 (要素) $\overrightarrow{v}$ と，任意の実数 $k\in\mathbb{R}$ に対して，実数倍が定義されていて，その結果が $k\overrightarrow{v}\in V$ となる．

平面ベクトルの全体 $\mathbb{R}^2$ や空間ベクトルの全体 $\mathbb{R}^3$ は実ベクトル空間になる．V の部分ベクトル空間とは，V の部分集合 (V の一部) で，実ベクトル空間になるもののことである．たとえば，$V=\mathbb{R}^3$ 内で，原点を通る直線上の点の位置べ

クトル全体 V_1 は V の 1 次元の部分ベクトル空間になる．$\mathbb{R}^3$ 内で，原点を通る平面上の点の位置ベクトル全体 V_2 は V の 2 次元の部分ベクトル空間になる．

図形の次元とは，自由に動ける変数の個数のことである．本問の平面 W_1 上の点は

$$\begin{pmatrix} x \\ y \\ z \end{pmatrix} = y \begin{pmatrix} -2 \\ 1 \\ 0 \end{pmatrix} + z \begin{pmatrix} 2 \\ 0 \\ 1 \end{pmatrix}$$

と書けた．この表し方の場合，y と z は任意の実数を動くことができるが，x はこれらに依存して決まるので，自由に動ける変数は 2 個であり，W_1 の次元 $\dim W_1$ は 2 となる．本問の直線 W_2 上の点の位置ベクトルは，

$$\begin{pmatrix} x \\ y \\ z \end{pmatrix} = z \begin{pmatrix} -4 \\ -7 \\ 1 \end{pmatrix}$$

と書けた．z のみが自由に動けるので，W_2 は $\dim W_2 = 1$ である．

V に含まれるベクトルの集合 $\{\overrightarrow{a_1}, \overrightarrow{a_2}, \cdots, \overrightarrow{a_k}\}$ の k 本は 1 次独立だが V 内のいかなるベクトルを $k+1$ 本目に付け加えても 1 次従属になってしまうとき，$\{\overrightarrow{a_1}, \overrightarrow{a_2}, \cdots, \overrightarrow{a_k}\}$ は 1 次独立性に関して極大であるという．別の $\{\overrightarrow{b_1}, \overrightarrow{b_2} \cdots, \overrightarrow{b_l}\} \subset V$ も 1 次独立性に関して極大なとき $k \neq l$ となる可能性がある．しかし不思議なことにいつでも $k = l$ となることが知られている．したがって極大を最大といい換えることができる．この本数が，ベクトル空間 V の次元の正確な定義になる．繰り返すと $\overrightarrow{a_1}, \overrightarrow{a_2}, \cdots, \overrightarrow{a_n} \in V$ は 1 次独立だが，どんな $\overrightarrow{a_{n+1}} \in V$ を付け加えても 1 次従属 (1 次独立でない) になってしまう n のことを V の次元といい，$\dim V$ と書く．$n = \infty$ のときは，V は無限次元であるという．1 次独立のことを線形独立ともいう．

- 1 本のベクトル $\overrightarrow{a}$ が 1 次独立とは，実数 k に対して $k\overrightarrow{a} = \overrightarrow{0}$ ならば $k = 0$ となること．
- 2 本のベクトル $\overrightarrow{a_1}, \overrightarrow{a_2}$ が 1 次独立とは，実数 k_1, k_2 に対して

$$k_1\overrightarrow{a_1} + k_2\overrightarrow{a_2} = \overrightarrow{0}$$

ならば $(k_1, k_2) = (0, 0)$ となること．
- 3 本のベクトル $\overrightarrow{a_1}, \overrightarrow{a_2}, \overrightarrow{a_3}$ が 1 次独立とは，実数 k_1, k_2, k_3 に対して

$$k_1\overrightarrow{a_1} + k_2\overrightarrow{a_2} + k_3\overrightarrow{a_3} = \overrightarrow{0}$$

ならば $(k_1,k_2,k_3)=(0,0,0)$ となること．

本数がもっと多い場合も同様である．

$(\overrightarrow{a_1},\overrightarrow{a_2},\cdots,\overrightarrow{a_n})$ が V の基底とは，生成系で 1 次独立であること．いい換えると，V 内のすべてのベクトルが $\overrightarrow{a_1},\overrightarrow{a_2},\cdots,\overrightarrow{a_n}$ の 1 次結合で表されて，その表し方が一通りであることである．式で書くと，

(i) すべての $\vec{v}\in V$ に対し，ある実数 $k_1,k_2,\cdots,k_n$ が存在し，

$$\vec{v}=k_1\overrightarrow{a_1}+k_2\overrightarrow{a_2}+\cdots+k_n\overrightarrow{a_n}$$

と表せる．

(ii) $k_1\overrightarrow{a_1}+k_2\overrightarrow{a_2}+\cdots+k_n\overrightarrow{a_n}=l_1\overrightarrow{a_1}+l_2\overrightarrow{a_2}+\cdots+l_n\overrightarrow{a_n}$ ならば，

$$(k_1,k_2,\cdots,k_n)=(l_1,l_2,\cdots,l_n)$$

となる．

(ii) の右辺を左辺に移項して整理すると，(ii) が $\overrightarrow{a_1},\overrightarrow{a_2},\cdots,\overrightarrow{a_n}$ の 1 次独立性と同値であることがわかる．

V の基底には さまざまな選び方があるが，その本数は一定で，$\dim V$ に等しいことが証明できる．上の解答では，この事実を既知として用いて，W_1,W_2 や W_1+W_2 の次元を求めている．

ベクトル空間 V の部分ベクトル空間 V_1 と V_2 に対して，その交わり $V_1\cap V_2$ は再び部分ベクトル空間になる．本問の場合，平面 W_1 の上に直線 W_2 が乗っていれば $W_1\cap W_2=W_2$ となる．しかし，そうではなく，W_1 の原点に W_2 が突き刺さる形になっているので，幾何学的考察からも $W_1\cap W_2$ は原点の位置ベクトル $\vec{0}$ のみであることがわかる (図 1.1)．

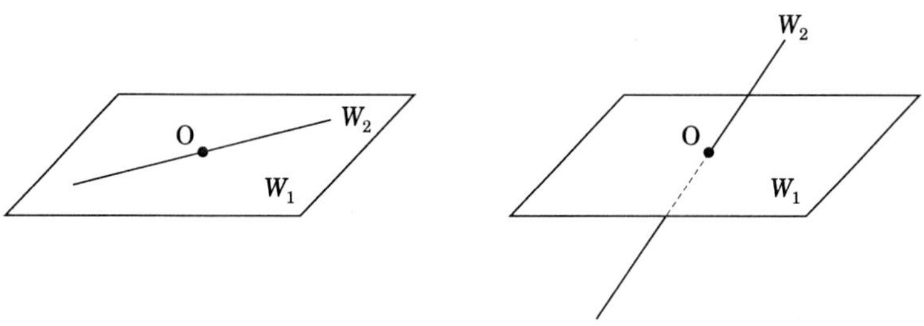

図 1.1

部分ベクトル空間 V_1 と V_2 の結び $V_1 \cup V_2$ は，一方が他方に含まれている場合を除いて，部分ベクトル空間にはならない．なぜなら，ベクトル空間の定義の1つが成り立たないからである．具体的には，V_2 に入らない V_1 のベクトル $\overrightarrow{v_1}$ と，V_1 に入らない V_2 のベクトル $\overrightarrow{v_2}$ に対して，$\overrightarrow{v_1}+\overrightarrow{v_2} \notin V_1 \cup V_2$ となる (図 1.2).

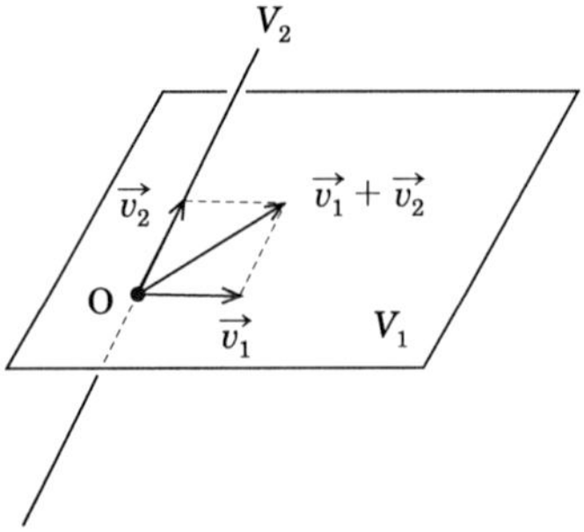

図 1.2

実ベクトル空間 V の部分ベクトル空間 V_1 と V_2 に対して，その和 V_1+V_2 を $\{\overrightarrow{v_1}+\overrightarrow{v_2} \mid \overrightarrow{v_1} \in V_1, \overrightarrow{v_2} \in V_2\}$ で定義する．和 V_1+V_2 は再び部分ベクトル空間になる．

2つの実ベクトル空間 V_1 と V_2 に対して，その直積 $V_1 \times V_2$ を，V_1 のベクトルと V_2 内のベクトルを並べたもの $\{(\overrightarrow{v_1}, \overrightarrow{v_2}) \mid \overrightarrow{v_1} \in V_1, \overrightarrow{v_2} \in V_2\}$ で定義する．和は $(\overrightarrow{v_1}, \overrightarrow{v_2})+(\overrightarrow{v_1}', \overrightarrow{v_2}')=(\overrightarrow{v_1}+\overrightarrow{v_1}', \overrightarrow{v_2}+\overrightarrow{v_2}')$, 実数倍は $k(\overrightarrow{v_1}, \overrightarrow{v_2})=(k\overrightarrow{v_1}, k\overrightarrow{v_2})$ で定義する．これは，$\dim V_1+\dim V_2$ 次元の実ベクトル空間になる．

実ベクトル空間 V の部分ベクトル空間 V_1 に対して，その商 V/V_1 も定めることができる．V の2つのベクトルに対して，その差が V_1 に属するものは同じと見なした空間が V/V_1 である．これは $\dim V - \dim V_1$ 次元の実ベクトル空間になる．

(発展)　ベクトル空間のテンソル積

2つの実ベクトル空間 V_1 と V_2 に対して，そのテンソル積 $V_1 \otimes V_2$ を，V_1 のベクトルと V_2 内のベクトルを並べたもの $(\overrightarrow{v_{1k}}, \overrightarrow{v_{2k}})$ $(k=1,2,\cdots,n)$ の形式的な有限和

$$\left\{ \sum_{k=1}^{n} (\overrightarrow{v_{1k}}, \overrightarrow{v_{2k}}) \;\middle|\; \overrightarrow{v_{1k}} \in V_1, \overrightarrow{v_{2k}} \in V_2,\ n \text{ は正の整数全体を動く} \right\}$$

に関係式

$$(\overrightarrow{v_1}, \overrightarrow{v_2}+\overrightarrow{v_2}') = (\overrightarrow{v_1}, \overrightarrow{v_2}) + (\overrightarrow{v_1}, \overrightarrow{v_2}'),$$
$$(\overrightarrow{v_1}+\overrightarrow{v_1}', \overrightarrow{v_2}) = (\overrightarrow{v_1}, \overrightarrow{v_2}) + (\overrightarrow{v_1}', \overrightarrow{v_2}),$$
$$(k\overrightarrow{v_1}, \overrightarrow{v_2}) = k(\overrightarrow{v_1}, \overrightarrow{v_2}) = (\overrightarrow{v_1}, k\overrightarrow{v_2})$$

を入れたものとして定義する．$(\overrightarrow{v_1}, \overrightarrow{v_2})$ に対応する元を $\overrightarrow{v_1} \otimes \overrightarrow{v_2}$ と書く．$V_1 \otimes V_2$ は $(\dim V_1)(\dim V_2)$ 次元の実ベクトル空間になる．

類題 1.2

3 次元の実数値をとるベクトル空間 $\mathbb{R}^3$ におけるベクトル

$$\overrightarrow{a_1} = \begin{pmatrix} 1 \\ 1 \\ 1 \end{pmatrix}, \quad \overrightarrow{a_2} = \begin{pmatrix} 1 \\ 2 \\ 0 \end{pmatrix}, \quad \overrightarrow{a_3} = \begin{pmatrix} 1 \\ 0 \\ 2 \end{pmatrix},$$
$$\overrightarrow{b_1} = \begin{pmatrix} 3 \\ 4 \\ 3 \end{pmatrix}, \quad \overrightarrow{b_2} = \begin{pmatrix} 1 \\ 0 \\ 5 \end{pmatrix}$$

があり，$\overrightarrow{a_1}, \overrightarrow{a_2}, \overrightarrow{a_3}$ により張られる $\mathbb{R}^3$ の部分空間を W_a，$\overrightarrow{b_1}, \overrightarrow{b_2}$ により張られる $\mathbb{R}^3$ の部分空間を W_b とする．このとき，$W_a \cap W_b$ を張るベクトルを求めよ．

2008 年度 東京大 経済学研究科 金融システム専攻

解答 ｜張られるというのは生成されるという意味なので W_a は

$$k_1\overrightarrow{a_1} + k_2\overrightarrow{a_2} + k_3\overrightarrow{a_3} \tag{2}$$

の形の元全体からなる．$\overrightarrow{a_3} = 2\overrightarrow{a_1} - \overrightarrow{a_2}$ なので (2) にこれを代入して整理すると

$$(k_1+2k_3)\overrightarrow{a_1} + (k_2-k_3)\overrightarrow{a_2}.$$

この係数は実数全体を動くので W_a は $\overrightarrow{a_1}$ と $\overrightarrow{a_2}$ により張られる．$\overrightarrow{v} \in W_a \cap W_b$ は

$$\overrightarrow{v} = k_1\overrightarrow{a_1} + k_2\overrightarrow{a_2}. \tag{3}$$

$l_1\overrightarrow{b_1} + l_2\overrightarrow{b_2}$ とも表せるので

$$k_1\begin{pmatrix} 1 \\ 1 \\ 1 \end{pmatrix} + k_2\begin{pmatrix} 1 \\ 2 \\ 0 \end{pmatrix} = l_1\begin{pmatrix} 3 \\ 4 \\ 3 \end{pmatrix} + l_2\begin{pmatrix} 1 \\ 0 \\ 5 \end{pmatrix}.$$

これを解いて $(k_1, k_2, l_1, l_2) = (-4l_2, -4l_2, -3l_2, l_2)$．(3) に代入して

$$\overrightarrow{v}=-4l_2(\overrightarrow{a_1}+\overrightarrow{a_2})=-4l_2\begin{pmatrix}2\\3\\1\end{pmatrix}.$$

∴　$W_a \cap W_b$ は $\begin{pmatrix}2\\3\\1\end{pmatrix}$ で張られる．

別解　| $\mathrm{rank}\begin{pmatrix}1&1&1\\1&2&0\\1&0&2\end{pmatrix}=2$ であるから W_a の次元は 2 である．したがって，W_a は原点を通る平面である．その法線ベクトル $\overrightarrow{n_a}$ は $\overrightarrow{n_a}=\begin{pmatrix}2\\-1\\-1\end{pmatrix}$.

$$\mathrm{rank}\begin{pmatrix}3&1\\4&0\\3&5\end{pmatrix}=2$$

であるから W_b の次元も 2 である．したがって，W_b は原点を通る平面である (図 1.3)．その法線ベクトル $\overrightarrow{n_b}$ は

$$\overrightarrow{n_b}=\begin{pmatrix}5\\-3\\-1\end{pmatrix}.$$

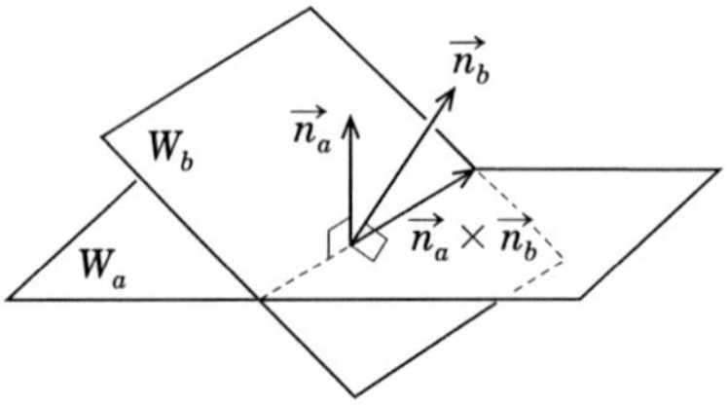

図 1.3

外積を計算すると，

$$\overrightarrow{n_a}\times\overrightarrow{n_b}=\begin{pmatrix}2\\-1\\-1\end{pmatrix}\times\begin{pmatrix}5\\-3\\-1\end{pmatrix}=\begin{pmatrix}-2\\-3\\-1\end{pmatrix}.$$

$\overrightarrow{n_a}\times\overrightarrow{n_b}$ は $\overrightarrow{n_a}$ と $\overrightarrow{n_b}$ の両方に垂直なので，交線 $W_a \cap W_b$ の方向ベクトルになっている．よって，$t\begin{pmatrix}2\\3\\1\end{pmatrix}$ $(t\neq 0)$ はすべて答えであるが，たとえば $t=1$ とすると

（答） $\begin{pmatrix}2\\3\\1\end{pmatrix}$.

問題 1.3

基本変形と階数

4 行 5 列の実数を成分とする行列 A を考える．次のそれぞれの場合について，A の第 1 列と第 2 列と第 3 列の 3 つのベクトルが生成する $\mathbb{R}^4$ の部分空間の次元の可能性をすべて求めよ．

（問 1） A に行基本変形を何回か行って

$$B=\begin{pmatrix}1&3&0&1&0\\0&0&1&-2&0\\0&0&0&0&1\\0&0&0&0&0\end{pmatrix}$$

にできる場合．

（問 2） A に行基本変形と列基本変形をそれぞれ何回か行って

$$C=\begin{pmatrix}1&0&0&0&0\\0&1&0&0&0\\0&0&1&0&0\\0&0&0&1&0\end{pmatrix}$$

にできる場合．

2006 年 東京大 数理科学研究科

ポイント

列ベクトルを何本か選んだとき，それらが 1 次独立か否かは行に関する基本変形で不変である．よって

問 1　列ベクトルの何本かで生成される部分空間の次元は，行に関する基本変形で不変である．したがって，B の第 1,2,3 列ベクトルが生成する部分空間の次元を考えればよい．

問 2　3 本のベクトルで張られる部分空間 V の次元の可能性は，0 次元，1 次元，2 次元，3 次元の 4 通りである．この各々に対して，具体例があるかどうかを考察する．

解答｜問 1　A の第 1 列，第 2 列，第 3 列 を抜き出してできる 4 行 3 列の行列 A_3 を行に関して基本変形すると，

$$B_3=\begin{pmatrix}1&3&0\\0&0&1\\0&0&0\\0&0&0\end{pmatrix}$$

になる．基本変形で階数は不変なので，$\mathrm{rank}A_3 = \mathrm{rank}B_3=2$. よって，$A_3$ の列ベクトルの張る線形部分空間の次元は 2 である．

（答）　2.

◀ $\mathrm{rank}(A_3)=2$
$\Longleftrightarrow$ A_3 の列ベクトルのうち 1 次独立なものの最大本数が 2 本．
$\Longleftrightarrow$ A_3 の列ベクトルで張られるベクトル空間の次元が 2.

問 2　A の第 1,2,3 列で生成される部分空間を V とおく．

(i) $\dim V \leqq 1$ のとき．

A の第 4 列，第 5 列を加えても 3 次元以下の部分空間しか張らない．A の階数は A の列ベクトルの張る空間の次元に等しいので，$\mathrm{rank}A \leqq 3$ となり，

$$\mathrm{rank}A=\mathrm{rank}C=4$$

であることに矛盾する．

◀ V は高々1 本で生成されるので第 4, 5 列を加えても生成元である列ベクトルは 3 本しかない．よって $\dim V \geqq 4$ となることはない．

(ii) $\dim V=2$ のとき．

たとえば，次の A の第 1,2,3 列で生成される部分空間は 2 次元であり，第 1 列と第 5 列の入れ替えで C となる．

$$A=\begin{pmatrix}0&0&0&0&1\\0&1&0&0&0\\0&0&1&0&0\\0&0&0&1&0\end{pmatrix}.$$

(iii) $\dim V=3$ のとき．

たとえば，$A=C$ とすると，A の第 1,2,3 列で生成される部分空間は 3 次元である．(i),(ii),(iii) より，

（答）　2,3.

解説 | 集合 K が体《たい》とは，K が四則演算 (0 で割ることを除く) で閉じていることである．たとえば，有理数の全体 $\mathbb{Q}$ や実数の全体 $\mathbb{R}$ や複素数の全体 $\mathbb{C}$ は体である．

自然数の全体 $\mathbb{N}$ は，たとえば $3-5$ をすると，-2 になって，自然数にならないので，体ではない．整数の全体 $\mathbb{Z}$ は $3\div5$ をすると $\frac{3}{5}$ になって，整数にならないので，体ではない．

$\mathbb{C}^2$ は，複素数を 2 つ並べたものの集合であり，

$$\begin{pmatrix} z_1 \\ z_2 \end{pmatrix}$$

のように縦に並べた場合は 2 次元複素縦ベクトル，(z_1,z_2) のように横に並べた場合は 2 次元複素横ベクトルという．$\mathbb{C}^2$ のように複素数倍が定義できるベクトル空間を $\mathbb{C}$ 上ベクトル空間とか複素ベクトル空間などという．

$\mathbb{R}^3$ は，実数を 3 つ並べたものの集合であり，$\begin{pmatrix} x_1 \\ x_2 \\ x_3 \end{pmatrix}$ のように縦に並べた場合は 3 次元実縦ベクトル，(x_1,x_2,x_3) のように横に並べた場合は 3 次元実横ベクトルという．$\mathbb{R}^3$ のように実数倍が定義できるベクトル空間を $\mathbb{R}$ 上のベクトル空間とか実ベクトル空間などという．

$\mathbb{Q}^4$ は，有理数を 4 つ並べたものの集合であり，$\begin{pmatrix} q_1 \\ q_2 \\ q_3 \\ q_4 \end{pmatrix}$ のように縦に並べた場合は 4 次元有理縦ベクトル，(q_1,q_2,q_3,q_4) のように横に並べた場合は 4 次元有理横ベクトルという．$\mathbb{Q}^4$ のように有理数倍が定義できるベクトル空間を $\mathbb{Q}$ 上のベクトル空間とか有理ベクトル空間などという．

体 K 上のベクトル空間の元 $\vec{a},\vec{b},\vec{c}$ の 1 次結合 (線形結合) とは，K の元 k,l,m を用いた，$k\vec{a}+l\vec{b}+m\vec{c}$ の形の式のこと．K 上で $\vec{a},\vec{b},\vec{c}$ の生成する (張る) 部分ベクトル空間 V とは，K 上での $\vec{a},\vec{b},\vec{c}$ の 1 次結合全体のことである．式で表すと，

$$V=\{k\vec{a}+l\vec{b}+m\vec{c} \mid k,l,m\in K\}$$

のこと．なお，$k,l,m\in K$ は $k\in K$ かつ $l\in K$ かつ $m\in K$ の略記である．

$\vec{a},\vec{b},\vec{c}$ が K 上 1 次独立 (線形独立) とは，K 上の 1 次結合 $k\vec{a}+l\vec{b}+m\vec{c}$ が $\vec{0}$ ならば，$(k,l,m)=(0,0,0)$ となること．なお，$(k,l,m)=(0,0,0)$ は $k=0$ かつ $l=0$ かつ $m=0$ のことである．

K 上1次独立でないとき，K 上1次従属 (線形従属) という．これは，$k\vec{a}+l\vec{b}+m\vec{c}$ が $\vec{0}$ かつ $(k,l,m)\neq(0,0,0)$ となることである．以上，ベクトルが $\vec{a},\vec{b},\vec{c}$ の3本の場合で定義したが，n 本の場合でも同様である．

K ベクトル空間 V の次元 $\dim V$ とは，V 内のベクトルのうち，K 上1次独立なものの極大本数のことである．この本数は一定となるので，最大本数と言っても同じである．

たとえば，$\overrightarrow{a_1},\overrightarrow{a_2}\in V$ が1次独立性に関して極大とする．つまり，もう1本付け加えると1次従属になるとする．また，$\overrightarrow{b_1},\overrightarrow{b_2},\overrightarrow{b_3}\in V$ が1次独立性に関して極大とする．つまり，もう1本付け加えると1次従属になるとする．このとき，次のようにして矛盾が生じる．

$\overrightarrow{a_1},\overrightarrow{a_2},\overrightarrow{b_i}$ $(i=1,2,3)$ は1次従属なので，

$$k_i\overrightarrow{a_1}+l_i\overrightarrow{a_2}+m_i\overrightarrow{b_i}=\vec{0}\quad \text{かつ} \quad (k_i,l_i,m_i)\neq(0,0,0)$$

を満たす．$m_i=0$ だと $\overrightarrow{a_1},\overrightarrow{a_2}$ の1次独立性に反するので，$m_i\neq0$. よって，

$$\overrightarrow{b_i}=-\frac{k_i}{m_i}\overrightarrow{a_1}-\frac{l_i}{m_i}\overrightarrow{a_2}.$$

2つのベクトル $\left(-\frac{k_1}{m_1},-\frac{k_2}{m_2},-\frac{k_3}{m_3}\right)$ と $\left(-\frac{l_1}{m_1},-\frac{l_2}{m_2},-\frac{l_3}{m_3}\right)$ の両方に直交する $\vec{0}$ でないベクトルが存在するので，それを (α,β,γ) とおくと，

$$\alpha\overrightarrow{b_1}+\beta\overrightarrow{b_2}+\gamma\overrightarrow{b_3}=\left(-\frac{\alpha k_1}{m_1}-\frac{\beta k_2}{m_2}-\frac{\gamma k_3}{m_3}\right)\overrightarrow{a_1}+\left(-\frac{\alpha l_1}{m_1}-\frac{\beta l_2}{m_2}-\frac{\gamma l_3}{m_3}\right)\overrightarrow{a_2}=\vec{0}$$

となる．これは $\overrightarrow{b_1},\overrightarrow{b_2},\overrightarrow{b_3}$ が1次従属であることを示し，1次独立性に反する．V 内の $\dim V$ 本の1次独立なベクトルは V の基底になる．基底の選び方は，無数にある．1次独立なベクトルの本数に限りがない場合 V は無限次元となる．つまり $\dim V=\infty$.

K 上のベクトル空間の元 $\vec{a},\vec{b},\vec{c}$ が1次独立なら，これらの生成する部分ベクトル空間 V において，$\vec{a},\vec{b},\vec{c}$ は1次独立なベクトルの集合として極大であるから，$\dim V=3$ となる．

$\vec{a},\vec{b},\vec{c}$ が1次従属なら，$\vec{a},\vec{b},\vec{c}$ のどれかは，他の2本の1次結合で表される．たとえば，$\vec{c}$ が $\vec{a}$ と $\vec{b}$ で表され，$\vec{a}$ と $\vec{b}$ が1次独立としよう．このとき，V において $\vec{a},\vec{b}$ は1次独立なベクトルの集合として極大になるから，$\dim V=2$ となる．

1 次独立性を確認するには，k,l,m に関する連立 1 次方程式 $k\vec{a}+l\vec{b}+m\vec{c}=\vec{0}$ を解くことになる．たとえば，$\vec{a},\vec{b},\vec{c}$ が 3 次元実ベクトルの場合，

$$k\begin{pmatrix}a_1\\a_2\\a_3\end{pmatrix}+l\begin{pmatrix}b_1\\b_2\\b_3\end{pmatrix}+m\begin{pmatrix}c_1\\c_2\\c_3\end{pmatrix}=\begin{pmatrix}0\\0\\0\end{pmatrix}$$

を解いて (k,l,m) が $(0,0,0)$ のみか否かを調べる．解く途中の操作を 3 種類に分類してみる．まず，ある行に別の行の定数倍を足したり引いたりして 0 をたくさん作っていく．その結果，たとえば，次のようになったとする．

$$k\begin{pmatrix}0\\0\\a\end{pmatrix}+l\begin{pmatrix}b\\0\\0\end{pmatrix}+m\begin{pmatrix}0\\c\\0\end{pmatrix}=\begin{pmatrix}0\\0\\0\end{pmatrix}. \tag{1}$$

ここで，a,b,c が 0 でないなら，$\dfrac{1}{a}$ を 3 行目に，$\dfrac{1}{b}$ を 1 行目に，$\dfrac{1}{c}$ を 2 行目にかけて，

$$k\begin{pmatrix}0\\0\\1\end{pmatrix}+l\begin{pmatrix}1\\0\\0\end{pmatrix}+m\begin{pmatrix}0\\1\\0\end{pmatrix}=\begin{pmatrix}0\\0\\0\end{pmatrix}.$$

見づらいので，1 行目と 3 行目を入れ替え，その後 2 行目と 3 行目を入れ替えて，

$$k\begin{pmatrix}1\\0\\0\end{pmatrix}+l\begin{pmatrix}0\\1\\0\end{pmatrix}+m\begin{pmatrix}0\\0\\1\end{pmatrix}=\begin{pmatrix}0\\0\\0\end{pmatrix}.$$

これより $(k,l,m)=(0,0,0)$ を得る．よって，$\vec{a},\vec{b},\vec{c}$ は 1 次独立であることがわかる．ここに登場した，3 つの操作を行に関する (階数用の) 基本変形という (p.18 参照).

もし (1) 式が，

$$k\begin{pmatrix}0\\0\\a\end{pmatrix}+l\begin{pmatrix}b\\0\\0\end{pmatrix}+m\begin{pmatrix}c\\0\\d\end{pmatrix}=\begin{pmatrix}0\\0\\0\end{pmatrix} \tag{2}$$

となったとする．ここで，a,b が 0 でないなら，$\dfrac{1}{a}$ を 3 行目に，$\dfrac{1}{b}$ を 1 行目にかけて

$$k\begin{pmatrix}0\\0\\1\end{pmatrix}+l\begin{pmatrix}1\\0\\0\end{pmatrix}+m\begin{pmatrix}c/b\\0\\d/a\end{pmatrix}=\begin{pmatrix}0\\0\\0\end{pmatrix}$$

の形にできる．見づらいので，1 行目と 3 行目を入れ替え，その後 2 行目と 3 行目を入れ替えて，

$$k\begin{pmatrix}1\\0\\0\end{pmatrix}+l\begin{pmatrix}0\\1\\0\end{pmatrix}+m\begin{pmatrix}d/a\\c/b\\0\end{pmatrix}=\begin{pmatrix}0\\0\\0\end{pmatrix}.$$

この場合は $(k,l,m)=\left(\frac{d}{a},\frac{c}{b},-1\right)$ などの解があるので，$\vec{a},\vec{b},\vec{c}$ は 1 次従属となる．

(1), (2) のどちらの場合も $\vec{a},\vec{b}$ は 1 次独立である．なぜなら，$k\vec{a}+l\vec{b}=\vec{0}$ は，行に関して (階数用の) 基本変形を行うと

$$k\begin{pmatrix}1\\0\\0\end{pmatrix}+l\begin{pmatrix}0\\1\\0\end{pmatrix}=\begin{pmatrix}0\\0\\0\end{pmatrix}$$

になり，$(k,l)=(0,0)$ を得るからである．

以上の例からわかるように，$k\vec{a}+l\vec{b}+m\vec{c}=\vec{0}$ や $k\vec{a}+l\vec{b}=\vec{0}$ を行に関して (階数用の) 基本変形した式は初めの式と同値なので，行に関する (階数用の) 基本変形は，1 次独立性を不変に保つ．したがって，次元を不変に保つことがわかる．

上で書いた 3 本のベクトルをまとめて，行列にすると，成分の変化は，次のようになる．

$$\begin{pmatrix}a_1&b_1&c_1\\a_2&b_2&c_2\\a_3&b_3&c_3\end{pmatrix}\longrightarrow\begin{pmatrix}0&b&0\\0&0&c\\a&0&0\end{pmatrix}\longrightarrow\begin{pmatrix}0&1&0\\0&0&1\\1&0&0\end{pmatrix}\longrightarrow\begin{pmatrix}1&0&0\\0&1&0\\0&0&1\end{pmatrix},$$

$$\begin{pmatrix}a_1&b_1&c_1\\a_2&b_2&c_2\\a_3&b_3&c_3\end{pmatrix}\longrightarrow\begin{pmatrix}0&b&c\\0&0&0\\a&0&d\end{pmatrix}\longrightarrow\begin{pmatrix}0&1&\frac{c}{b}\\0&0&0\\1&0&\frac{d}{a}\end{pmatrix}\longrightarrow\begin{pmatrix}1&0&\frac{d}{a}\\0&1&\frac{c}{b}\\0&0&0\end{pmatrix},$$

$$\begin{pmatrix}a_1&b_1\\a_2&b_2\\a_3&b_3\end{pmatrix}\longrightarrow\cdots\longrightarrow\begin{pmatrix}1&0\\0&1\\0&0\end{pmatrix}.$$

これらからわかるように，行列 A に，行に関する (階数用の) 基本変形を施すと，各行は，

$$(0,\cdots,0,1,*,\cdots,*,0,*,\cdots,*,0,*,\cdots)$$

の形にできる．ここで $*$ は任意の数であり，左端の 1 の上下の数はすべて 0 である．左側の 0 が 1 つもない $(1,*,\cdots,*,0,*,\cdots,*,0,*,\cdots)$ や，すべてが 0 の $(0,\cdots,0)$ も許す．

行列全体は，行に関する (階数用の) 基本変形で，

$$\begin{pmatrix} 0 & \cdots & 0 & 1 & * & \cdots & * & 0 & * & \cdots & * & 0 & * & \cdots & * & 0 & * & \cdots \\ 0 & \cdots & 0 & 0 & 0 & \cdots & 0 & 1 & * & \cdots & * & 0 & * & \cdots & * & 0 & * & \cdots \\ 0 & \cdots & 0 & 0 & 0 & \cdots & 0 & 0 & 0 & \cdots & 0 & 1 & * & \cdots & * & 0 & * & \cdots \\ \vdots & \cdots & \vdots & \vdots & \vdots & \cdots & \vdots & \vdots & \vdots & \cdots & \vdots & \vdots & \vdots & \cdots & \vdots & \vdots & \vdots & \cdots \\ 0 & \cdots & 0 & 0 & 0 & \cdots & 0 & 0 & 0 & \cdots & 0 & 0 & 0 & \cdots & 0 & 1 & * & \cdots \end{pmatrix}$$

などの形になる．この形の行列を簡約階段行列という．2 次正方行列の簡約階段行列は次の 4 種類である．

$$\begin{pmatrix} 1 & 0 \\ 0 & 1 \end{pmatrix}, \quad \begin{pmatrix} 1 & * \\ 0 & 0 \end{pmatrix}, \quad \begin{pmatrix} 0 & 1 \\ 0 & 0 \end{pmatrix}, \quad \begin{pmatrix} 0 & 0 \\ 0 & 0 \end{pmatrix}.$$

2 行 3 列の行列の簡約階段行列は次の 7 種類である．

$$\begin{pmatrix} 1 & 0 & * \\ 0 & 1 & * \end{pmatrix}, \quad \begin{pmatrix} 1 & * & 0 \\ 0 & 0 & 1 \end{pmatrix}, \quad \begin{pmatrix} 0 & 1 & 0 \\ 0 & 0 & 1 \end{pmatrix},$$
$$\begin{pmatrix} 1 & * & * \\ 0 & 0 & 0 \end{pmatrix}, \quad \begin{pmatrix} 0 & 1 & * \\ 0 & 0 & 0 \end{pmatrix}, \quad \begin{pmatrix} 0 & 0 & 1 \\ 0 & 0 & 0 \end{pmatrix}, \quad \begin{pmatrix} 0 & 0 & 0 \\ 0 & 0 & 0 \end{pmatrix}.$$

3 行 3 列の行列の簡約階段行列は次の 8 種類である．

$$\begin{pmatrix} 1 & 0 & 0 \\ 0 & 1 & 0 \\ 0 & 0 & 1 \end{pmatrix}, \quad \begin{pmatrix} 1 & 0 & * \\ 0 & 1 & * \\ 0 & 0 & 0 \end{pmatrix}, \quad \begin{pmatrix} 1 & * & 0 \\ 0 & 0 & 1 \\ 0 & 0 & 0 \end{pmatrix}, \quad \begin{pmatrix} 0 & 1 & 0 \\ 0 & 0 & 1 \\ 0 & 0 & 0 \end{pmatrix},$$
$$\begin{pmatrix} 1 & * & * \\ 0 & 0 & 0 \\ 0 & 0 & 0 \end{pmatrix}, \quad \begin{pmatrix} 0 & 1 & * \\ 0 & 0 & 0 \\ 0 & 0 & 0 \end{pmatrix}, \quad \begin{pmatrix} 0 & 0 & 1 \\ 0 & 0 & 0 \\ 0 & 0 & 0 \end{pmatrix}, \quad \begin{pmatrix} 0 & 0 & 0 \\ 0 & 0 & 0 \\ 0 & 0 & 0 \end{pmatrix}.$$

先ほど，K ベクトル空間の元 $\vec{a},\vec{b},\vec{c}$ で生成される部分ベクトル空間 V を考察した．たとえば $\vec{a},\vec{b},\vec{c}\in K^3$ のとき，K の元を成分にもつ 3 次正方行列 $(\vec{a},\vec{b},\vec{c})$ に対して行に関する (階数用の) 基本変形を行い，簡約階段行列にする．このとき，各行の左端に現れる 1 の総数が $\vec{a}$, $\vec{b}$, $\vec{c}$ のうちのどれが 1 次独立かを表す重要な量となる．たとえば，

$$\begin{pmatrix} 1 & 0 & 0 \\ 0 & 1 & 0 \\ 0 & 0 & 1 \end{pmatrix}$$

になったら $\vec{a},\vec{b},\vec{c}$ は 1 次独立で，$\dim V = 3$ となる．

$$\begin{pmatrix} 1 & 0 & * \\ 0 & 1 & * \\ 0 & 0 & 0 \end{pmatrix}$$

であれば，$\vec{a},\vec{b},\vec{c}$ は 1 次従属だが，$\vec{a},\vec{b}$ は 1 次独立で，$\dim V=2$ となる．そこで，簡約階段行列の行の左端に残る 1 の個数を，行列 A の階数 (ランク) と名付け，$\mathrm{rank}(A)$ で表す．

V,W をベクトル空間とし，$f:V\to W$ を 1 次変換とする．f によって，V 全体が何に写るかを $f(V)$ とおく．つまり $f(V)=\{f(\vec{v})\in W \mid \vec{v}\in V\}$ である．$f(V)$ を V の f による像と呼び，$\mathrm{Im}(f)$ とも書く．f の表現行列が A のとき f の像 $\mathrm{Im}(f)$ を A の像といい，$\mathrm{Im}(A)$ と書くこともある．

f によって，$\vec{0}$ に写るもの全体を $\mathrm{Ker}(f)$ とおく．つまり

$$\mathrm{Ker}(f)=\{\vec{v}\in V \mid f(\vec{v})=\vec{0}\}$$

である．$\mathrm{Ker}(f)$ を f の核と呼ぶ．f の表現行列が A のとき f の核 $\mathrm{Ker}\ f$ を A の核といい $\mathrm{Ker}\ (A)$ と書くこともある．

1 次変換 $f:K^3\to K^3$ の表現行列を $A=(\vec{a},\vec{b},\vec{c})$ とおく．

$$A\vec{v}=(\vec{a},\vec{b},\vec{c})\begin{pmatrix} x \\ y \\ z \end{pmatrix}=x\vec{a}+y\vec{b}+z\vec{c}$$

なので，A の像は列ベクトル $\vec{a},\vec{b},\vec{c}$ で K 上生成される部分ベクトル空間 V $(\subset K^3)$ に等しい．この次元は A の階数に等しいので，$\dim\mathrm{Im}(A)=\dim(V)=\mathrm{rank}(A)$ がわかる．

類題 1.3

x を変数とする多項式 $f(x)=x^4+3x^3+2x^2+8$ を考える．4 次以下の複素係数多項式全体のなす 5 次元線形空間のなかで，集合 $\{f(\lambda x);\lambda\in\mathbb{C}\}$ の張る線形部分空間 V_f の次元を求めよ．

2001 年 東京大 数理科学研究科

解答 | $f(\lambda x)$ の和や差や定数倍で表される多項式はすべて V_f に属する．

$f(0x)=f(0)=8$ なので，この $\dfrac{1}{8}$ 倍である $f_0(x)=1$ は V_f に属する．

$$f(x)+f(ix)+f(-x)+f(-ix)=(x^4+3x^3+2x^2+8)+(x^4-3ix^3-2x^2+8)$$

$$+(x^4-3x^3+2x^2+8)+(x^4+3ix^3-2x^2+8)$$
$$=4x^4+32$$

は V_f に属するので，この $\dfrac{1}{4}$ 倍である x^4+8 も V_f に属する．これから $8f_0(x)$ を引いた，$f_4(x)=x^4$ も V_f に属する．

$$f(x)+f(-x)=(x^4+3x^3+2x^2+8)+(x^4-3x^3+2x^2+8)=2x^4+4x^2+16$$

は V_f に属するので，この $\dfrac{1}{4}$ 倍である $\dfrac{1}{2}x^4+x^2+4$ も V_f に属する．これから $\dfrac{1}{2}f_4(x)$ と $4f_0(x)$ を引いた，$f_2(x)=x^2$ も V_f に属する．$f(x)$ から $f_4(x)$ と $2f_2(x)$ と $8f_0(x)$ を引いた，$f_3(x)=x^3$ も V_f に属する．

以上より，$f_4(x), f_3(x), f_2(x), f_0(x)$ で $\mathbb{C}$ 上張られる線形空間

$$W=\{ax^4+bx^3+cx^2+d \mid a,b,c,d\in\mathbb{C}\}$$

は V_f に含まれる．つまり $W\subseteqq V_f$．

$\mathbb{C}$ 上 $f_4(x), f_3(x), f_2(x), f_0(x)$ は 1 次独立である．なぜなら，

$$af_4(x)+bf_3(x)+cf_2(x)+df_0(x)=0$$

とすると，

$$ax^4+bx^3+cx^2+d=0.$$

$x=0$ を代入して，$d=0$．よって，

$$ax^4+bx^3+cx^2=0.$$

x で 2 回微分して

$$12ax^2+6bx+2c=0.$$

$x=0$ を代入して $2c=0$．よって $c=0$．

$$\therefore\quad 12ax^2+6bx=0.$$

x で微分して

$$24ax+6b=0.$$

$x=0$ を代入して $6b=0$．よって $b=0$．

$$\therefore\quad 24ax=0.$$

x で微分して $24a=0$．よって $a=0$．以上より

$$(a,b,c,d)=(0,0,0,0). \quad \text{よって} \quad \dim W=4.$$

一方，

$$f(\lambda x)=\lambda^4x^4+\lambda^3x^3+\lambda^2x^2+8\in W$$

なので，V_f は W に含まれる．つまり $V_f\subseteqq W$．よって，$V_f=W$．したがって，

(答) $\dim V_f=\dim W=4.$

(発展)　ならばの否定

p,q を命題とする.「p ならば q」の否定は「p かつ (q でない)」になる.「p ならば (q でない)」にはならない.

日常生活の会話で考えるとわかり易い．たとえば,「2000 円あるならば教科書を買う」と言った人が嘘つきになるのは，2000 円を握りしめて飲み屋やパチンコに走ってしまう場合である．つまり

「2000 円あり，しかも教科書を買わない」　(∗)

ときである.「しかも」を分析すると,「ならば」でなく「かつ」の意味になっている．つまり，(∗) の文章は「2000 円あり，かつ教科書を買わない」と同じ意味である.「2000 円あるならば教科書を買わない」とは異なる意味である.

したがって，1 次独立の定義

「$k\vec{a}+l\vec{b}+m\vec{c}=\vec{0}$　ならば，　$(k,l,m)=(0,0,0)$」

の否定は，

「$k\vec{a}+l\vec{b}+m\vec{c}=\vec{0}$　かつ　$(k,l,m)\neq(0,0,0)$」

となる．

$(k,l,m)=(0,0,0)$ は $k=0$ かつ $l=0$ かつ $m=0$ の意味なので，その否定である $(k,l,m)\neq(0,0,0)$ は $k\neq0$ または $l\neq0$ または $m\neq0$ になる．つまり，部分否定になる．これを，ド・モルガンの法則という．$k\neq0$ かつ $l\neq0$ かつ $m\neq0$ にはならないので注意せよ．$(k,l,m)\neq(0,0,0)$ の例には，$(k,l,m)=(1,2,3)$ だけでなく，$(k,l,m)=(0,4,5)$ や $(k,l,m)=(0,0,6)$ のように 0 が含まれるものも入っている．

問題 1.4

行列のべき乗と階数

(問 1) 実数成分の 3×3 行列 $A=\begin{pmatrix} a & -1 & -3 \\ b & -1 & -1 \\ c & 2 & 4 \end{pmatrix}$ が $\mathrm{rank}(A)>\mathrm{rank}(A^2)$ を満たすとする．このとき，実数 a,b,c の関係式を求めよ．

(問 2) 上の行列 A がさらに，$\mathrm{rank}(A^2)>\mathrm{rank}(A^3)$ を満たすとき，実数 a,b,c を求めよ．

2010 年 東京大 数理科学研究科

ポイント

P,Q が可逆行列ならば，$\mathrm{rank}A=\mathrm{rank}PA$, $\mathrm{rank}A=\mathrm{rank}AQ$ が成り立つ．

解答 | **問 1** (i) $\mathrm{rank}A=3$ のとき．

$\det A\neq 0$ であり，A^{-1} が存在するので，

$$3=\mathrm{rank}A=\mathrm{rank}A^2.$$

よって，問題の条件 $\mathrm{rank}A>\mathrm{rank}A^2$ に矛盾する．

(ii) $\mathrm{rank}A=0$ のとき．

$A=O$ である．問題の A の (1,2) 成分は 0 でないので，矛盾．

(iii) $\mathrm{rank}A=1$ のとき．

A の $\vec{0}$ でない列ベクトルは，互いに平行であることになる．問題の A の 2 列目と 3 列目は平行でないので，矛盾．

(iv) $\mathrm{rank}A=2$ のとき．

問題の条件 $\mathrm{rank}A>\mathrm{rank}(A^2)$ より，$\mathrm{rank}(A^2)=0,1$ となる．

(iv)-1　$\mathrm{rank}(A^2)=0$ のとき．

$A^2=O$ である．一方，与式を計算すると

◀ A が n 次正方行列なら，A の階数 $\mathrm{rank}A$ は $0,1,2,\cdots,n$ の $n+1$ 通り．

$$A^2=\begin{pmatrix} a^2-b-3c & -a-5 & -3a-11 \\ ab-b-c & -b-1 & -3b-3 \\ ac+2b+4c & -c+6 & -3c+14 \end{pmatrix}$$

である．第 2 列ベクトルの −3 倍を第 3 列ベクトルに足すと，

$$\begin{pmatrix} 4 \\ 0 \\ -4 \end{pmatrix}=4\begin{pmatrix} 1 \\ 0 \\ -1 \end{pmatrix}. \tag{1}$$

よって，$A^2=O$ にはならないので，矛盾．

(iv)-2　$\mathrm{rank}(A^2)=1$ のとき．

A^2 の $\vec{0}$ でない列ベクトルは，互いに平行であることになる．よって，(1) のベクトルとも平行になる．A^2 の第 2 列より

$$\begin{pmatrix} -a-5 \\ -b-1 \\ -c+6 \end{pmatrix}=k_1\begin{pmatrix} 1 \\ 0 \\ -1 \end{pmatrix}.$$

よって，$-b-1=0$ より $b=-1$. このとき，

$$A^2=\begin{pmatrix} a^2+1-3c & -a-5 & -3a-11 \\ -a+1-c & 0 & 0 \\ ac-2+4c & -c+6 & -3c+14 \end{pmatrix}.$$

第 1 列より

$$\begin{pmatrix} a^2+1-3c \\ -a+1-c \\ ac-2+4c \end{pmatrix}=k_2\begin{pmatrix} 1 \\ 0 \\ -1 \end{pmatrix}.$$

よって，$-a+1-c=0$ より $c=1-a$. このとき，

$$A^2=\begin{pmatrix} a^2+3a-2 & -a-5 & -3a-11 \\ 0 & 0 & 0 \\ -a^2-3a+2 & a+5 & 3a+11 \end{pmatrix}$$

となり，確かに $\mathrm{rank}(A^2)=1$ となる．

(答)　$b=-1, c=1-a.$

問 2　上のとき，$\mathrm{rank}(A^2)=1$ と問題の条件

$$\mathrm{rank}(A^2)>\mathrm{rank}(A^3)$$

から $\mathrm{rank}(A^3)=0$. よって，$A^3=O$.

$$O=A^3=AA^2$$

$$=\begin{pmatrix} a & -1 & -3 \\ -1 & -1 & -1 \\ 1-a & 2 & 4 \end{pmatrix}\begin{pmatrix} a^2+3a-2 & -a-5 & -3a-11 \\ 0 & 0 & 0 \\ -a^2-3a+2 & a+5 & 3a+11 \end{pmatrix}$$

$$=\begin{pmatrix} (a+3)(a^2+3a-2) & (-a-3)(a+5) & (-a-3)(3a+11) \\ 0 & 0 & 0 \\ (-a-3)(a^2+3a-2) & (a+3)(a+5) & (a+3)(3a+11) \end{pmatrix}.$$

この3行2列成分より $(a+3)(a+5)=0$. 3行3列成分より $(a+3)(3a+11)=0$.

よって，$a=-3$ であることが必要．このとき，確かに $A^3=O$ となる．$b=-1, c=1-a$ だったので

(答) $(a,b,c)=(-3,-1,4)$.

解説 | 3次正方行列 A は，行に関する(階数用の)基本変形で，以下の4種のいずれかにできる．$*$ の部分は何でもよい．

(o) $\begin{pmatrix} 0 & 0 & 0 \\ 0 & 0 & 0 \\ 0 & 0 & 0 \end{pmatrix}$, (i) $\begin{pmatrix} 1 & * & * \\ 0 & 0 & 0 \\ 0 & 0 & 0 \end{pmatrix}, \begin{pmatrix} 0 & 1 & * \\ 0 & 0 & 0 \\ 0 & 0 & 0 \end{pmatrix}, \begin{pmatrix} 0 & 0 & 1 \\ 0 & 0 & 0 \\ 0 & 0 & 0 \end{pmatrix}$,

(ii) $\begin{pmatrix} 1 & 0 & * \\ 0 & 1 & * \\ 0 & 0 & 0 \end{pmatrix}, \begin{pmatrix} 1 & * & 0 \\ 0 & 0 & 1 \\ 0 & 0 & 0 \end{pmatrix}, \begin{pmatrix} 0 & 1 & 0 \\ 0 & 0 & 1 \\ 0 & 0 & 0 \end{pmatrix}$, (iii) $\begin{pmatrix} 1 & 0 & 0 \\ 0 & 1 & 0 \\ 0 & 0 & 1 \end{pmatrix}$.

(o) の場合は A の階数が 0, (i) の場合は A の階数が 1, (ii) の場合は A の階数が 2, (iii) の場合は A の階数が 3 になる．

行に関する(階数用の)基本変形と，列に関する(階数用の)基本変形を混ぜて使うと，以下の4種のいずれかにできる．

(o) $\begin{pmatrix} 0 & 0 & 0 \\ 0 & 0 & 0 \\ 0 & 0 & 0 \end{pmatrix}$, (i) $\begin{pmatrix} 1 & 0 & 0 \\ 0 & 0 & 0 \\ 0 & 0 & 0 \end{pmatrix}$, (ii) $\begin{pmatrix} 1 & 0 & 0 \\ 0 & 1 & 0 \\ 0 & 0 & 0 \end{pmatrix}$, (iii) $\begin{pmatrix} 1 & 0 & 0 \\ 0 & 1 & 0 \\ 0 & 0 & 1 \end{pmatrix}$.

A の階数 $\mathrm{rank}(A)$ は，A を上の形に変形したときに，0 以外の成分として残っている 1 の個数ということもできる．

A が3次の正方行列のとき，以下が成り立つ．

(o) $\mathrm{rank}(A)=0 \Longleftrightarrow A=O$.

(i) $\mathrm{rank}(A)=1 \Longleftrightarrow A\neq O$ かつ A の $\vec{0}$ でない列ベクトルの定数倍で，他の列ベクトルを表すことができる．

(ii) $\mathrm{rank}(A)=2 \Longleftrightarrow \det A=0$ かつ A の $\vec{0}$ でない列ベクトルの定数倍で，他の列ベクトルを表すことができない．

(iii) $\mathrm{rank}(A)=3 \Longleftrightarrow \det A\neq 0$ である．

類題 1.4

2 つの n 次正方行列 A, B が $AB=BA$ を満たすとき，以下の 2 項定理

$$(A+B)^k=A^k+{}_k\mathrm{C}_1A^{k-1}B+\cdots+{}_k\mathrm{C}_iA^{k-i}B^i+\cdots+B^k$$

が成立する (ただし，k は自然数とする). このことを利用し，$J=\begin{pmatrix}\lambda & 1 & 0\\ 0 & \lambda & 1\\ 0 & 0 & \lambda\end{pmatrix}$ に対して

$$J=\begin{pmatrix}\lambda & 0 & 0\\ 0 & \lambda & 0\\ 0 & 0 & \lambda\end{pmatrix}+\begin{pmatrix}0 & 1 & 0\\ 0 & 0 & 1\\ 0 & 0 & 0\end{pmatrix}$$

と分解することにより J^k を具体的に求めよ.

2008 年 東京大 経済学研究科 金融システム専攻

解答 | $N=\begin{pmatrix}0 & 1 & 0\\ 0 & 0 & 1\\ 0 & 0 & 0\end{pmatrix}$ とおくと,

$$N^2=\begin{pmatrix}0 & 0 & 1\\ 0 & 0 & 0\\ 0 & 0 & 0\end{pmatrix}, \quad N^3=O$$

である. 2 項定理より,

$$J^k=(\lambda E+N)^k=(\lambda E)^k+{}_k\mathrm{C}_1(\lambda E)^{k-1}N+{}_k\mathrm{C}_2(\lambda E)^{k-2}N^2+O+\cdots+O$$

$$=\lambda^kE+k\lambda^{k-1}N+\frac{k(k-1)}{2}\lambda^{k-2}N^2.$$

よって

(答) $$\begin{pmatrix}\lambda^k & k\lambda^{k-1} & \dfrac{k(k-1)}{2}\lambda^{k-2}\\ 0 & \lambda^k & k\lambda^{k-1}\\ 0 & 0 & \lambda^k\end{pmatrix}.$$

(注) $AB=BA$ が成り立つとき A と B は (積が) 可換であるという. このとき，2 項定理 $(A+B)^n=\sum_{k=0}^{n}{}_n\mathrm{C}_kA^{n-k}B^k$ が成り立つ.

問題 1.5

2 次形式の正値性

0 でない 3 つの実数ベクトル $\overrightarrow{a_1},\overrightarrow{a_2},\overrightarrow{a_3}$ に対して，行列 A を次のように定義する．

$$A=\begin{pmatrix} |\overrightarrow{a_1}|^2 & \overrightarrow{a_1}\cdot\overrightarrow{a_2} & \overrightarrow{a_1}\cdot\overrightarrow{a_3} \\ \overrightarrow{a_1}\cdot\overrightarrow{a_2} & |\overrightarrow{a_2}|^2 & \overrightarrow{a_2}\cdot\overrightarrow{a_3} \\ \overrightarrow{a_1}\cdot\overrightarrow{a_3} & \overrightarrow{a_2}\cdot\overrightarrow{a_3} & |\overrightarrow{a_3}|^2 \end{pmatrix}.$$

ここで，$|\overrightarrow{a}|$ は $\overrightarrow{a}$ の長さを表し，$\overrightarrow{a}\cdot\overrightarrow{b}$ は $\overrightarrow{a}$ と $\overrightarrow{b}$ の内積を表す．このとき，以下の問いに答えよ．ただし，問 1, 問 2, 問 3 においては，$\overrightarrow{a_1}=(1,-1,0,1)$, $\overrightarrow{a_2}=(1,1,-1,0)$, $\overrightarrow{a_3}=(1,-3,1,2)$ とする．

(問 1) 行列 A の各要素を計算せよ．

(問 2) 行列 A の行列式 $\det A$ を求めよ．

(問 3) 任意の実数ベクトル (x_1,x_2,x_3) に対して，

$$(x_1,x_2,x_3)A\begin{pmatrix} x_1 \\ x_2 \\ x_3 \end{pmatrix} \geqq 0$$

であることを証明せよ．また，等号が成立する必要十分条件を示せ．

(問 4) $\overrightarrow{a_1},\overrightarrow{a_2},\overrightarrow{a_3}$ が線形独立でないとき，$\det A=0$ であることを証明せよ．

(問 5) $\det A=0$ であるとき，$\overrightarrow{a_1},\overrightarrow{a_2},\overrightarrow{a_3}$ が線形独立でないことを証明せよ．

2010 年 東京大 新領域創成科学研究科 複雑理工学専攻

ポイント

問 1　ノルム (長さ) や内積の定義に従う．

問 2　成分に 0 が多いのでサラスの方法が楽であろう．

問 3　成分計算でやると大変．$B=(\overrightarrow{a_1},\overrightarrow{a_2},\overrightarrow{a_3})$ とおくと，$A={}^tBB$ となることを用いるとよい．

問 4　1 次従属性より，上の B に対して，$B\overrightarrow{x}=\overrightarrow{0}$ かつ $\overrightarrow{x}\neq\overrightarrow{0}$ を満たす $\overrightarrow{x}$ がある．

問 5　$\det A=0$ より，$A\overrightarrow{x}=\overrightarrow{0}$ かつ $\overrightarrow{x}\neq\overrightarrow{0}$ を満たす $\overrightarrow{x}$ がある．

解答 | 問 1

$$|\overrightarrow{a_1}|^2 = \overrightarrow{a_1}\cdot\overrightarrow{a_1} = 1^2 + (-1)^2 + 0^2 + 1^2 = 3,$$

$$|\overrightarrow{a_2}|^2 = \overrightarrow{a_2}\cdot\overrightarrow{a_2} = 1^2 + 1^2 + (-1)^2 + 0^2 = 3,$$

$$|\overrightarrow{a_3}|^2 = \overrightarrow{a_3}\cdot\overrightarrow{a_3} = 1^2 + (-3)^2 + 1^2 + 2^2 = 15,$$

$$\overrightarrow{a_1}\cdot\overrightarrow{a_2} = 1\cdot1 + (-1)1 + 0(-1) + 1\cdot0 = 0,$$

$$\overrightarrow{a_2}\cdot\overrightarrow{a_3} = 1\cdot1 + 1(-3) + (-1)1 + 0\cdot2 = -3,$$

$$\overrightarrow{a_3}\cdot\overrightarrow{a_1} = 1\cdot1 + (-3)(-1) + 1\cdot0 + 2\cdot1 = 6$$

である．よって，

$$\text{(答)}\quad A = \begin{pmatrix} 3 & 0 & 6 \\ 0 & 3 & -3 \\ 6 & -3 & 15 \end{pmatrix}.$$

問 2　サラスの方法 (p.66 参照) より，

$$\text{(答)}\quad \det A = 3\cdot3\cdot15 + 0 + 0 - 3(-3)(-3) - 0 - 6\cdot3\cdot6$$
$$= 135 - 27 - 108 = 0.$$

◀ サラスの方法とは，行列式
$$\det\begin{pmatrix} a & b & c \\ d & e & f \\ g & h & i \end{pmatrix} = aei + bfg + cdh - (afh + bdi + ceg)$$
の覚え方のこと．

問 3

$$A = \begin{pmatrix} |\overrightarrow{a_1}|^2 & \overrightarrow{a_1}\cdot\overrightarrow{a_2} & \overrightarrow{a_1}\cdot\overrightarrow{a_3} \\ \overrightarrow{a_1}\cdot\overrightarrow{a_2} & |\overrightarrow{a_2}|^2 & \overrightarrow{a_2}\cdot\overrightarrow{a_3} \\ \overrightarrow{a_1}\cdot\overrightarrow{a_3} & \overrightarrow{a_2}\cdot\overrightarrow{a_3} & |\overrightarrow{a_3}|^3 \end{pmatrix}$$
$$= \begin{pmatrix} {}^t\overrightarrow{a_1} \\ {}^t\overrightarrow{a_2} \\ {}^t\overrightarrow{a_3} \end{pmatrix} (\overrightarrow{a_1}, \overrightarrow{a_2}, \overrightarrow{a_3})$$
$$= {}^t(\overrightarrow{a_1}, \overrightarrow{a_2}, \overrightarrow{a_3})(\overrightarrow{a_1}, \overrightarrow{a_2}, \overrightarrow{a_3}).$$

◀ $${}^t\begin{pmatrix} x_1 \\ x_2 \\ x_3 \end{pmatrix} = (x_1, x_2, x_3).$$

したがって，$B = (\overrightarrow{a_1}, \overrightarrow{a_2}, \overrightarrow{a_3})$ とおくと，$A = {}^tBB$ である．

◀ 行列の積は結合法則が成り立つので $(A(BC))D = ((AB)C)D = (AB)(CD)$.

$$\vec{x} = \begin{pmatrix} x_1 \\ x_2 \\ x_3 \end{pmatrix}$$

とおくと，与式は，

$${}^t\vec{x}A\vec{x} = {}^t\vec{x}({}^tBB)\vec{x} = ({}^t\vec{x}\,{}^tB)(B\vec{x}) = {}^t(B\vec{x})(B\vec{x})$$
$$= B\vec{x}\cdot B\vec{x} = |B\vec{x}|^2 \geqq 0. \qquad \text{(証明終わり)}$$

◀ 行列の転置について ${}^tA{}^tB = {}^t(BA)$ が成り立つ．

等号成立は $B\vec{x}=\vec{0}$ のときのみ．成分計算していくと，

$$(\vec{a_1},\vec{a_2},\vec{a_3})\begin{pmatrix}x_1\\x_2\\x_3\end{pmatrix}=\vec{0} \Longleftrightarrow x_1\vec{a_1}+x_2\vec{a_2}+x_3\vec{a_3}=\vec{0}.$$

$\vec{a_3}=2\vec{a_1}-\vec{a_2}$ なので，

$$\Longleftrightarrow x_1\vec{a_1}+x_2\vec{a_2}+x_3(2\vec{a_1}-\vec{a_2})=\vec{0}$$

$$\Longleftrightarrow (x_1+2x_3)\vec{a_1}+(x_2-x_3)\vec{a_2}=\vec{0}.$$

$\vec{a_1}$ と $\vec{a_2}$ は1次独立 (線形独立) なので，等号が成立する必要十分条件は，

◀ 2本のベクトル $\vec{a_1}$，$\vec{a_2}$ が1次独立である必要十分条件は，一方が他方の定数倍でないこと．

(答)　$x_1=-2x_3,\quad x_2=x_3.$

問4　線形独立でないことを，線形従属または，1次従属という．$\vec{a_1},\vec{a_2},\vec{a_3}$ が線形従属ならば，$(x_1,x_2,x_3)\neq(0,0,0)$ を満たす x_1,x_2,x_3 があって，$x_1\vec{a_1}+x_2\vec{a_2}+x_3\vec{a_3}=\vec{0}$ となる．行列で表すと，

$$(\vec{a_1},\vec{a_2},\vec{a_3})\begin{pmatrix}x_1\\x_2\\x_3\end{pmatrix}=\vec{0}.$$

$\vec{x}=\begin{pmatrix}x_1\\x_2\\x_3\end{pmatrix}$, $B=(\vec{a_1},\vec{a_2},\vec{a_3})$ とおくと，この式は $B\vec{x}=\vec{0}$ と表される．ここで，$\vec{x}\neq\vec{0}$ である．

$$A\vec{x}=({}^tBB)\vec{x}={}^tB(B\vec{x})={}^tB\vec{0}=\vec{0}.$$

$A=(\vec{b_1},\vec{b_2},\vec{b_3})$ とおくと，

◀ $A\vec{x}=0\vec{x}$ かつ $\vec{x}\neq\vec{0}$ なので，A は固有値として0をもつので $\det A=0$ と言うこともできる．

$$(\vec{b_1},\vec{b_2},\vec{b_3})\begin{pmatrix}x_1\\x_2\\x_3\end{pmatrix}=\vec{0} \Longleftrightarrow x_1\vec{b_1}+x_2\vec{b_2}+x_3\vec{b_3}=\vec{0}$$

となる．これは，A の列ベクトルが1次従属であることを示している．よって，$\det A=0$.　(証明終わり)

問5　$\det A=0$ ならば $A=(\vec{b_1},\vec{b_2},\vec{b_3})$ の列ベクトルは1次従属である．つまり，$(x_1,x_2,x_3)\neq(0,0,0)$ を満たす x_1,x_2,x_3 があって，

$$x_1\overrightarrow{b_1}+x_2\overrightarrow{b_2}+x_3\overrightarrow{b_3}=\overrightarrow{0}$$

となる．行列で表すと，

$$(\overrightarrow{b_1},\overrightarrow{b_2},\overrightarrow{b_3})\begin{pmatrix}x_1\\x_2\\x_3\end{pmatrix}=\overrightarrow{0}.$$

$\overrightarrow{x}=\begin{pmatrix}x_1\\x_2\\x_3\end{pmatrix}$ とおくと，この式は

$$A\overrightarrow{x}=\overrightarrow{0} \tag{1}$$

と表される．ここで，$\overrightarrow{x}\neq\overrightarrow{0}$ である．(1) の両辺に左辺から ${}^t\overrightarrow{x}$ をかけて，${}^t\overrightarrow{x}A\overrightarrow{x}=0$.

$${}^t\overrightarrow{x}A\overrightarrow{x}=|B\overrightarrow{x}|^2$$

が問 3 の前半の解答からわかっているので，

$$|B\overrightarrow{x}|^2=0\Longleftrightarrow|B\overrightarrow{x}|=0\Longleftrightarrow B\overrightarrow{x}=\overrightarrow{0}$$

$$\Longleftrightarrow(\overrightarrow{a_1},\overrightarrow{a_2},\overrightarrow{a_3})\begin{pmatrix}x_1\\x_2\\x_3\end{pmatrix}=\overrightarrow{0}$$

$$\Longleftrightarrow x_1\overrightarrow{a_1}+x_2\overrightarrow{a_2}+x_3\overrightarrow{a_3}=\overrightarrow{0}.$$

これは $\overrightarrow{a_1},\overrightarrow{a_2},\overrightarrow{a_3}$ が線形従属であることを表す．

(証明終わり)

解説 | 線形独立を 1 次独立ともいう．問 4, 問 5 の解答では，3 次正方行列に対して，3 本の列ベクトルが 1 次従属であることと，行列式が 0 であることの同値性が使われている．

これを行列式を定数倍を除いて特徴付ける以下の 3 つの性質を用いて証明する．

(i) ある列ベクトルに別の列ベクトルの定数倍を足しても不変．

(ii) ある列ベクトルから数をくくり出すことができる．

(iii) ある列ベクトルと別の列ベクトルを入れ替えると -1 倍になる．

$A=(\overrightarrow{b_1},\overrightarrow{b_2},\overrightarrow{b_3})$ の列ベクトルが 1 次従属ならば $\det A=0$ の証明は易しい．$\overrightarrow{b_1},\overrightarrow{b_2},\overrightarrow{b_3}$ が 1 次従属なら，

$$x_1\overrightarrow{b_1}+x_2\overrightarrow{b_2}+x_3\overrightarrow{b_3}=\overrightarrow{0} \quad \text{かつ} \quad (x_1,x_2,x_3)\neq(0,0,0)$$

を満たす x_1,x_2,x_3 がある．たとえば，$x_1\neq 0$ のとき．

$$\overrightarrow{b_1}=-\frac{x_2}{x_1}\overrightarrow{b_2}-\frac{x_3}{x_1}\overrightarrow{b_3}$$

となる．行列式の性質 (i) を用いると行列 A の第 1 列ベクトルに，第 2 列ベクトルの $\dfrac{x_2}{x_1}$ 倍と第 3 列ベクトルの $\dfrac{x_3}{x_1}$ 倍を加えて，

$$\det A=\det(\overrightarrow{b_1},\overrightarrow{b_2},\overrightarrow{b_3})=\det\left(-\frac{x_2}{x_1}\overrightarrow{b_2}-\frac{x_3}{x_1}\overrightarrow{b_3},\overrightarrow{b_2},\overrightarrow{b_3}\right)=\det(\overrightarrow{0},\overrightarrow{b_2},\overrightarrow{b_3})=0.$$

$x_2\neq 0, x_3\neq 0$ のときも同様．$\det A=0$ ならば列ベクトルが 1 次従属の証明はもう少し面倒なので 3 次の場合の証明はやらないことにして，n 次の場合に一般化して考えてみる．

n 次正方行列 M に対して，n 本の列ベクトルが 1 次従属であることと，行列式が 0 であることも同値になる．M の列ベクトルを左から順に $\overrightarrow{m_1},\overrightarrow{m_2},\cdots,\overrightarrow{m_n}$ とおいて，このことを証明する．

$$(\overrightarrow{m_1},\overrightarrow{m_2},\cdots,\overrightarrow{m_n}) \quad \longrightarrow \quad (\overrightarrow{m_1}+k\overrightarrow{m_2},\overrightarrow{m_2},\cdots,\overrightarrow{m_n})$$

のように，行列式の性質 (i) の操作を行っても，1 次独立か 1 次従属かは変わらない．また，行列式も変わらない．

$$(\overrightarrow{m_1},\overrightarrow{m_2},\cdots,\overrightarrow{m_n}) \quad \longrightarrow \quad (\overrightarrow{m_2},\overrightarrow{m_1},\cdots,\overrightarrow{m_n})$$

のように，行列式の性質 (iii) の操作を行っても，1 次独立か 1 次従属かは変わらない．また，行列式は -1 倍される．

上の 2 つの操作で，$M=(\overrightarrow{m_1},\overrightarrow{m_2},\cdots,\overrightarrow{m_n})$ は上三角行列

$$M'=\left(\begin{pmatrix}m'_{11}\\0\\0\\0\end{pmatrix},\begin{pmatrix}m'_{12}\\m'_{22}\\0\\0\end{pmatrix},\cdots,\begin{pmatrix}m'_{1n}\\m'_{2n}\\\vdots\\m'_{nn}\end{pmatrix}\right)$$

にできることが，n に関する帰納法で示せる．上三角行列の行列式は対角成分の積になるので

$$\det M=\pm\det M'=\pm m'_{11}m'_{22}\times\cdots\times m'_{nn} \tag{2}$$

である．さらに，0 でない対角成分がある場合には，行列式の性質 (i) を用いて，その右側をすべて 0 にできる．

上で書いたことから，この簡単な形になった行列について，主張を証明すればよい．

(1) 対角成分がすべて 0 でないとき．

$$M'=\left(\begin{pmatrix}m'_{11}\\0\\0\\0\end{pmatrix},\begin{pmatrix}0\\m'_{22}\\0\\0\end{pmatrix},\cdots,\begin{pmatrix}0\\0\\\vdots\\m'_{nn}\end{pmatrix}\right)$$

の形にできる．この n 本の列ベクトルは 1 次独立である．なぜなら，列ベクトルの 1 次結合 (線形結合) が $\vec{0}$ なら，係数がすべて 0 になる．具体的には，

$$x_1\begin{pmatrix}m'_{11}\\0\\0\\0\end{pmatrix}+x_2\begin{pmatrix}0\\m'_{22}\\0\\0\end{pmatrix}+\cdots+x_n\begin{pmatrix}0\\0\\\vdots\\m'_{nn}\end{pmatrix}=\vec{0}$$

より，$(x_1,x_2,\cdots,x_n)=(0,0,\cdots,0)$ が出る．一方，(2) より，$\det M'\neq 0$ である．

(2) 対角成分に 0 があるとき．左上から見ていって，最初に 0 となる対角成分を m'_{ii} とすると，$i-1$ 行目までは対角成分の右側がすべて 0 なので，

$$M'=(\overrightarrow{m'_1},\overrightarrow{m'_2},\cdots,\overrightarrow{m'_n})$$

の第 i 列ベクトルは $\vec{0}$ になっている．したがって，n 本の列ベクトルは 1 次従属である．なぜなら，列ベクトルの 1 次結合 (線形結合) で，係数に 0 でないものが混じったもので $\vec{0}$ を表すことができるからである．具体的には，

$$0\overrightarrow{m'_1}+\cdots+0\overrightarrow{m'_{i-1}}+1\overrightarrow{m'_i}+0\overrightarrow{m'_{i+1}}+\cdots=\vec{0}$$

とすればよい．一方，(2) より，$\det M'=0$ である．

(i),(ii) より，n 次正方行列の n 本の列ベクトルが

$$1\text{ 次独立} \iff \det M\neq 0,$$
$$1\text{ 次従属} \iff \det M=0$$

が証明された．

(発展)　行列式と体積の 2 乗

A が 1 次正方行列 $A=(|\overrightarrow{a_1}|^2)$ のとき，$\det A=|\overrightarrow{a_1}|^2$ は，$\overrightarrow{a_1}$ の次元によらず $\overrightarrow{a_1}$ の長さの 2 乗になる．

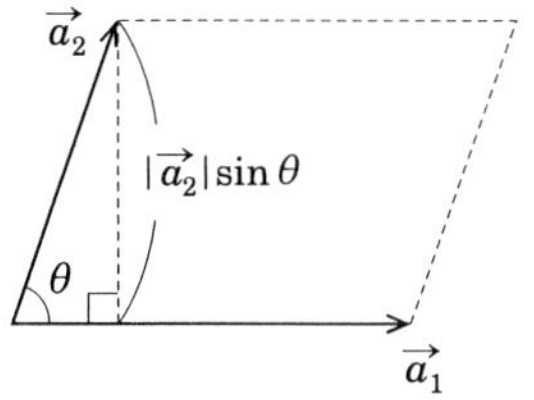

図 1.4

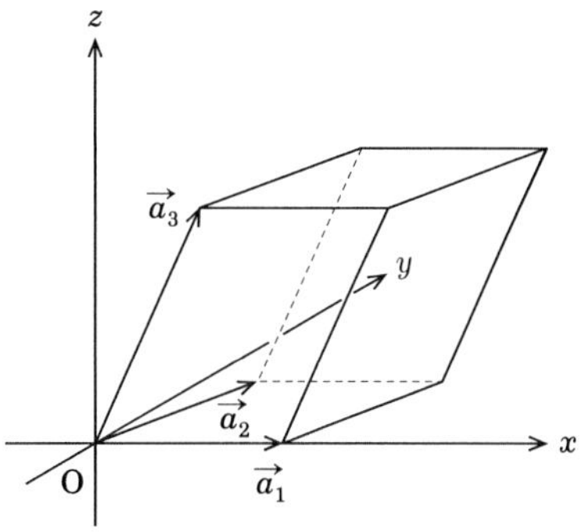

図 1.5

A が 2 次正方行列

$$A=\begin{pmatrix} |\overrightarrow{a_1}|^2 & \overrightarrow{a_1}\cdot\overrightarrow{a_2} \\ \overrightarrow{a_2}\cdot\overrightarrow{a_1} & |\overrightarrow{a_2}|^2 \end{pmatrix}$$

のとき，$\det A=|\overrightarrow{a_1}|^2|\overrightarrow{a_2}|^2-(\overrightarrow{a_1}\cdot\overrightarrow{a_2})^2$ は，$\overrightarrow{a_1}$, $\overrightarrow{a_2}$ の次元によらず，$\overrightarrow{a_1}$ と $\overrightarrow{a_2}$ で張られる平行四辺形の面積の 2 乗となる．なぜなら $\overrightarrow{a_1}$ と $\overrightarrow{a_2}$ の成す角を θ とおくと $\overrightarrow{a_1}\cdot\overrightarrow{a_2}=|\overrightarrow{a_1}||\overrightarrow{a_2}|\cos\theta$ より

$$\begin{aligned}\det A&=|\overrightarrow{a_1}|^2|\overrightarrow{a_2}|^2-|\overrightarrow{a_1}|^2|\overrightarrow{a_2}|^2\cos^2\theta=|\overrightarrow{a_1}|^2|\overrightarrow{a_2}|^2(1-\cos^2\theta)\\&=|\overrightarrow{a_1}|^2|\overrightarrow{a_2}|^2\sin^2\theta=(|\overrightarrow{a_1}||\overrightarrow{a_2}|\sin\theta)^2\end{aligned}$$

だからである (図 1.4)．

問題 1.5 にある行列，

$$A=\begin{pmatrix} |\overrightarrow{a_1}|^2 & \overrightarrow{a_1}\cdot\overrightarrow{a_2} & \overrightarrow{a_1}\cdot\overrightarrow{a_3} \\ \overrightarrow{a_1}\cdot\overrightarrow{a_2} & |\overrightarrow{a_2}|^2 & \overrightarrow{a_2}\cdot\overrightarrow{a_3} \\ \overrightarrow{a_1}\cdot\overrightarrow{a_3} & \overrightarrow{a_2}\cdot\overrightarrow{a_3} & |\overrightarrow{a_3}|^2 \end{pmatrix}$$

の行列式 $\det A$ は，$\overrightarrow{a_1}$, $\overrightarrow{a_2}$, $\overrightarrow{a_3}$ の次元によらず，$\overrightarrow{a_1}$ と $\overrightarrow{a_2}$ と $\overrightarrow{a_3}$ で張られる平行六面体の体積の 2 乗となる (図 1.5)．

回転で内積は不変なので，適当に回転して，

$$\overrightarrow{a_1}=\begin{pmatrix} a \\ 0 \\ 0 \\ 0 \\ \vdots \end{pmatrix}\quad (a\geqq 0),\qquad \overrightarrow{a_2}=\begin{pmatrix} b \\ c \\ 0 \\ 0 \\ \vdots \end{pmatrix}\quad (c\geqq 0),\qquad \overrightarrow{a_3}=\begin{pmatrix} d \\ e \\ f \\ 0 \\ \vdots \end{pmatrix}\quad (f\geqq 0)$$

の形にすると，具体的な計算で証明できる．

一般に，n 次元実ベクトル $\overrightarrow{a_1},\overrightarrow{a_2},\cdots,\overrightarrow{a_n}$ に対して n 次正方行列 A を $(\overrightarrow{a_i}\cdot\overrightarrow{a_j})$ とおくと，$\det A$ は，次元 n によらず，$\overrightarrow{a_1},\cdots,\overrightarrow{a_n}$ で張られる n 次元の立体の n 次元体積の 2 乗となることが知られている．

類題 1.5

(問 1) $\mathbb{R}$ を実数の全体とする．n 次元実ベクトル空間 $\mathbb{R}^n$ 上の任意のベクトルの対 $\vec{x},\vec{y}$ に実数を対応させる関数 $f(\vec{x},\vec{y})$ が内積になるための必要十分条件は，ある実正定値行列 A が存在して，$f(\vec{x},\vec{y})=\vec{x}'A\vec{y}$ と表現できることであることを示せ．ここで，$\vec{x}'$ は $\vec{x}$ の転置ベクトルであるとする．

なお $f(\vec{x},\vec{y})$ は次の 3 つの性質を満たすとき，$\mathbb{R}^n$ 上の内積という．

(i) 任意の $\vec{x}(\in\mathbb{R}^n)$ に対して $f(\vec{x},\vec{x})\geqq 0$ が成立する．かつ等号は $\vec{x}$ が零ベクトルのときに限る．

(ii) 任意の実数 α,β, 任意の $\vec{x},\vec{y},\vec{z}(\in\mathbb{R}^n)$ に対して

$$f(\alpha\vec{x}+\beta\vec{y},\vec{z})=\alpha f(\vec{x},\vec{z})+\beta f(\vec{y},\vec{z})$$

が成立する．

(iii) 任意の $\vec{x},\vec{y}(\in\mathbb{R}^n)$ に対して $f(\vec{x},\vec{y})=f(\vec{y},\vec{x})$ が成立する．

(問 2) いま $\overrightarrow{x_1},\overrightarrow{x_2},\cdots,\overrightarrow{x_p}$ $(p<n)$ を $\mathbb{R}^n$ の 1 次独立なベクトルの組とする．また $\vec{a}$ を $\mathbb{R}^n$ 上のベクトルとする．このとき問 1 で定義された内積 $f(\vec{x},\vec{y})=\vec{x}'A\vec{y}$ のもとで，$\vec{a}$ の $\overrightarrow{x_1},\overrightarrow{x_2},\cdots,\overrightarrow{x_p}$ が張る線形部分空間への直交射影を求めよ．

2008 年 東京大 経済学研究科 経済理論・現代経済専攻

解答 | **問 1** (ii) と (iii) を組み合わせると，

$$\begin{aligned}\text{(ii)}' \quad f(\vec{x},\alpha\vec{y}+\beta\vec{z})&=f(\alpha\vec{y}+\beta\vec{z},\vec{x})=\alpha f(\vec{y},\vec{x})+\beta f(\vec{z},\vec{x})\\&=\alpha f(\vec{x},\vec{y})+\beta f(\vec{x},\vec{z})\end{aligned}$$

を得る．

• 必要性について．

第 i 成分のみが 1 で，残りが 0 である n 次元ベクトルを $\overrightarrow{e_i}$ とおく．

$$\vec{x}=\sum_{i=1}^{n}x_i\vec{e_i}, \quad \vec{y}=\sum_{j=1}^{n}y_j\vec{e_j}$$

とおける．(ii), (ii)$'$ より，

$$f(\vec{x},\vec{y})=f(\sum_{i=1}^{n}x_i\vec{e_i},\sum_{j=1}^{n}y_j\vec{e_j})=\sum_{i=1}^{n}x_if(\vec{e_i},\sum_{j=1}^{n}y_j\vec{e_j})=\sum_{i=1}^{n}\sum_{j=1}^{n}x_iy_jf(\vec{e_i},\vec{e_j}).$$

ここで，$f(\vec{e_i},\vec{e_j})=a_{ij}$ とおき，実 n 次正方行列 A を $A=(a_{ij})$ で定めると，$f(\vec{x},\vec{y})=\vec{x}'A\vec{y}$ となる．

(iii) より $a_{ij}=f(\vec{e_i},\vec{e_j})=f(\vec{e_j},\vec{e_i})=a_{ji}$．よって A は対称行列．

(i) は A が正定値であることの定義である．

● 十分性について．

n 次の実対称正定値行列 A を用いて，$f(\vec{x},\vec{y})=\vec{x}'A\vec{y}$ と表現されているとする．このとき，(i) は正定値の定義である．(ii) は行列の積の分配法則より成立する．(iii) は実数 (1 次正方行列) が転置しても不変であることを用いて次のように示される．

$$f(\vec{x},\vec{y})=\vec{x}'A\vec{y}=(\vec{x}'A\vec{y})'=\vec{y}'A'\vec{x}''=\vec{y}'A\vec{x}=f(\vec{y},\vec{x}).$$

よって (i), (ii), (iii) が成り立つ．

問 2　問題のベクトル空間を V^p とおく．$\vec{x_1},\vec{x_2},\cdots,\vec{x_p}$ から，グラム–シュミットの直交化法を用いて作った V^p の 正規直交基底を $\vec{e_1},\vec{e_2},\cdots,\vec{e_p}$ とする．このとき，$\vec{a}$ の V^p への直交射影 $\vec{p}$ は

$$\vec{p}=f(\vec{a},\vec{e_1})\vec{e_1}+f(\vec{a},\vec{e_2})\vec{e_2}+\cdots+f(\vec{a},\vec{e_p})\vec{e_p}$$

となる．実際，$f(\vec{a}-\vec{p},\vec{p})=f(\vec{a},\vec{p})-f(\vec{p},\vec{p})$ を計算すると 0 になるので $(\vec{a}-\vec{p})\perp\vec{p}$ である．ここで，$\vec{e_1},\vec{e_2},\cdots,\vec{e_p}$ は次のように帰納的に定義する．$\sqrt{f(\vec{v},\vec{v})}=|\vec{v}|_f$ と略記する．

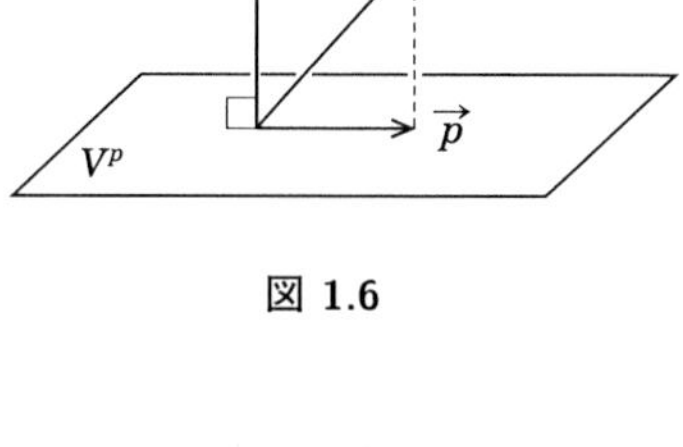

図 1.6

$$\widetilde{\overrightarrow{e_1}} = \overrightarrow{x_1}, \quad \overrightarrow{e_1} = \frac{\widetilde{\overrightarrow{e_1}}}{|\widetilde{\overrightarrow{e_1}}|_f}.$$

$$\widetilde{\overrightarrow{e_2}} = \overrightarrow{x_2} - f(\overrightarrow{x_2}, \overrightarrow{e_1})\overrightarrow{e_1}, \quad \overrightarrow{e_2} = \frac{\widetilde{\overrightarrow{e_2}}}{|\widetilde{\overrightarrow{e_2}}|_f}.$$

$$\widetilde{\overrightarrow{e_3}} = \overrightarrow{x_3} - f(\overrightarrow{x_3}, \overrightarrow{e_1})\overrightarrow{e_1} - f(\overrightarrow{x_3}, \overrightarrow{e_2})\overrightarrow{e_2}, \quad \overrightarrow{e_3} = \frac{\widetilde{\overrightarrow{e_3}}}{|\widetilde{\overrightarrow{e_3}}|_f}.$$

$$\vdots$$

$$\widetilde{\overrightarrow{e_p}} = \overrightarrow{x_p} - f(\overrightarrow{x_p}, \overrightarrow{e_1})\overrightarrow{e_1} - f(\overrightarrow{x_p}, \overrightarrow{e_2})\overrightarrow{e_2} - \cdots - f(\overrightarrow{x_p}, \overrightarrow{e_{p-1}})\overrightarrow{e_{p-1}},$$

$$\overrightarrow{e_p} = \frac{\widetilde{\overrightarrow{e_p}}}{|\widetilde{\overrightarrow{e_p}}|_f}.$$

類題 1.6

成分がすべて実数の m 行 n 列全体の集合を $M_{(m,n)}$ とし，演算 $(\cdot,\cdot)$ を $(A,B) = \mathrm{trace}({}^tAB)$, $A,B \in M_{(m,n)}$ で定義する．ここで，trace は行列のトレース，${}^tA$ は行列 A の転置を意味する．以下の問いに答えよ．

(問 1) A, $B \in M_{(m,n)}$ の (i,j) 成分をそれぞれ $a_{i,j}$, $b_{i,j}$ と表すことにする．このとき (A,B) を各成分を用いて表せ．

(問 2) $(\cdot,\cdot)$ は以下の性質を満たすことを示せ．

(a) $(A,B) = (B,A)$

(b) $(A+B,C) = (A,C) + (B,C)$

(c) $((kA),B) = k(A,B), \quad k \in \mathbb{R}$

(d) $A \neq O$ ならば $(A,A) > 0$

ただし，$O \in M_{(m,n)}$ はすべての成分が 0 からなる行列である．

(問 3) $A = \begin{pmatrix} 1 & 0 \\ 0 & 2 \end{pmatrix}, B = \begin{pmatrix} 1 & 3 \\ 2 & -2 \end{pmatrix}$ とする．このとき，$\dfrac{(A,B)}{(A,A)^{\frac{1}{2}}(B,B)^{\frac{1}{2}}}$ を求めよ．

2007 年 東京大 経済学研究科 金融システム専攻

解答 | **問 1** $A=(a_{i,j}), B=(b_{i,j})$ とおくと，${}^tAB\sum_{k=1}^{m}a_{k,i}b_{k,j}$ であるから，

$$\textbf{（答）}\quad (A,B)=\mathrm{trace}({}^tAB)=\sum_{1\leqq i,k\leqq m}a_{k,i}b_{k,i}.$$

問 2 (A,B) は A と B の成分を内積のように対応する部分をかけて足したものなので，$M_{(m,n)}$ の成分を縦に並べて実 mn 次元縦ベクトルと見なしたときの標準内積と全く同じである．よって，(a) の対称性，(b)(c) の線形性，(d) の非退化正値性，のすべてが成り立つ．

問 3 $(A,B)=-3$, $(A,A)^{\frac{1}{2}}=\sqrt{5}$, $(B,B)^{\frac{1}{2}}=\sqrt{18}=3\sqrt{2}$ なので，

$$\textbf{（答）}\quad \frac{(A,B)}{(A,A)^{\frac{1}{2}}(B,B)^{\frac{1}{2}}}=\frac{-1}{\sqrt{10}}.$$

第2章　行列式と逆行列

基礎のまとめ

1　置換の操作

$(1,2,\cdots,n)$ を並び替える操作 σ を n 文字の**置換**といい，

$$\begin{pmatrix} 1 & 2 & \cdots & n \\ \sigma(1) & \sigma(2) & \cdots & \sigma(n) \end{pmatrix}, \qquad (1,\sigma(1),\sigma(\sigma(1)),\cdots)(k,\sigma(k),\sigma(\sigma(k)),\cdots)\cdots$$

などと表す．置換の全体を**置換群**, **対称群**などといい，$\mathfrak{S}_n$ で表す．$\mathfrak{S}_n$ は $n!$ 個の元 (要素) からなる．

2 文字のみを入れ替える置換を**互換**という．置換 σ の符号 $\mathrm{sign}(\sigma)$ を次で定める．

- σ が奇数個の互換の繰り返しで表せるとき，$\mathrm{sign}(\sigma)=-1$,
- σ が偶数個の互換の繰り返しで表せるとき，$\mathrm{sign}(\sigma)=1$.

2　行列式

n 次正方行列 $A=(a_{ij})_{\substack{1\leqq i\leqq n \\ 1\leqq j\leqq n}}$ の**行列式**を次で定める．

$$\sum_{\sigma\in\mathfrak{S}_n} \mathrm{sign}(\sigma)a_{1\sigma(1)}a_{2\sigma(2)}\times\cdots\times a_{n\sigma(n)}.$$

行列 A の行列式は $\det A$, $|A|$ などと書く．

正方行列に関する次の 3 つの操作を，**行に関する (行列式用の) 基本変形**という．

(i)　ある行に別の行の定数倍を足す．

(ii)　ある行から 0 でない数を外へくくり出す．

(iii)　ある行と別の行を入れ替え，外側を -1 倍する．

正方行列 A に行の基本変形を施すと，(定数)$\times$(上三角行列) の形にできる．このとき，(定数)$\times$(対角成分の積) が $\det A$ になる．特に，(定数)$\times E$ の形にす

ると，くくり出した定数が $\det A$ になる．

正方行列に関する次の 3 つの操作を，**列に関する (行列式用の) 基本変形**という．

(i) ある列に別の列の定数倍を足す．

(ii) ある列から 0 でない数を外へくくり出す．

(iii) ある列と別の列を入れ替え，外側を -1 倍する．

正方行列 A の行列式を求めるときに，行と列の (行列式用の) 基本変形を混ぜて用いてもかまわない．

n 次正方行列 $A=(a_{ij})$ の i 行と j 列を取り除いてできる $n-1$ 次行列の行列式を Δ_{ij} とおく．こうしたものを A の**小行列式**という．

$(-1)^{i+j}\Delta_{ij}$ あるいは，$(-1)^{i+j}\Delta_{ji}$ を**余因子**と呼び $\widetilde{a_{ij}}$ と書く．$\widetilde{A}=((-1)^{i+j}\Delta_{ji})$ を A の**余因子行列**という．

各 i $(i=1,2,\cdots,n)$ に対して，$\det A=\sum_{j=1}^{n} a_{ij}(-1)^{i+j}\Delta_{ij}$ が成り立つ．また，各 j $(j=1,2,\cdots,n)$ に対して，$\det A=\sum_{i=1}^{n} a_{ij}(-1)^{i+j}\Delta_{ij}$ が成り立つ．これを**ラプラス展開**という．

$2n$ 次交代行列 A の行列式 $\det A$ は (成分の多項式)^2 の形になる．この「成分の多項式」を**パッフィアン**という．

3 逆行列

$AX=E$ かつ $XA=E$ が成り立つ行列 X を A^{-1} と書き，A の**逆行列**という．逆行列を持つ A を**可逆行列**, **正則行列**などと呼ぶ．A が正方行列で，$\det A\neq 0$ のときに限って A は逆行列をもつ．このとき，$A^{-1}=\dfrac{1}{\det A}\widetilde{A}$ となる．

m 次正方行列 A,B に対して，$(A|B)$ を行に関する (階数用の) 基本変形で $(E|Y)$ の形に変形できたとすると，$Y=A^{-1}B$ になる．特に，$B=E$ のとき $Y=A^{-1}$ である．

$\left(\dfrac{A}{B}\right)$ を列に関する (階数用の) 基本変形で $\left(\dfrac{E}{Z}\right)$ の形に変形できたとすると，$Z=BA^{-1}$ になる．こうした基本変形を用いる計算手順を**掃き出し法**と呼ぶ．

問題と解答・解説

問題 2.1

ブロック分解と 5 次行列の行列式

以下の問いに答えよ.

(問 1) 3 次正方行列 A を $A=\begin{pmatrix} 2 & -1 & 3 \\ 1 & 1 & 0 \\ 3 & -1 & 1 \end{pmatrix}$ とおく. 行列式 $\det A$ の値を求めよ.

(問 2) 5 次正方行列 B を $B=\begin{pmatrix} 2 & -1 & 3 & 0 & 0 \\ 1 & 1 & 0 & 0 & 0 \\ 3 & -1 & 1 & 0 & 0 \\ 0 & 0 & 0 & 2 & 3 \\ 0 & 0 & 0 & -1 & 1 \end{pmatrix}$ とおく. 行列式 $\det B$ の値を求めよ.

ポイント

問 1　サラスの方法を用いる. 行に関して変形して上三角行列にし, 対角成分をかけてもできる.

問 2　左上の部分が問 1 と同じであることに気付くと, 問 1 がヒントになっていることがわかる. 行列をブロック分割して計算する.

解答 | 問 1　サラスの方法より

(答)　$\det\begin{pmatrix} 2 & -1 & 3 \\ 1 & 1 & 0 \\ 3 & -1 & 1 \end{pmatrix}$

$$=2\cdot1\cdot1+(-1)\cdot0\cdot3+3\cdot1\cdot(-1)$$
$$-\{2\cdot0\cdot(-1)+(-1)\cdot1\cdot1+3\cdot1\cdot3\}$$
$$=2+0-3-\{0-1+9\}=-9.$$

問 2

$$A=\begin{pmatrix} 2 & -1 & 3 \\ 1 & 1 & 0 \\ 3 & -1 & 1 \end{pmatrix}, \quad O=\begin{pmatrix} 0 & 0 \\ 0 & 0 \\ 0 & 0 \end{pmatrix},$$
$$O'=\begin{pmatrix} 0 & 0 & 0 \\ 0 & 0 & 0 \end{pmatrix}, \quad C=\begin{pmatrix} 2 & 3 \\ -1 & 1 \end{pmatrix}$$

とおくと, 与えられた行列式は,

◀ 5 次正方行列を, 左上の 3 次正方行列と, 右下の 2 次正方行列の部分にブロック分割する.

（答） $\det\begin{pmatrix} A & O \\ O' & C \end{pmatrix} = (\det A)(\det C)$

$$= -9\{2\cdot 1 - 3(-1)\}$$

$$= -45.$$

解説 ｜まず，対称群 $\mathfrak{S}_3$ とその元 σ の符号 $\mathrm{sign}(\sigma) \in \{\pm 1\}$ を定義する．

1,2,3 の 3 文字の順列の 1 つを

$$\begin{array}{c|c|c} 1 & 2 & 3 \\ \hline \sigma(1) & \sigma(2) & \sigma(3) \end{array}$$

と書き，σ と略記する．順列の全体を $\mathfrak{S}_3$ と書く．つまり，

$$\mathfrak{S}_3 = \left\{ \begin{array}{c|c|c} 1 & 2 & 3 \\ \hline 1 & 2 & 3 \end{array}, \begin{array}{c|c|c} 1 & 2 & 3 \\ \hline 2 & 3 & 1 \end{array}, \begin{array}{c|c|c} 1 & 2 & 3 \\ \hline 3 & 1 & 2 \end{array}, \begin{array}{c|c|c} 1 & 2 & 3 \\ \hline 1 & 3 & 2 \end{array}, \begin{array}{c|c|c} 1 & 2 & 3 \\ \hline 2 & 1 & 3 \end{array}, \begin{array}{c|c|c} 1 & 2 & 3 \\ \hline 3 & 2 & 1 \end{array} \right\}$$

とおく．

$1 \leqq k < l \leqq 3$ かつ $\sigma(l) > \sigma(k)$ を満たす (k,l) の組の総数を転倒数と呼ぶ．これが偶数のとき σ の符号 $\mathrm{sign}(\sigma)$ を 1，奇数のとき σ の符号 $\mathrm{sign}(\sigma)$ を -1 で定義する．たとえば，

$\begin{array}{c|c|c} 1 & 2 & 3 \\ \hline 1 & 2 & 3 \end{array}$ の転倒数は 0 なので，符号は 1.

$\begin{array}{c|c|c} 1 & 2 & 3 \\ \hline 2 & 3 & 1 \end{array}$ の転倒数は $\sigma(1) > \sigma(3)$ と $\sigma(2) > \sigma(3)$ より 2．よって符号は 1.

$\begin{array}{c|c|c} 1 & 2 & 3 \\ \hline 3 & 1 & 2 \end{array}$ の転倒数は $\sigma(1) > \sigma(2)$ と $\sigma(1) > \sigma(3)$ より 2．よって符号は 1.

$\begin{array}{c|c|c} 1 & 2 & 3 \\ \hline 1 & 3 & 2 \end{array}$ の転倒数は $\sigma(2) > \sigma(3)$ より 1．よって符号は -1.

$\begin{array}{c|c|c} 1 & 2 & 3 \\ \hline 2 & 1 & 3 \end{array}$ の転倒数は $\sigma(1) > \sigma(2)$ より 1．よって符号は -1.

$\begin{array}{c|c|c} 1 & 2 & 3 \\ \hline 3 & 2 & 1 \end{array}$ の転倒数は $\sigma(1) > \sigma(2), \sigma(1) > \sigma(3), \sigma(2) > \sigma(3)$ より 3．よって符号は -1.

$A=\begin{pmatrix} a_{11} & a_{12} & a_{13} \\ a_{21} & a_{22} & a_{23} \\ a_{31} & a_{32} & a_{33} \end{pmatrix}$ の行列式を一般的な書き方で定義すると次のようになる．

$$\det A=\sum_{\sigma\in\mathfrak{S}_3}\operatorname{sign}(\sigma)a_{1\sigma(1)}a_{2\sigma(2)}a_{3\sigma(3)}.$$

ここで，和は，総和記号 Σ の下に書いてある範囲全体にわたる．つまり，1,2,3 の 3 文字の順列全体にわたる．初めて見る人には,「なんじゃこりゃー」という式だが，σ に 6 つの順列を当てはめていって総和記号を外せば，項が 6 つある 3 次式

$$\det A=a_{11}a_{22}a_{33}+a_{12}a_{23}a_{31}+a_{13}a_{21}a_{32}-a_{11}a_{23}a_{32}-a_{12}a_{21}a_{33}-a_{13}a_{22}a_{31}$$

にすぎないことがわかる．

式が煩雑なので，サラスの方法という覚え方がある．

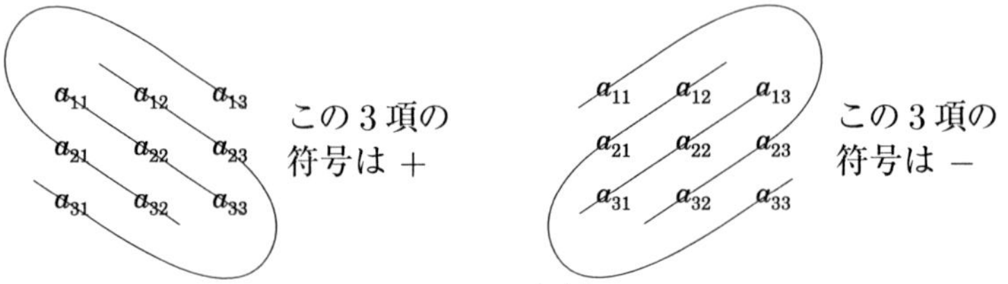

2 次正方行列の行列式 $\det\begin{pmatrix} a_{11} & a_{12} \\ a_{21} & a_{22} \end{pmatrix}$ も襷《たすき》掛けして，$a_{11}a_{22}-a_{12}a_{21}$ と計算できるので，4 次以上でも使えると勘違いする人が多い．しかしこの覚え方は 4 次以上の正方行列には通用しないので注意すること．n 次正方行列では，サラスの方法だと項が $2n$ 個しか出てこないが，本当は $n!$ 個あるので，全然個数が足りない．

行列式は，行に関する変形を行っても出る．これを用いた問 1 の別解を紹介する．1 行目と 2 行目を入れ替え，その後，1 行目の 2 倍を 2 行目から引き，1 行目の 3 倍を 3 行目から引く．

$$\det\begin{pmatrix} 2 & -1 & 3 \\ 1 & 1 & 0 \\ 3 & -1 & 1 \end{pmatrix}=-\det\begin{pmatrix} 1 & 1 & 0 \\ 2 & -1 & 3 \\ 3 & -1 & 1 \end{pmatrix}=-\det\begin{pmatrix} 1 & 1 & 0 \\ 0 & -3 & 3 \\ 0 & -4 & 1 \end{pmatrix}. \tag{1}$$

2 行目から -3 をくくり出し，2 行目の 4 倍を 3 行目に足す．これで上三角行列になったので，対角成分の積を計算して前に出ている数をかけると行列式が出る．

$$(1)\text{ 式}=3\det\begin{pmatrix} 1 & 1 & 0 \\ 0 & 1 & -1 \\ 0 & -4 & 1 \end{pmatrix}=3\det\begin{pmatrix} 1 & 1 & 0 \\ 0 & 1 & -1 \\ 0 & 0 & -3 \end{pmatrix}=3\{1\cdot1\cdot(-3)\}=-9.$$

行列式を計算するときの，行に関する変形規則は，p.62 に書かれているように 3 つある．これらの変形を用いて $\det A = \cdots = \Delta \det E$ の形まで変形できたら，スカラー Δ の部分が $\det A$ になる．ある行から別の行の k 倍を引くことは，ある行に別の行の $-k$ 倍を足すことと同じなので，(i) は「ある行に別の行の定数倍を足しても，行列式の値は不変」と書くことが多い．

何度か計算練習をすると，上三角，または下三角行列まで変形した段階で，行列式は対角成分の積になることがわかってくる．たとえば，上三角行列

$$\begin{pmatrix} a & b & c \\ 0 & d & e \\ 0 & 0 & f \end{pmatrix}$$

の行列式は，対角成分 a と d と f の積である adf となる．同様にして，下三角行列の行列式は

$$\det\begin{pmatrix} a & 0 & 0 \\ b & c & 0 \\ d & e & f \end{pmatrix} = acf$$

となる．

行列式を計算するときには，列に関する 3 つの変形 (p.63 参照) を用いることもできる．行列式を計算するときは，行の変形と列の変形を混ぜて使うことができる．

類題 2.1

A が m 次の正方行列，B が m 行 n 列の行列，C が n 次の正方行列，O が n 行 m 列の零行列であるとき，$\det\begin{pmatrix} A & B \\ O & C \end{pmatrix} = \det A \det C$ を示せ．

解答 | 上述の変形 (iii) を用いて -1 倍が外についたら，(ii) を逆向きに用いて -1 を適当な行にかけて内側に入れてしまうことにする．この作業で，どんな行列も，行列式を不変に保ちながら上三角行列にできる．A が行に関する上述の作業で，行列式の値を保ちながら上三角行列 U_1 になったとすると，全く同じ変形を

$$\begin{pmatrix} A & B \\ O & C \end{pmatrix}$$

の 1 から m 行目までに施すことによって，$\begin{pmatrix} A & B \\ O & C \end{pmatrix}$ も行列式の値を保ちながら

$$\begin{pmatrix} U_1 & B' \\ O & C \end{pmatrix}$$

の形になる．行に関する作業で，行列式を保ちながら C が上三角行列 U_2 になったとすると，全く同じ変形を

$$\begin{pmatrix} U_1 & B' \\ O & C \end{pmatrix}$$

の $m+1$ から $m+n$ 行目までに施すことによって，$\begin{pmatrix} U_1 & B' \\ O & C \end{pmatrix}$ も行列式を保ちながら

$$\begin{pmatrix} U_1 & B' \\ O & U_2 \end{pmatrix}$$

の形になる．以上より，

$$\det\begin{pmatrix} A & B \\ O & C \end{pmatrix} = \det\begin{pmatrix} U_1 & B' \\ O & C \end{pmatrix} = \det\begin{pmatrix} U_1 & B' \\ O & U_2 \end{pmatrix} = (\text{全体の対角成分の積})$$
$$= (U_1\text{の対角成分の積}) \times (U_2\text{の対角成分の積}) = \det A \times \det C.$$

(証明終わり)

(注 1) A,B,O,C は数ではなく行列なので，$\det\begin{pmatrix} A & B \\ O & C \end{pmatrix} = AC - BO$ は成立しない．$m \neq n$ のときは，積 AC すらも定義できない．

(注 2) 全く同じ方法で $\det\begin{pmatrix} A & O \\ B & C \end{pmatrix} = \det A \det C$ もわかる．

類題 2.2

n 次正方行列 A と B についての行列式の関係

$$\det\begin{pmatrix} -A & B \\ B & -A \end{pmatrix} = \det(A+B)\det(A-B)$$

を示せ．

2009 年 東京大 経済学研究科 経済理論・現代経済専攻

解答 | 2 行目から 1 行目を引き，1 列目に 2 列目を足し，すべての行から -1 をくくり出す．全部で $2n$ 行あるので，

$$\det\begin{pmatrix}-A & B\\ B & -A\end{pmatrix}=\det\begin{pmatrix}-A & B\\ B+A & -A-B\end{pmatrix}=\det\begin{pmatrix}B-A & B\\ O & -A-B\end{pmatrix}$$
$$=(-1)^{2n}\det\begin{pmatrix}-B+A & -B\\ O & A+B\end{pmatrix}$$
$$=\det\begin{pmatrix}A-B & -B\\ O & A+B\end{pmatrix}=\det(A-B)\det(A+B).$$

(証明終わり)

(発展)　行列式の準同型性

行列式には重要な性質

$$\det(AB)=(\det A)(\det B)$$

がある．ここで，A,B はともに n 次正方行列とする．これは，ブロック分解を用いて証明できる．等式

$$\det A\det B=\det\begin{pmatrix}A & E\\ O & B\end{pmatrix}$$

の右辺を変形していく．まず 2 行目から 1 行目に右から B をかけたものを引く．これは 1 行目にある n 本の行ベクトルを定数倍して，2 行目にある n 本のベクトルに足す操作を一気に行っている．次に第 1 列と第 2 列を入れ替える．列ベクトルは合計 n 本入れ替えられるので $(-1)^n$ が前につく．最後に 2 行目から -1 をくくり出す．2 行目には実際は n 本の行があるので，-1 が n 個出る．

$$(\text{右辺})=\det\begin{pmatrix}A & E\\ -AB & O\end{pmatrix}=(-1)^n\det\begin{pmatrix}E & A\\ O & -AB\end{pmatrix}$$
$$=(-1)^n(-1)^n\det\begin{pmatrix}E & A\\ O & AB\end{pmatrix}=\det E\det(AB)=1\times\det(AB).$$

これで，証明された．

問題 2.2

3 次正方行列の逆行列

3 次正方行列 A を $A=\begin{pmatrix}3 & 1 & 4\\ -1 & 0 & 0\\ 2 & 3 & 2\end{pmatrix}$ とおく．逆行列 A^{-1} を求めよ．

ポイント

掃き出し法を用いる．A が 3 次正方行列のとき，3×6 行列 $(A|E)$ を行に関する (階数用の) 基本変形で $(E|X)$ の形にできたとすると，X が A の逆行列になっている．

あるいは，余因子行列を用いた，逆行列の公式に当てはめても解ける．

解答 | まず，1 行目と 2 行目を入れ替える．次に 1 行目の 3 倍を 2 行目に足し，1 行目の 2 倍を 3 行目に足す．

$$\left(\begin{array}{ccc|ccc} 3 & 1 & 4 & 1 & 0 & 0 \\ -1 & 0 & 0 & 0 & 1 & 0 \\ 2 & 3 & 2 & 0 & 0 & 1 \end{array}\right)$$

$$\longrightarrow \left(\begin{array}{ccc|ccc} -1 & 0 & 0 & 0 & 1 & 0 \\ 3 & 1 & 4 & 1 & 0 & 0 \\ 2 & 3 & 2 & 0 & 0 & 1 \end{array}\right)$$

$$\longrightarrow \left(\begin{array}{ccc|ccc} -1 & 0 & 0 & 0 & 1 & 0 \\ 0 & 1 & 4 & 1 & 3 & 0 \\ 0 & 3 & 2 & 0 & 2 & 1 \end{array}\right).$$

◀ まず 1 列目に着目して，0 をたくさん作る．1 列目のなかで一番絶対値が小さいものは，2 行目の -1 なので，これを用いる．この -1 を一番上に持っていく．そのために，1 行目と 2 行目を入れ替える．

1 行目を -1 倍して，2 行目の -3 倍を 3 行目に足す．さらに，3 行目を $-\dfrac{1}{10}$ 倍する．

$$\longrightarrow \left(\begin{array}{ccc|ccc} 1 & 0 & 0 & 0 & -1 & 0 \\ 0 & 1 & 4 & 1 & 3 & 0 \\ 0 & 3 & 2 & 0 & 2 & 1 \end{array}\right)$$

$$\longrightarrow \left(\begin{array}{ccc|ccc} 1 & 0 & 0 & 0 & -1 & 0 \\ 0 & 1 & 4 & 1 & 3 & 0 \\ 0 & 0 & -10 & -3 & -7 & 1 \end{array}\right)$$

$$\longrightarrow \left(\begin{array}{ccc|ccc} 1 & 0 & 0 & 0 & -1 & 0 \\ 0 & 1 & 4 & 1 & 3 & 0 \\ 0 & 0 & 1 & \dfrac{3}{10} & \dfrac{7}{10} & -\dfrac{1}{10} \end{array}\right).$$

◀ 次に 2 列目に着目して，0 をたくさん作る．その前に 1 行目を -1 倍して 1 にしておく．2 列目のなかで一番絶対値が小さいものは，2 行目の 1 である．これを用いて変形する．

◀ 最後に 3 列目に着目し，0 をたくさん作る．まず，3 行目を割り算して，3 行 3 列成分を 1 にする．

最後に，3 行目の 4 倍を 2 行目から引く．

$$\longrightarrow \left(\begin{array}{ccc|ccc} 1 & 0 & 0 & 0 & -1 & 0 \\ 0 & 1 & 0 & -\dfrac{1}{5} & \dfrac{1}{5} & \dfrac{2}{5} \\ 0 & 0 & 1 & \dfrac{3}{10} & \dfrac{7}{10} & -\dfrac{1}{10} \end{array}\right).$$

◀ この 3×6 行列が答えではない．右側の 3 次正方行列が答えとなる．

よって,

$$\textbf{（答）}\quad A^{-1}=\begin{pmatrix} 0 & -1 & 0 \\ -\dfrac{1}{5} & \dfrac{1}{5} & \dfrac{2}{5} \\ \dfrac{3}{10} & \dfrac{7}{10} & -\dfrac{1}{10} \end{pmatrix} =\frac{1}{10}\begin{pmatrix} 0 & -10 & 0 \\ -2 & 2 & 4 \\ 3 & 7 & -1 \end{pmatrix}.$$

解説 | 行列 A の逆行列とは, $AX=E$ かつ $XA=E$ を満たす X のことであった. 片方の式だけでは足りない. たとえば,

$$\begin{pmatrix} 0 & 1 & 1 \\ 1 & 1 & 0 \end{pmatrix}\begin{pmatrix} -1 & 0 \\ 1 & 1 \\ 0 & -1 \end{pmatrix}=\begin{pmatrix} 1 & 0 \\ 0 & 1 \end{pmatrix}$$

は単位行列だが,

$$\begin{pmatrix} -1 & 0 \\ 1 & 1 \\ 0 & -1 \end{pmatrix}\begin{pmatrix} 0 & 1 & 1 \\ 1 & 1 & 0 \end{pmatrix}=\begin{pmatrix} 0 & -1 & -1 \\ 1 & 2 & 1 \\ -1 & -1 & 0 \end{pmatrix}$$

は単位行列にならない.

しかし, A が正方行列であれば, $AX=E$ から $XA=E$ が出る. なぜなら, $\det(AX)=\det E$. よって $(\det A)(\det X)=1\neq 0$ より $\det A\neq 0$. 後で詳述する余因子行列 $\widetilde{A}$ の性質 $A\widetilde{A}=(\det A)E$ かつ $\widetilde{A}A=(\det A)E$ より, $A^{-1}=\dfrac{1}{\det A}\widetilde{A}$ がわかる. 特に A^{-1} は存在するので $AX=E$ より $A^{-1}AX=A^{-1}E$. $\therefore X=A^{-1}$. このとき $XA=A^{-1}A=E$ となる.

逆行列 $AX=E$ や連立方程式 $A\vec{v}=\vec{b}$ の解を求めるときの, 行に関する変形規則は, p.18 に書かれているように3つある. これらは, 行列式を求める場合の変形規則と似て非なるものなので, 注意すること. これらの変形を用いて $(A|E)\longrightarrow\cdots\longrightarrow(E|X)$ の形まで変形できたら, $X=A^{-1}$ である.

逆行列 $YA=E$ や連立方程式 $\vec{w}A=\vec{c}$ の解を求めるときの, 列に関する変形規則は, p.21 に書かれているように3つある. A が n 次正方行列のとき, これらの変形を用いて $2n$ 行 n 列行列 $\left(\dfrac{A}{E}\right)$ が

$$\begin{pmatrix} A \\ \hline E \end{pmatrix} \longrightarrow \cdots \longrightarrow \begin{pmatrix} E \\ \hline Y \end{pmatrix}$$

の形まで変形できたら，$Y=A^{-1}$ である．${}^t(YA)={}^tE$ より ${}^tA{}^tY = E$ なので転置行列に対して，行に対する変形を行って $({}^tA|E)\longrightarrow\cdots\longrightarrow(E|{}^tY)$ としてもよい．

逆行列を計算するときは，行の変形と列の変形を混ぜて使うことはできない．たとえば $\begin{pmatrix} 1 & 2 \\ 3 & 7 \end{pmatrix}^{-1}$ を計算するにあたって，2 行目から 1 行目の 3 倍を引いて，

$$\left(\begin{array}{cc|cc} 1 & 2 & 1 & 0 \\ 3 & 7 & 0 & 1 \end{array}\right) \longrightarrow \left(\begin{array}{cc|cc} 1 & 2 & 1 & 0 \\ 0 & 1 & -3 & 1 \end{array}\right)$$

と変形したあと，2 列目から 1 列目の 2 倍を引いて，

$$\left(\begin{array}{cc} 1 & 2 \\ 0 & 1 \\ \hline 1 & 0 \\ -3 & 1 \end{array}\right) \longrightarrow \left(\begin{array}{cc} 1 & 0 \\ 0 & 1 \\ \hline 1 & -2 \\ -3 & 7 \end{array}\right)$$

と変形すると，間違った答え $\begin{pmatrix} 1 & -2 \\ -3 & 7 \end{pmatrix}$ を得る．

逆行列の公式もある．

$$A=\begin{pmatrix} a_1 & a_2 & a_3 \\ b_1 & b_2 & b_3 \\ c_1 & c_2 & c_3 \end{pmatrix}$$

の行列式 $\det A$ を

$$a_1b_2c_3+a_2b_3c_1+a_3b_1c_2-a_1b_3c_2-a_2b_1c_3-a_3b_2c_1$$

で定義する．これを用いて，逆行列の公式は

$$A^{-1}=\frac{1}{\det A}\begin{pmatrix} b_2c_3-b_3c_2 & -(a_2c_3-a_3c_2) & a_2b_3-a_3b_2 \\ -(b_1c_3-b_3c_1) & a_1c_3-a_3c_1 & -(a_1b_3-a_3b_1) \\ b_1c_2-b_2c_1 & -(a_1c_2-a_2c_1) & a_1b_2-a_2b_1 \end{pmatrix}$$

となる．2 次正方行列の行列式の記号 $\det\begin{pmatrix} p & q \\ r & s \end{pmatrix}=ps-qr$ を用いると，

$$A^{-1}=\frac{1}{\det A}\begin{pmatrix} \det\begin{pmatrix} b_2 & b_3 \\ c_2 & c_3 \end{pmatrix} & -\det\begin{pmatrix} a_2 & a_3 \\ c_2 & c_3 \end{pmatrix} & \det\begin{pmatrix} a_2 & a_3 \\ b_2 & b_3 \end{pmatrix} \\ -\det\begin{pmatrix} b_1 & b_3 \\ c_1 & c_3 \end{pmatrix} & \det\begin{pmatrix} a_1 & a_3 \\ c_1 & c_3 \end{pmatrix} & -\det\begin{pmatrix} a_1 & a_3 \\ b_1 & b_3 \end{pmatrix} \\ \det\begin{pmatrix} b_1 & b_2 \\ c_1 & c_2 \end{pmatrix} & -\det\begin{pmatrix} a_1 & a_2 \\ c_1 & c_2 \end{pmatrix} & \det\begin{pmatrix} a_1 & a_2 \\ b_1 & b_2 \end{pmatrix} \end{pmatrix}$$

となる．A から第 i 行ベクトルと第 j 列ベクトルを除いてできる 2 次正方行列の行列式を Δ_{ij} とおくと，

$$A^{-1}=\frac{1}{\det A}\begin{pmatrix}\Delta_{11} & -\Delta_{21} & \Delta_{31}\\ -\Delta_{12} & \Delta_{22} & -\Delta_{32}\\ \Delta_{13} & -\Delta_{23} & \Delta_{33}\end{pmatrix}$$

となる．A の余因子 $\widetilde{a}_{ij}$ を $(-1)^{i+j}\Delta_{ij}$ で定義すると，

$$A^{-1}=\frac{1}{\det A}\begin{pmatrix}\widetilde{a}_{11} & \widetilde{a}_{21} & \widetilde{a}_{31}\\ \widetilde{a}_{12} & \widetilde{a}_{22} & \widetilde{a}_{32}\\ \widetilde{a}_{13} & \widetilde{a}_{23} & \widetilde{a}_{33}\end{pmatrix}$$

となる．A の余因子行列 $\widetilde{A}$ を

$$(\widetilde{a}_{ji})=\begin{pmatrix}\widetilde{a}_{11} & \widetilde{a}_{21} & \widetilde{a}_{31}\\ \widetilde{a}_{12} & \widetilde{a}_{22} & \widetilde{a}_{32}\\ \widetilde{a}_{13} & \widetilde{a}_{23} & \widetilde{a}_{33}\end{pmatrix}$$

で定義すると，$A^{-1}=\dfrac{1}{\det A}\widetilde{A}$ となる．このように，記号を整備するほど，簡潔に表現できるが，実際に計算するときは最初の形に戻ることになる．

本問の場合は，1 行 2 列成分で余因子展開すると，

$$\det A=-(-1)\det\begin{pmatrix}1 & 4\\ 3 & 2\end{pmatrix}=2-12=-10$$

なので，

$$A^{-1}=\frac{1}{-10}\begin{pmatrix}0-0 & -(2-12) & 0-0\\ -(-2-0) & 6-8 & -(0+4)\\ -3-0 & -(9-2) & 0+1\end{pmatrix}=-\frac{1}{10}\begin{pmatrix}0 & 10 & 0\\ 2 & -2 & -4\\ -3 & -7 & 1\end{pmatrix}$$
$$=\frac{1}{10}\begin{pmatrix}0 & -10 & 0\\ -2 & 2 & 4\\ 3 & 7 & -1\end{pmatrix}$$

となる．本問では，これを用いるより掃き出し法の方が早い．

類題 2.3

$$\begin{pmatrix}1 & 0 & 2\\ -2 & 2 & -1\\ 0 & 1 & 2\end{pmatrix}X=\begin{pmatrix}1 & -1 & 1\\ -1 & 3 & 0\\ 1 & -2 & 1\end{pmatrix}$$ のとき X を求めよ．

解答

$$\left(\begin{array}{ccc|ccc} 1 & 0 & 2 & 1 & -1 & 1 \\ -2 & 2 & -1 & -1 & 3 & 0 \\ 0 & 1 & 2 & 1 & -2 & 1 \end{array}\right)$$

に対して行に関する (階数用の) 基本変形を何回か施すと

$$\left(\begin{array}{ccc|ccc} 1 & 0 & 0 & -1 & 9 & 1 \\ 0 & 1 & 0 & -1 & 8 & 1 \\ 0 & 0 & 1 & 1 & -5 & 0 \end{array}\right)$$

になる．

$$\text{(答)}\quad X=\begin{pmatrix} -1 & 9 & 1 \\ -1 & 8 & 1 \\ 1 & -5 & 0 \end{pmatrix}.$$

(注) $\begin{pmatrix} 1 & 0 & 2 \\ -2 & 2 & -1 \\ 0 & 1 & 2 \end{pmatrix}^{-1}=\begin{pmatrix} 5 & 2 & -4 \\ 4 & 2 & -3 \\ -2 & -1 & 2 \end{pmatrix}$ を出さなくても解ける．

(補足)　列の変形で逆行列を出す

$A^{-1}B$ は，掃き出し法で計算できる．p.18 の行に関する基本変形 (i),(ii),(iii) を用いて，$(A|B)\longrightarrow\cdots\longrightarrow(E|X)$ の形まで変形できたら，$X=A^{-1}B$ である．

BA^{-1} も，掃き出し法で計算できる．p.21 の列に関する基本変形 (i),(ii),(iii) を用いて，$\left(\dfrac{A}{B}\right)\longrightarrow\cdots\longrightarrow\left(\dfrac{E}{Y}\right)$ の形まで変形できたら，$Y=BA^{-1}$ である．

問題 2.3

パッフィアン

n 次正方行列 A の i 行 j 列成分 a_{ij} が，すべての i,j について関係式 $a_{ij}+a_{ji}=0$ を満たしているとする．このとき，以下の問いに答えよ．

(問 1) $n=4$ のとき，行列式

$$\det\begin{pmatrix} 0 & a & b & c \\ -a & 0 & d & e \\ -b & -d & 0 & f \\ -c & -e & -f & 0 \end{pmatrix}$$

は a, b, c, d, e, f からなる多項式の 2 乗の形で書くことができる．この

多項式を求めよ．

（問 2） 一般に n が奇数のとき，行列式 $\det A$ は零になることを示せ．

ポイント

問 1　成分が文字なので，ある行に別の行を足すといった変形よりも，どこかの行または列に関して展開していく方が楽であろう．

問 2　A が交代行列であることから，ただちに出る．

解答 ｜**問 1**

$$A=\begin{pmatrix} 0 & a & b & c \\ -a & 0 & d & e \\ -b & -d & 0 & f \\ -c & -e & -f & 0 \end{pmatrix}$$

◀ サラスの方法は 4 次行列には使えない．

とおける．1 列目で展開すると，

$$\begin{aligned}\det A=&-(-a)\det\begin{pmatrix} a & b & c \\ -d & 0 & f \\ -e & -f & 0 \end{pmatrix}\\ &+(-b)\det\begin{pmatrix} a & b & c \\ 0 & d & e \\ -e & -f & 0 \end{pmatrix}\\ &-(-c)\det\begin{pmatrix} a & b & c \\ 0 & d & e \\ -d & 0 & f \end{pmatrix}.\end{aligned}$$

◀ これらの 3 次行列は成分が文字なので，サラスの方法で出すのが楽である．

サラスの方法を用いると，

$$\begin{aligned}\det A=&a(0-bfe+cdf+af^2-0-0)\\ &-b(0-be^2+0+aef+0+cde)\\ &+c(adf-bed+0-0-0+cd^2)\\ =&\{-afbe+afcd+(af)^2\}\\ &+\{(be)^2-afbe-becd\}\\ &+\{afcd-becd+(cd)^2\}.\end{aligned}$$

よって，

（答） $(af-be+cd)^2$.

問 2 ${}^tA=-A$ より

$$\det({}^tA)=\det(-A)=(-1)^n\det A.\ \det{}^tA=\det A$$

なので，$\det A=(-1)^n\det A$ を得る．n が奇数のときは，$\det A=-\det A$ より $2\det A=0$. 両辺を 2 で割って $\det A=0$. (証明終わり)

◀ 転置しても，行列式の値は変わらない．

◀ 行列を -1 倍したら，行列式も -1 倍になるというのは間違い．

解説 | $2n$ 次の交代行列 A の行列式は，成分を変数にもつ n 次の多項式 p_n の平方式になる．つまり $\det A=(p_n)^2$ となる．この p_n をパッフィアンと呼ぶ．

対称行列の固有値はすべて実数である．これに対して，交代行列の固有値はすべて純虚数または 0 になる．

類題 2.4

(問 1) 3 次元実交代行列

$$X=\begin{pmatrix}0 & x_{12} & x_{13}\\ x_{21} & 0 & x_{23}\\ x_{31} & x_{32} & 0\end{pmatrix}\qquad (\text{ただし，} x_{ij}=-x_{ji},\quad i,j=1\sim 3)$$

に対して，$X\vec{u}=\vec{a}\times\vec{u}$ となるような 3 次元実ベクトル $\vec{a}$ を求めよ．

(問 2) $Y=e^X$ となるような 3 次元実交代行列 X が存在するならば Y は 3 次元回転を表す行列であることを示せ．

2008 年 東京大 理学系研究科 物理学専攻

解答 | **問 1** $\vec{u}=\begin{pmatrix}u_1\\u_2\\u_3\end{pmatrix}$, $\vec{a}=\begin{pmatrix}a_1\\a_2\\a_3\end{pmatrix}$ とおくと，

$$\vec{a}\times\vec{u}=\begin{pmatrix}a_2u_3-a_3u_2\\ a_3u_1-a_1u_3\\ a_1u_2-a_2u_1\end{pmatrix}=\begin{pmatrix}0 & -a_3 & a_2\\ a_3 & 0 & -a_1\\ -a_2 & a_1 & 0\end{pmatrix}\begin{pmatrix}u_1\\u_2\\u_3\end{pmatrix}.$$

係数行列を X と比較して $a_1=x_{32}$, $a_2=x_{13}$, $a_3=x_{21}$.

$$(\text{答})\quad \vec{a}=\begin{pmatrix}x_{32}\\x_{13}\\x_{21}\end{pmatrix}.$$

問 2
$$ {}^tY={}^te^X={}^t\left(\sum_{n=0}^{\infty}\frac{X^n}{n!}\right)=\sum_{n=0}^{\infty}\frac{({}^tX)^n}{n!}=e^{{}^tX}=e^{-X} \tag{1}$$
である．$AB=BA$ なら $e^Ae^B=e^{A+B}$ が成り立つので，(1) の辺々に左から $Y=e^X$ をかけると，
$$Y\,{}^tY=e^Xe^{-X}=e^{X-X}=e^O=E.$$
(1) の辺々に右から $Y=e^X$ をかけると，
$${}^tYY=e^{-X}e^X=e^{-X+X}=e^O=E.$$
よって Y は直交行列である．

交代行列は対角化可能なので，うまく $D=\begin{pmatrix}\alpha&0&0\\0&\beta&0\\0&0&\gamma\end{pmatrix}$ と P を選ぶと $X=PDP^{-1}$ の形にできる．このとき
$$\mathrm{tr}X=\mathrm{tr}((PD)P^{-1})=\mathrm{tr}(P^{-1}(PD))=\mathrm{tr}D=\alpha+\beta+\gamma.$$
$$e^X=\sum_{n=0}^{\infty}\frac{1}{n!}(PDP^{-1})^n=\sum_{n=0}^{\infty}\frac{1}{n!}PD^nP^{-1}=P\left(\sum_{n=0}^{\infty}\frac{1}{n!}D^n\right)P^{-1}=Pe^DP^{-1}.$$
よって
$$\begin{aligned}\det e^X&=\det(Pe^DP^{-1})=(\det P)(\det e^D)(\det P^{-1})=(\det P)(\det e^D)(\det P)^{-1}\\&=\det e^D=\det\begin{pmatrix}e^\alpha&0&0\\0&e^\beta&0\\0&0&e^\gamma\end{pmatrix}=e^\alpha e^\beta e^\gamma=e^{\alpha+\beta+\gamma}=e^{\mathrm{tr}X}.\end{aligned}$$
$\det Y=\det e^X=e^{\mathrm{tr}X}=e^0=1$．よって，$Y$ は回転行列である． (証明終わり)

(注) $T\,{}^tT=E$ かつ ${}^tTT=E$ が成り立つ行列 T を直交行列という．直交行列の行列式は ±1 である．$\det T=1$ のとき，T の表す 1 次変換は，原点中心の回転移動である．$\det T=-1$ のとき，T の表す 1 次変換は，原点を通る平面 $ax+by+cz=0$ に関する対称移動である．n 次正方行列の場合も同様．

第3章　べき乗計算

基礎のまとめ

1　べき乗の計算

n を自然数とする．

$$A=\begin{pmatrix} J_1 & O & \cdots & O & O \\ O & J_2 & \cdots & \vdots & O \\ \vdots & O & \cdots & O & \vdots \\ O & \vdots & \cdots & J_{k-1} & O \\ O & O & \cdots & O & J_k \end{pmatrix} \tag{1}$$

のとき，

$$A^n=\begin{pmatrix} J_1^n & O & \cdots & O & O \\ O & J_2^n & \cdots & \vdots & O \\ \vdots & O & \cdots & O & \vdots \\ O & \vdots & \cdots & J_{k-1}^n & O \\ O & O & \cdots & O & J_k^n \end{pmatrix}$$

となる．特に対角行列の n 乗は，対角成分のみが n 乗される．たとえば，

$$\begin{pmatrix} a & 0 \\ 0 & b \end{pmatrix}^n=\begin{pmatrix} a^n & 0 \\ 0 & b^n \end{pmatrix}.$$

ある n_0 が存在して，$N^{n_0}=O$ となるとき，N を**べき零行列**という．

2項定理より，$n\geqq n_0$ のとき，

$$(aI+N)^n=\sum_{k=0}^{n} {}_n\mathrm{C}_k(aE)^{n-k}N^k=\sum_{k=0}^{n_0-1} {}_n\mathrm{C}_k a^{n-k}N^k.$$

たとえば，

$$\begin{pmatrix} a & 1 \\ 0 & a \end{pmatrix}^n=\left(a\begin{pmatrix} 1 & 0 \\ 0 & 1 \end{pmatrix}+\begin{pmatrix} 0 & 1 \\ 0 & 0 \end{pmatrix}\right)^n=a^n\begin{pmatrix} 1 & 0 \\ 0 & 1 \end{pmatrix}+na^{n-1}\begin{pmatrix} 0 & 1 \\ 0 & 0 \end{pmatrix}$$

$$=\begin{pmatrix} a^n & na^{n-1} \\ 0 & a^n \end{pmatrix}.$$

$(P^{-1}AP)^n=P^{-1}A^nP$ である ($P^{-n}A^nP^n$ にはならない)．よって，P をうまく選んで，$P^{-1}AP$ が，対角行列や $aE+N$ (N はべき零行列) 型の行列が対角線に並ぶ (1) の形の行列になるようにできれば，n 乗の計算は簡単にできる．

2　固有多項式

m 次正方行列 A に対して，x の m 次式 $f(x)=\det(xE-A)$ を A の**固有多項式**とか，**特性多項式**という．

$f(A)=O$ となることを主張するのが，**ハミルトン–ケーリーの定理**である．たとえば，$A=\begin{pmatrix} a & b \\ c & d \end{pmatrix}$ の固有多項式 $f(x)$ は $f(x)=x^2-(a+d)x+(ad-bc)$ であり，ハミルトン–ケーリーの定理は $f(A)=A^2-(a+d)A+(ad-bc)E=O$ となる．定数項に E が付くことに注意せよ．

多項式 $f(x)$ が $f(A)=O$ を満たすとき，x^n を $f(x)$ で割った商を $Q(x)$，余りを $R(x)$ とおくと，$A^n=R(A)$ となる．A が m 次正方行列なら，ハミルトン–ケーリーの定理より高々 m 次の $f(x)$ があるので，A^n を A の $m-1$ 次以下の式に変形して次数を下げることができる．多項式 $f(x)=(x-\mu_1)(x-\mu_2)\times\cdots\times(x-\mu_k)$ が $f(A)=O$ を満たすとき，

$$(A-\mu_1E)(A-\mu_2E)\times\cdots\times(A-\mu_kE)=O$$

となる．

$B_1=(A-\mu_2E)\times\cdots\times(A-\mu_kE)$ とおくと，$AB_1=\mu_1B_1$ となる．数学的帰納法より，$A^nB_1=\mu_1^nB_1$ が成り立つ．同様に，$A^nB_2=\mu_2^nB_2,\cdots,A^nB_k=\mu_k^nB_k$ が成り立つ．もし，$\mu_1,\mu_2,\cdots,\mu_k$ がすべて異なれば，この式を用いて，A^n が出る．

たとえば，A が $A^2-5A+6E=O$ を満たすとき，$A(A-2E)=3(A-2E)$ より $A^n(A-2E)=3^n(A-2E)$．$A(A-3E)=2(A-3E)$ より

$$A^n(A-3E)=2^n(A-3E).$$

辺々引いて，

$$(3-2)A^n=3^n(A-2E)-2^n(A-3E).$$

よって，

$$A^n=(3^n-2^n)A+(3\cdot2^n-2\cdot3^n)E$$

となる．

多項式において，最高次の係数が 1 のものを**モニック**という．正方行列 A を代入すると O になる複素係数 (実数係数) の多項式のうちで，モニックかつ次数が最小のものを $\mathbb{C}$ 上の ($\mathbb{R}$ 上の) A の最小多項式という．A の固有方程式を

$$(x-\mu_1)^{e_1}(x-\mu_2)^{e_2}\times\cdots\times(x-\mu_k)^{e_k}, \quad 1\leqq e_1,\cdots,1\leqq e_k$$

とおくと，A の最小多項式は

$$(x-\mu_1)^{e'_1}(x-\mu_2)^{e'_2}\times\cdots\times(x-\mu_k)^{e'_k}, \quad 1\leqq e'_1\leqq e_1,\cdots,1\leqq e'_k\leqq e_k$$

となる．特に，A の固有値がすべて異なるなら，最小多項式は固有多項式に一致する．

3 スペクトル分解

正方行列 A の最小多項式 $m(x)=0$ の解 $\mu_1,\mu_2,\cdots,\mu_k$ がすべて異なるなら，$P_1+P_2+\cdots+P_k=E$, $i\neq j$ のとき $P_iP_j=O$, $P_i^2=P_i$ の 3 つを満たす行列を用いて，$A=\mu_1P_1+\mu_2P_2+\cdots+\mu_kP_k$ と表せる．これを**スペクトル分解**と言う．

$$A^n=\mu_1^nP_1+\mu_2^nP_2+\cdots+\mu_k^nP_k$$

が成り立つ．たとえば，$A=\begin{pmatrix}1 & 2\\ -1 & 4\end{pmatrix}$ の場合，最小多項式は固有多項式 $x^2-5x+6=0$ と一致する．その解は $x=2,3$ なので，$A^n=2^nP_1+3^nP_2$ と表せる．

μ_1 が重解なら μ_1^n に付け加えて $n\mu_1^n$ の項を導入すればよい．たとえば，$A=\begin{pmatrix}1 & 1\\ -1 & 3\end{pmatrix}$ の場合，最小多項式は固有方程式 $x^2-4x+4=0$ と一致する．その解は $x=2$ (重解) なので，$A^n=2^nQ_1+n2^nQ_2$ と表せる．ただし $Q_1Q_2=O$, $Q_2^2=Q_2$ などは成立しなくなる．3 次以上の正方行列で，最小多項式に重解があるときも同じである．たとえば，

$$A=\begin{pmatrix}7 & -2 & 10\\ 1 & 2 & 2\\ -2 & 1 & -2\end{pmatrix}$$

の場合，最小多項式は固有方程式 $x^3-7x^2+16x-12=0$ と一致する．その解は $x=2$ (重解),3 なので，$A^n=2^nQ_1+n2^nQ_2+3^nQ_3$ と表せる．

μ_1 が 3 重解なら μ_1^n に付け加えて $n\mu_1^n$, $n^2\mu_1^n$ の項を導入すればよい．たとえば，

$$A=\begin{pmatrix} 3 & -1 & 1 \\ 1 & 2 & 1 \\ -1 & 1 & 1 \end{pmatrix}$$

の場合，最小多項式は固有方程式 $x^3-6x^2+12x-8=0$ と一致する．その解は $x=2$ (3 重解) なので，

$$A^n=2^nQ_1+n2^nQ_2+n^22^nQ_3$$

と表せる．

同様にして，最小多項式の解 μ_1 が l 重解なら $\mu_1^n, n\mu_1^n, \cdots, n^{l-1}\mu_1^n$ の項を導入すればよい．

4　固有値・固有ベクトル

$A\vec{v}=\alpha\vec{v}$ かつ $\vec{v}\neq\vec{0}$ を満たす λ を A の**固有値**, $\vec{v}$ を A の固有値 λ に対応する**固有ベクトル**という．A の固有値は，固有方程式 $\det(xE-A)=0$ を解いて得られる．このとき，$A^n\vec{v}=\lambda^n\vec{v}$ が成り立つ．m 次正方行列 A の固有値 $\lambda_1, \lambda_2, \cdots, \lambda_m$ に対応する固有ベクトル $\overrightarrow{v_1}, \overrightarrow{v_2}, \cdots, \overrightarrow{v_m}$ が 1 次独立なら，

$$A^n\overrightarrow{v_1}=\lambda_1^n\overrightarrow{v_1},\quad A^n\overrightarrow{v_2}=\lambda_2^n\overrightarrow{v_2},\quad \cdots,\quad A^n\overrightarrow{v_m}=\lambda_m^n\overrightarrow{v_m}$$

が成り立つ．これらを一本にまとめて

$$A^n(\overrightarrow{v_1}, \overrightarrow{v_2}, \cdots, \overrightarrow{v_m})=(\lambda_1^n\overrightarrow{v_1}, \lambda_2^n\overrightarrow{v_2}, \cdots, \lambda_m^n\overrightarrow{v_m})$$

より

$$A^n=(\lambda_1^n\overrightarrow{v_1}, \lambda_2^n\overrightarrow{v_2}, \cdots, \lambda_m^n\overrightarrow{v_m})(\overrightarrow{v_1}, \overrightarrow{v_2}, \cdots, \overrightarrow{v_m})^{-1}$$

となり，A^n を求めることができる．

問題と解答・解説

問題3.1

2次正方行列の指数関数

2次正方行列 A を $A=\begin{pmatrix} 2 & \sqrt{2} \\ \sqrt{2} & 3 \end{pmatrix}$ とおく．次の問いに答えよ．

(問1) 行列 A の固有値と固有ベクトルを求めよ．

(問2) 任意の自然数 n に対して，A^n を計算せよ．

(問3) e^A を計算せよ．

ポイント

問1　固有方程式の解が固有値である，固有ベクトルは定義に基づいて計算すればよい．

問2　行列のべき乗には，さまざまな計算法があるが，問1をヒントとして用いるのが楽である．

問3　e^A を $\exp A$ と書くこともある．行列の指数関数は，実数の指数関数のマクローリン展開の式を定義式とする．

解答｜問1　A の固有方程式は $\lambda^2-5\lambda+4=0$ である．この解である固有値は

$$\textbf{(答)}\quad \lambda=1,4.$$

固有値 $\lambda=1$ に対応する固有ベクトルを $\vec{v}=\begin{pmatrix} x \\ y \end{pmatrix}$ とおくと，

$$A\vec{v}=\vec{v}\iff\begin{pmatrix} 2 & \sqrt{2} \\ \sqrt{2} & 3 \end{pmatrix}\begin{pmatrix} x \\ y \end{pmatrix}=\begin{pmatrix} x \\ y \end{pmatrix}$$

$$\iff\begin{pmatrix} 2x+\sqrt{2}y \\ \sqrt{2}x+3y \end{pmatrix}=\begin{pmatrix} x \\ y \end{pmatrix}\iff\begin{pmatrix} x+\sqrt{2}y \\ \sqrt{2}x+2y \end{pmatrix}=\begin{pmatrix} 0 \\ 0 \end{pmatrix}$$

$$\iff x+\sqrt{2}y=0\iff\begin{pmatrix} x \\ y \end{pmatrix}=\begin{pmatrix} -\sqrt{2}y \\ y \end{pmatrix}=y\begin{pmatrix} -\sqrt{2} \\ 1 \end{pmatrix}.$$

固有値 $\lambda=4$ に対応する固有ベクトルを $\vec{v}=\begin{pmatrix} x \\ y \end{pmatrix}$ とおくと，

◀ $\mathrm{tr}A=2+3=5$, $\det A=2\cdot3-\sqrt{2}^2=4$. 因数分解すると，$\lambda^2-5\lambda+4=(\lambda-1)(\lambda-4)$.

◀ $x+\sqrt{2}y=0$ と $\sqrt{2}x+2y=0$ は同値の式である．

$$A\vec{v}=4\vec{v} \iff \begin{pmatrix} 2 & \sqrt{2} \\ \sqrt{2} & 3 \end{pmatrix}\begin{pmatrix} x \\ y \end{pmatrix}=4\begin{pmatrix} x \\ y \end{pmatrix}$$

$$\iff \begin{pmatrix} 2x+\sqrt{2}y \\ \sqrt{2}x+3y \end{pmatrix}=4\begin{pmatrix} x \\ y \end{pmatrix} \iff \begin{pmatrix} -2x+\sqrt{2}y \\ \sqrt{2}x-y \end{pmatrix}=\begin{pmatrix} 0 \\ 0 \end{pmatrix}$$

$$\iff \sqrt{2}x-y=0 \iff \begin{pmatrix} x \\ y \end{pmatrix}=\begin{pmatrix} x \\ \sqrt{2}x \end{pmatrix}=x\begin{pmatrix} 1 \\ \sqrt{2} \end{pmatrix}.$$

◀ $-2x+\sqrt{2}y=0$ と $\sqrt{2}x-y=0$ は同値の式である.

固有ベクトルは零ベクトルでないので,

(答)　固有値 $\lambda=1$ に対応する固有ベクトルは

$$s\begin{pmatrix} -\sqrt{2} \\ 1 \end{pmatrix} \quad (s\neq 0).$$

固有値 $\lambda=4$ に対応する固有ベクトルは

$$t\begin{pmatrix} 1 \\ \sqrt{2} \end{pmatrix} \quad (t\neq 0).$$

問 2　$A\begin{pmatrix} 1 \\ \sqrt{2} \end{pmatrix}=4\begin{pmatrix} 1 \\ \sqrt{2} \end{pmatrix}$ なので, 帰納的に

$$A^n\begin{pmatrix} 1 \\ \sqrt{2} \end{pmatrix}=4^n\begin{pmatrix} 1 \\ \sqrt{2} \end{pmatrix} \tag{1}$$

が成り立つ.

(i) $n=1$ のとき, (2) の 1 行目の式より成立している.

(ii) $n=k$ のとき成立を仮定すると

$$A^k\begin{pmatrix} 1 \\ \sqrt{2} \end{pmatrix}=4^k\begin{pmatrix} 1 \\ \sqrt{2} \end{pmatrix}.$$

この式の両辺に A をかけると,

$$A^{k+1}\begin{pmatrix} 1 \\ \sqrt{2} \end{pmatrix}=4^kA\begin{pmatrix} 1 \\ \sqrt{2} \end{pmatrix}=4^{k+1}A\begin{pmatrix} 1 \\ \sqrt{2} \end{pmatrix}$$

より $n=k+1$ の場合も成立する. (i), (ii) より数学的帰納法からすべての自然数 n に対して (1) 式が成り立つ.

同様にして $A\begin{pmatrix} -\sqrt{2} \\ 1 \end{pmatrix}=\begin{pmatrix} -\sqrt{2} \\ 1 \end{pmatrix}$ なので, 帰納的に

$$A^n\begin{pmatrix} -\sqrt{2} \\ 1 \end{pmatrix}=\begin{pmatrix} -\sqrt{2} \\ 1 \end{pmatrix}. \tag{2}$$

(1), (2) を 1 本にまとめて,

$$A^n\begin{pmatrix} 1 & -\sqrt{2} \\ \sqrt{2} & 1 \end{pmatrix}=\begin{pmatrix} 4^n & -\sqrt{2} \\ \sqrt{2}\cdot 4^n & 1 \end{pmatrix}. \tag{3}$$

◀ $\begin{pmatrix} a & b \\ c & d \end{pmatrix}\begin{pmatrix} x_1 \\ y_1 \end{pmatrix}=\begin{pmatrix} z_1 \\ w_1 \end{pmatrix}$ と $\begin{pmatrix} a & b \\ c & d \end{pmatrix}\begin{pmatrix} x_2 \\ y_2 \end{pmatrix}=\begin{pmatrix} z_2 \\ w_2 \end{pmatrix}$ を 1 本にまとめると $\begin{pmatrix} a & b \\ c & d \end{pmatrix}\begin{pmatrix} x_1 & x_2 \\ y_1 & y_2 \end{pmatrix}=\begin{pmatrix} z_1 & z_2 \\ w_1 & w_2 \end{pmatrix}$ になる.

逆行列の公式より,

$$\begin{pmatrix}1 & -\sqrt{2}\\ \sqrt{2} & 1\end{pmatrix}^{-1}=\frac{1}{3}\begin{pmatrix}1 & \sqrt{2}\\ -\sqrt{2} & 1\end{pmatrix}.$$

これを (3) 式に右からかけて,

(答) $$A^n=\begin{pmatrix}4^n & -\sqrt{2}\\ 4^n\sqrt{2} & 1\end{pmatrix}\cdot\frac{1}{3}\begin{pmatrix}1 & \sqrt{2}\\ -\sqrt{2} & 1\end{pmatrix}$$
$$=\frac{1}{3}\begin{pmatrix}4^n+2 & (4^n-1)\sqrt{2}\\ (4^n-1)\sqrt{2} & 2\cdot 4^n+1\end{pmatrix}.$$

問 3 行列の指数関数の定義

$$e^A=\sum_{n=0}^{\infty}\frac{1}{n!}A^n$$

と (1) より

$$e^A\begin{pmatrix}1\\ \sqrt{2}\end{pmatrix}=\sum_{n=0}^{\infty}\frac{1}{n!}A^n\begin{pmatrix}1\\ \sqrt{2}\end{pmatrix}=\sum_{n=0}^{\infty}\frac{4^n}{n!}\begin{pmatrix}1\\ \sqrt{2}\end{pmatrix}$$
$$=e^4\begin{pmatrix}1\\ \sqrt{2}\end{pmatrix}. \tag{4}$$

(2) より

$$e^A\begin{pmatrix}-\sqrt{2}\\ 1\end{pmatrix}=\sum_{n=0}^{\infty}\frac{1}{n!}A^n\begin{pmatrix}-\sqrt{2}\\ 1\end{pmatrix}$$
$$=\sum_{n=0}^{\infty}\frac{1}{n!}\begin{pmatrix}-\sqrt{2}\\ 1\end{pmatrix}$$
$$=e\begin{pmatrix}-\sqrt{2}\\ 1\end{pmatrix}. \tag{5}$$

(4), (5) を 1 本にまとめて,

$$e^A\begin{pmatrix}1 & -\sqrt{2}\\ \sqrt{2} & 1\end{pmatrix}=\begin{pmatrix}e^4 & -e\sqrt{2}\\ e^4\sqrt{2} & e\end{pmatrix}.$$

$\begin{pmatrix}1 & -\sqrt{2}\\ \sqrt{2} & 1\end{pmatrix}^{-1}$ を，この式に右からかけて,

$$e^A=\begin{pmatrix}e^4 & -e\sqrt{2}\\ e^4\sqrt{2} & e\end{pmatrix}\cdot\frac{1}{3}\begin{pmatrix}1 & \sqrt{2}\\ -\sqrt{2} & 1\end{pmatrix}.$$

よって

(答) $$e^A=\frac{1}{3}\begin{pmatrix}e^4+2e & (e^4-e)\sqrt{2}\\ (e^4-e)\sqrt{2} & 2e^4+e\end{pmatrix}.$$

◀ e^x のマクローリン展開 (0 を中心とするテーラー展開) は $e^x=\sum_{n=0}^{\infty}\frac{x^n}{n!}=1+x+\frac{x^2}{2}+\frac{x^3}{3!}+\cdots$ である. $0!=1$ であることに注意しよう. なお, $e^x=1+x+\frac{x^2}{2}+\frac{x^3}{3!}$ のように「…」を省略してはならない. 省略すると，指数関数が 3 次式になってしまう.

解説 | **問1** 行列 A の固有値とは，$A\vec{v}=\lambda\vec{v}$ かつ $\vec{v}\neq\vec{0}$ を満たす $\vec{v}$ が存在するような λ のことである．この $\vec{v}$ を行列 A の固有値 λ に対応する固有ベクトルと呼ぶ．行列 $A=\begin{pmatrix} a & b \\ c & d \end{pmatrix}$ の固有値は固有方程式 $\lambda^2-(a+d)\lambda+(ad-bc)=0$ の解である．固有ベクトルは $A\vec{v}=\lambda\vec{v}$，すなわち，$(A-\lambda E)\vec{v}=\vec{0}$ を解くことによって得られる．

なお，$A-\lambda E$ を $A-\lambda$ と書くことは許されない．$\begin{pmatrix} a & b \\ c & d \end{pmatrix}$ から λ を引き算することはできないので，数学の文法上の誤りを犯していることになる．

問2 A^n の計算は，固有ベクトルを用いる誘導がなければ，ハミルトン–ケーリーの式 $A^2-5A+4E=O$ を用いるのが常套手段である．

問3 $A\vec{v}=\lambda\vec{v}$ ならば，数学的帰納法により $A^n\vec{v}=\lambda^n\vec{v}$ がわかる．これに a_n をかけて足し上げると，

$$\sum_{n=0}^{m} a_n A^n \vec{v} = \sum_{n=0}^{m} a_n \lambda^n \vec{v}$$

がわかる．$f(x)=\sum_{n=0}^{m} a_n x^n$ とおくと，$f(A)\vec{v}=f(\lambda)\vec{v}$ ということになる．

もし，収束が保証されるなら，$f(x)=\sum_{n=0}^{\infty} a_n x^n$ のときでも，$f(A)\vec{v}=f(\lambda)\vec{v}$ が成り立つ．本問では $f(x)=\sum_{n=0}^{\infty}\frac{1}{n!}x^n=e^x$ の場合にこの事実を用いている．

類題 3.1

n 次の正方行列を考える．行列 A がべき零行列 ($A^m=O$ を満たす自然数 m が存在する) のとき，$\exp(A)=E+\frac{1}{1!}A+\frac{1}{2!}A^2+\cdots+\frac{1}{(m-1)!}A^{m-1}$ を定義する．ここで，O は零行列，E は単位行列を表す．このとき，以下の問 1, 問 2 を示せ．

(問 1) A をべき零行列，P を正則行列とするとき $\exp(P^{-1}AP)=P^{-1}\exp(A)P$ となることを示せ．

(問 2) $H=\begin{pmatrix} 0 & \lambda & 0 & 0 \\ 0 & 0 & \lambda & 0 \\ 0 & 0 & 0 & \lambda \\ 0 & 0 & 0 & 0 \end{pmatrix}$ とするとき $\exp(H)$ を求めよ．

2008 年 東京大 経済学研究科 金融システム専攻

解答 | **問 1**

$$(P^{-1}AP)^n = (P^{-1}AP)(P^{-1}AP)(P^{-1}AP)\times\cdots\times(P^{-1}AP) = P^{-1}A^nP$$

なので,

$$\begin{aligned}\exp(P^{-1}AP) &= E+\frac{1}{1!}P^{-1}AP+\frac{1}{2!}(P^{-1}AP)^2+\cdots+\frac{1}{(m-1)!}(P^{-1}AP)^{m-1}\\ &= E+\frac{1}{1!}P^{-1}AP+\frac{1}{2!}P^{-1}A^2P+\cdots+\frac{1}{(m-1)!}P^{-1}A^{m-1}P\\ &= P^{-1}\left(E+\frac{1}{1!}A+\frac{1}{2!}A^2+\cdots+\frac{1}{(m-1)!}A^{m-1}\right)P = P^{-1}\exp(A)P.\end{aligned}$$

(証明終わり)

問 2 $H^2 = \begin{pmatrix}0 & 0 & \lambda^2 & 0\\ 0 & 0 & 0 & \lambda^2\\ 0 & 0 & 0 & 0\\ 0 & 0 & 0 & 0\end{pmatrix}$, $H^3 = \begin{pmatrix}0 & 0 & 0 & \lambda^3\\ 0 & 0 & 0 & 0\\ 0 & 0 & 0 & 0\\ 0 & 0 & 0 & 0\end{pmatrix}$.

$n \geqq 4$ のとき $H^n = O$ となる．よって,

$$\exp(H) = E+\frac{1}{1!}H+\frac{1}{2!}H^2+\frac{1}{3!}H^3$$

なので,

(答) $\begin{pmatrix}1 & \lambda & \lambda^2/2 & \lambda^3/6\\ 0 & 1 & \lambda & \lambda^2/2\\ 0 & 0 & 1 & \lambda\\ 0 & 0 & 0 & 1\end{pmatrix}$.

類題 3.2

任意の正方行列 X に対し指数行列 e^X は，$e^X = \sum_{n=0}^{\infty}\frac{1}{n!}X^n$ で定義される．以下の問いに答えよ．

(問 1) 任意の正方行列 A と任意の正則行列 B に対し，$Be^XB^{-1} = e^{BXB^{-1}}$ であることを証明せよ．

(問 2) m 次正方行列 D を，対角要素 d_i $(i=1,2,3,\cdots,m)$ をもつ対角行列とする．このとき，e^D が対角要素 e^{d_i} $(i=1,2,3,\cdots,m)$ をもつ対角行列になることを示せ．

(問 3) 3 行 3 列の行列 $X = \begin{pmatrix}1 & 1 & 1\\ 0 & 2 & 1\\ -2 & 2 & 3\end{pmatrix}$ に対して，e^X を求めよ．

(問 4) 固有値がすべて異なる正方行列 X に対して，$\det(e^X)=e^{\mathrm{tr}(X)}$ となることを示せ．ここで，det と tr は，それぞれ行列式および行列のトレースを表す．

解答 | **問 1**

$$(BXB^{-1})^n=(BXB^{-1})(BXB^{-1})(BXB^{-1})\times\cdots\times(BXB^{-1})$$
$$=BX(B^{-1}B)X(B^{-1}B)XB^{-1}\times\cdots\times BXB^{-1}=BX^nB^{-1}$$

より

$$e^{BXB^{-1}}=\sum_{n=0}^{\infty}\frac{1}{n!}(BXB^{-1})^n=\sum_{n=0}^{\infty}\frac{1}{n!}BX^nB^{-1}$$
$$=B\left(\sum_{n=0}^{\infty}\frac{1}{n!}X^n\right)B^{-1}=Be^XB^{-1}.$$

(証明終わり)

問 2 $m=2$ の場合 $D=\begin{pmatrix} d_1 & 0 \\ 0 & d_2 \end{pmatrix}$ より

$$e^D=\sum_{n=0}^{\infty}\frac{1}{n!}D^n=\sum_{n=0}^{\infty}\frac{1}{n!}\begin{pmatrix} d_1 & 0 \\ 0 & d_2 \end{pmatrix}^n=\sum_{n=0}^{\infty}\frac{1}{n!}\begin{pmatrix} d_1^n & 0 \\ 0 & d_2^n \end{pmatrix}$$
$$=\sum_{n=0}^{\infty}\begin{pmatrix} \dfrac{d_1^n}{n!} & 0 \\ 0 & \dfrac{d_2^n}{n!} \end{pmatrix}=\begin{pmatrix} \displaystyle\sum_{n=0}^{\infty}\frac{d_1^n}{n!} & 0 \\ 0 & \displaystyle\sum_{n=0}^{\infty}\frac{d_2^n}{n!} \end{pmatrix}=\begin{pmatrix} e^{d_1} & 0 \\ 0 & e^{d_2} \end{pmatrix}.$$

m が一般の場合も同様である． (証明終わり)

問 3 $\begin{pmatrix} 1 & 1 & 1 \\ 0 & 2 & 1 \\ -2 & 2 & 3 \end{pmatrix}\begin{pmatrix} 0 \\ 1 \\ -1 \end{pmatrix}=\begin{pmatrix} 0 \\ 1 \\ -1 \end{pmatrix}$, $\begin{pmatrix} 1 & 1 & 1 \\ 0 & 2 & 1 \\ -2 & 2 & 3 \end{pmatrix}\begin{pmatrix} 1 \\ 1 \\ 0 \end{pmatrix}=2\begin{pmatrix} 1 \\ 1 \\ 0 \end{pmatrix}$,
$\begin{pmatrix} 1 & 1 & 1 \\ 0 & 2 & 1 \\ -2 & 2 & 3 \end{pmatrix}\begin{pmatrix} 1 \\ 1 \\ 1 \end{pmatrix}=3\begin{pmatrix} 1 \\ 1 \\ 1 \end{pmatrix}$

より

$$P=\begin{pmatrix} 0 & 1 & 1 \\ 1 & 1 & 1 \\ -1 & 0 & 1 \end{pmatrix}$$

とおくと

$$P^{-1}XP=\begin{pmatrix}1&0&0\\0&2&0\\0&0&3\end{pmatrix}$$

となる．この右辺を D とおくと，

$$P^{-1}e^XP=e^{P^{-1}XP}=e^D=\begin{pmatrix}e&0&0\\0&e^2&0\\0&0&e^3\end{pmatrix}.$$

$$\begin{aligned}e^X&=P\begin{pmatrix}e&0&0\\0&e^2&0\\0&0&e^3\end{pmatrix}P^{-1}\\&=\begin{pmatrix}0&1&1\\1&1&1\\-1&0&1\end{pmatrix}\begin{pmatrix}e&0&0\\0&e^2&0\\0&0&e^3\end{pmatrix}\begin{pmatrix}-1&1&0\\2&-1&-1\\-1&1&1\end{pmatrix}\\&=\begin{pmatrix}0&e^2&e^3\\e&e^2&e^3\\-e&0&e^3\end{pmatrix}\begin{pmatrix}-1&1&0\\2&-1&-1\\-1&1&1\end{pmatrix}.\end{aligned}$$

よって，

(答) $$\begin{pmatrix}2e^2-e^3&-e^2+e^3&-e^2+e^3\\-e+2e^2-e^3&e-e^2+e^3&-e^2+e^3\\e-e^3&-e+e^3&e^3\end{pmatrix}.$$

問 4　X の固有値はすべて異なるので，X は対角化できる．つまり，対角行列

$$D=\begin{pmatrix}d_1&0&\cdots&0\\0&d_2&\cdots&0\\ \\0&0&\cdots&d_n\end{pmatrix}$$

と可逆行列 P が存在して，$X=PDP^{-1}$ の形に変形できる．

$$\begin{aligned}\det(e^X)&=\det(e^{PDP^{-1}})=\det(Pe^DP^{-1})=\det(P)\det(e^D)\det(P^{-1})\\&=\det(P)\det(e^D)\det(P)^{-1}=\det(e^D)=\det\begin{pmatrix}e^{d_1}&0&\cdots&0\\0&e^{d_2}&\cdots&0\\\vdots&\vdots&\ddots&\vdots\\0&0&\cdots&e^{d_n}\end{pmatrix}\\&=e^{d_1}e^{d_2}\times\cdots\times e^{d_n}=e^{d_1+d_2+\cdots+d_n}=e^{\mathrm{tr}(X)}.\end{aligned}$$

(証明終わり)

（発展）　交代行列と回転行列の関係

$J=\begin{pmatrix}0&-1\\1&0\end{pmatrix}$ とおくと，tJ $(t\in\mathbb{R})$ は 2 次の交代行列の全体になる．これを $\mathfrak{so}(2)$ とおく．$J^2=-E$, $J^3=-J$, $J^4=E$ なので

$$\exp(tJ)=e^{tJ}=\sum_{n=0}^{\infty}\frac{1}{n!}(tJ)^n$$
$$=E+tJ-\frac{t^2}{2}E-\frac{t^3}{3!}J+\frac{t^4}{4!}E+\frac{t^5}{5!}J-\frac{t^6}{6!}E-\frac{t^7}{7!}J+\cdots.$$

収束半径内では絶対収束するので，和の順序が交換可能であるから，

$$=\left(E-\frac{t^2}{2}E-\frac{t^4}{4!}E-\frac{t^6}{6!}E+\cdots\right)+\left(J-\frac{t^3}{3!}J+\frac{t^5}{5!}J-\frac{t^7}{7!}J+\cdots\right).$$

三角関数のマクローリン展開より，

$$=(\cos t)E+(\sin t)J=\begin{pmatrix}\cos t&-\sin t\\\sin t&\cos t\end{pmatrix}.$$

よって e^{tJ} $(t\in\mathbb{R})$ は 2 次の回転行列の全体となる．

これを $SO(2)$ とおくと $\exp:\mathfrak{so}(2)\to SO(2)$ のように表すことができる．次元を上げても同じことが成り立つ．$\mathfrak{so}(n)$ を n 次交代行列，$SO(n)$ を n 次回転行列とすると，$\exp:\mathfrak{so}(n)\to SO(n)$ となる．

問題 3.2

5 次正方行列のべき乗

n を自然数とする．以下の問いに答えよ．

（問 1） 2 次正方行列 A を $A=\begin{pmatrix}a&1\\0&a\end{pmatrix}$ とおく．A^n を求めよ．

（問 2） 5 次正方行列 B を $B=\begin{pmatrix}0&1&1&1&1\\0&0&1&1&1\\0&0&0&1&1\\0&0&0&0&1\\0&0&0&0&0\end{pmatrix}$ とおく．B^n を求めよ．

ポイント

問 1　2 乗，3 乗，…を計算して予想する．証明は 2 項定理を用いるとよい．

問 2　具体的に 2 乗，3 乗，4 乗，5 乗を計算すればおしまい．

解答 | **問1**　n を自然数とする．$N=\begin{pmatrix}0&1\\0&0\end{pmatrix}$ とおくと，$N^2=O$ である．したがって，$N^3=O, N^4=O, \cdots$ となる．$\begin{pmatrix}a&1\\0&a\end{pmatrix}=aE+N$ とおけるので，2 項定理より，

◀ $N^3=N^2N=ON=O$ である．

$$\begin{aligned}\begin{pmatrix}a&1\\0&a\end{pmatrix}^n&=(aE+N)^n=\sum_{k=0}^{n}{}_n\mathrm{C}_k(aE)^{n-k}N^k\\&=(aE)^n+n(aE)^{n-1}N+O+\cdots+O\\&=a^nE+na^{n-1}N\\&=a^n\begin{pmatrix}1&0\\0&1\end{pmatrix}+na^{n-1}\begin{pmatrix}0&1\\0&0\end{pmatrix}.\end{aligned}$$

よって

$$\text{(答)}\quad\begin{pmatrix}a^n&na^{n-1}\\0&a^n\end{pmatrix}.$$

問2　**（答）**　1 乗は与えられた行列そのものである．

$$\begin{pmatrix}0&1&1&1&1\\0&0&1&1&1\\0&0&0&1&1\\0&0&0&0&1\\0&0&0&0&0\end{pmatrix}^2=\begin{pmatrix}0&0&1&2&3\\0&0&0&1&2\\0&0&0&0&1\\0&0&0&0&0\\0&0&0&0&0\end{pmatrix}.$$

$$\begin{pmatrix}0&1&1&1&1\\0&0&1&1&1\\0&0&0&1&1\\0&0&0&0&1\\0&0&0&0&0\end{pmatrix}^3=\begin{pmatrix}0&0&0&1&3\\0&0&0&0&1\\0&0&0&0&0\\0&0&0&0&0\\0&0&0&0&0\end{pmatrix}.$$

$$\begin{pmatrix}0&1&1&1&1\\0&0&1&1&1\\0&0&0&1&1\\0&0&0&0&1\\0&0&0&0&0\end{pmatrix}^4=\begin{pmatrix}0&0&0&0&1\\0&0&0&0&0\\0&0&0&0&0\\0&0&0&0&0\\0&0&0&0&0\end{pmatrix}.$$

$$\begin{pmatrix}0&1&1&1&1\\0&0&1&1&1\\0&0&0&1&1\\0&0&0&0&1\\0&0&0&0&0\end{pmatrix}^5=O.$$

よって，5 乗以上はすべて零行列 O となる．

解説 | **問1**　本問は上三角行列なので，n 乗の形の予想がしやすい．予想が簡単な行列の場合，数学的帰納法でも証明できる．

$\begin{pmatrix} a & 1 \\ 0 & a \end{pmatrix}^n = \begin{pmatrix} a^n & na^{n-1} \\ 0 & a^n \end{pmatrix}$ $(n \in \mathbb{N})$ を帰納法で証明してみよう．

(i)　$n=1$ のとき．

$$(\text{左辺}) = \begin{pmatrix} a & 1 \\ 0 & a \end{pmatrix}^1 = \begin{pmatrix} a & 1 \\ 0 & a \end{pmatrix}, \quad (\text{右辺}) = \begin{pmatrix} a^1 & 1a^{1-1} \\ 0 & a^1 \end{pmatrix} = \begin{pmatrix} a & 1 \\ 0 & a \end{pmatrix}.$$

よって，成立する．

(ii)　$n=k$ のとき成立を仮定する．つまり，$\begin{pmatrix} a & 1 \\ 0 & a \end{pmatrix}^k = \begin{pmatrix} a^k & ka^{k-1} \\ 0 & a^k \end{pmatrix}$ を仮定する．両辺に $\begin{pmatrix} a & 1 \\ 0 & a \end{pmatrix}$ をかけて，

$$\begin{pmatrix} a & 1 \\ 0 & a \end{pmatrix}^{k+1} = \begin{pmatrix} a & 1 \\ 0 & a \end{pmatrix}\begin{pmatrix} a^k & ka^{k-1} \\ 0 & a^k \end{pmatrix} = \begin{pmatrix} a^{k+1} & (k+1)a^k \\ 0 & a^{k+1} \end{pmatrix}.$$

よって $n=k+1$ の場合も成り立つ．

(i), (ii) よりすべての自然数 n に対して与式が成立する．

数学的帰納法は強力で適用範囲は広いが，本問の場合は 2 項定理の方が早く解ける．本問を拡張した，固有値が重解である 2 次正方行列 A のとき，つまり，ハミルトン–ケーリーの定理が $(A-\alpha E)^2 = O$ となるときも，2 項定理を使うと早い．

$$\begin{aligned} A^n &= \{\alpha E + (A-\alpha E)\}^n = \sum_{k=0}^{n} {}_n\mathrm{C}_k (\alpha E)^{n-k}(A-\alpha E)^k \\ &= (\alpha E)^n + n(\alpha E)^{n-1}(A-\alpha E) + O + \cdots + O = \alpha^n E + n\alpha^{n-1}(A-\alpha E) \end{aligned}$$

と展開するだけである．

問2　次に示す N を用いても解ける．

$$N = \begin{pmatrix} 0 & 1 & 0 & 0 & 0 \\ 0 & 0 & 1 & 0 & 0 \\ 0 & 0 & 0 & 1 & 0 \\ 0 & 0 & 0 & 0 & 1 \\ 0 & 0 & 0 & 0 & 0 \end{pmatrix}$$

とおくと，$N^5 = O$ である．与えられた行列は $N + N^2 + N^3 + N^4$ とおけるので，

$$(N+N^2+N^3+N^4)^2 = N^2 + 2N^3 + 3N^4,$$

$$(N+N^2+N^3+N^4)^3 = N^3 + 3N^4,$$

$$(N+N^2+N^3+N^4)^4=N^4,$$

$$(N+N^2+N^3+N^4)^n=O \qquad (n\geqq 5)$$

がわかる．

類題 3.3

次の行列を A とおく．

$$\begin{pmatrix}1&0&0&0\\1&0&0&1\\0&1&0&0\\0&0&1&0\end{pmatrix}.$$

以下の問いに答えよ．

(問 1) A^2, A^3, A^4 を求めよ．

(問 2) 前問の結果を一般化し，非負整数 n に対して，$A^{3n}, A^{3n+1}, A^{3n+2}$ を求めよ．

(問 3) A の固有多項式は何か．

(問 4) A の最小多項式は何か．その理由も簡単に述べよ (A の最小多項式とは，$m(A)=O$ を満たす多項式 $m(x)$ のうちで，次数が最小であり最大次数の項の係数が 1 のもののことである)．

(問 5) A のジョルダン標準形 J および $PJ=AP$ を満たす正則行列 P を求めよ．

2008 年 東京大 情報理工学研究科

解答 | **問 1**

(答) $A^2=\begin{pmatrix}1&0&0&0\\1&0&1&0\\1&0&0&1\\0&1&0&0\end{pmatrix}$. $A^3=\begin{pmatrix}1&0&0&0\\1&1&0&0\\1&0&1&0\\1&0&0&1\end{pmatrix}$.

$$A^4=\begin{pmatrix}1&0&0&0\\2&0&0&1\\1&1&0&0\\1&0&1&0\end{pmatrix}.$$

問 2

$$N=\begin{pmatrix}0&0&0&0\\1&0&0&0\\1&0&0&0\\1&0&0&0\end{pmatrix}$$

は $N^2=O$ を満たすので，2 項定理より，

$$A^{3m}=(A^3)^m=(E+N)^m=E+mN$$

よって，

$$\text{（答）}\quad A^{3m}=\begin{pmatrix}1&0&0&0\\m&1&0&0\\m&0&1&0\\m&0&0&1\end{pmatrix}.$$

$$A^{3m+1}=AA^{3m}=\begin{pmatrix}1&0&0&0\\m+1&0&0&1\\m&1&0&0\\m&0&1&0\end{pmatrix}.$$

$$A^{3m+2}=A^2A^{3m}=\begin{pmatrix}1&0&0&0\\m+1&0&1&0\\m+1&0&0&1\\m&1&0&0\end{pmatrix}.$$

問 3　正方行列 A の固有多項式は $\det(xE-A)$ で定義される．成分で書くと

$$\det\begin{pmatrix}x-1&0&0&0\\-1&-x&0&-1\\0&-1&-x&0\\0&0&-1&-x\end{pmatrix}.$$

第 1 行で展開すると

$$=(x-1)\det\begin{pmatrix}-x&0&-1\\-1&-x&0\\0&-1&-x\end{pmatrix}.$$

サラスの方法でさらに展開すると

$$=(x-1)(x^3-1).$$

よって

$$\text{（答）}\quad (x-1)^2(x^2+x+1).$$

問 4　最小多項式は $(x-1)^2(x^2+x+1)$ または $(x-1)(x^2+x+1)=x^3-1$ である．後者の場合 $A^3-E=O$ となるはずだが，問 1 より $A^3\neq E$ なので不適．よって前者より

$$\textbf{(答)}\quad (x-1)^2(x^2+x+1).$$

問 5　$x^2+x+1=0$ の解 $x=\dfrac{-1+\sqrt{3}i}{2},\dfrac{-1-\sqrt{3}i}{2}$ は固有方程式の解なので固有値となる．前者を ω とおくと後者は $\overline{\omega}=\omega^2$ となっている．$(A-\omega E)\vec{v}=\vec{0}$ かつ $\vec{v}\neq\vec{0}$ の解の 1 つとして $\overrightarrow{v_1}=\begin{pmatrix}0\\1\\\omega^2\\\omega\end{pmatrix}$ がある．つまり

$$A\overrightarrow{v_1}=\omega\overrightarrow{v_1}. \tag{1}$$

両辺の共役をとると

$$A\overrightarrow{v_2}=\omega^2\overrightarrow{v_2}. \tag{2}$$

$A-E=\begin{pmatrix}0&0&0&0\\1&-1&0&1\\0&1&-1&0\\0&0&1&-1\end{pmatrix}$ なので

$$(A-E)^2=\begin{pmatrix}0&0&0&0\\-1&1&1&-2\\1&-2&1&1\\0&1&-2&1\end{pmatrix}$$

である．

$(A-E)\vec{v}\neq\vec{0}$ かつ $(A-E)^2\vec{v}=\vec{0}$ かつ $\vec{v}\neq\vec{0}$ の解の 1 つに $\overrightarrow{v_4}=\begin{pmatrix}3\\2\\1\\0\end{pmatrix}$ がある．このとき

$$\overrightarrow{v_3}=(A-E)\overrightarrow{v_4}=\begin{pmatrix}0\\1\\1\\1\end{pmatrix}$$

は固有値 1 に対応する固有ベクトルになっている．このとき

$$A\overrightarrow{v_2}=\overrightarrow{v_3} \tag{3}$$

$$A\overrightarrow{v_4}=\overrightarrow{v_3}+\overrightarrow{v_4} \tag{4}$$

が成り立つ．(1)(2)(3)(4) を 1 つにまとめると

$$A(\overrightarrow{v_1},\overrightarrow{v_2},\overrightarrow{v_3},\overrightarrow{v_4})=(\omega\overrightarrow{v_1},\omega^2\overrightarrow{v_2},\overrightarrow{v_3},\overrightarrow{v_3}+\overrightarrow{v_4}).$$

$P=(\overrightarrow{v_1},\overrightarrow{v_2},\overrightarrow{v_3},\overrightarrow{v_4})$ とおくと

$$AP=P\begin{pmatrix}\omega & 0 & 0 & 0\\ 0 & \omega^2 & 0 & 0\\ 0 & 0 & 1 & 1\\ 0 & 0 & 0 & 1\end{pmatrix}.$$

よって

$$\textbf{（答）}\quad J=\begin{pmatrix}\omega & 0 & 0 & 0\\ 0 & \omega^2 & 0 & 0\\ 0 & 0 & 1 & 1\\ 0 & 0 & 0 & 1\end{pmatrix},\qquad P=\begin{pmatrix}0 & 0 & 0 & 0\\ 1 & 1 & 1 & 2\\ \omega^2 & \omega & 1 & 1\\ \omega & \omega^2 & 1 & 0\end{pmatrix}.$$

（注） ジョルダン標準型について詳しくは第 6 章 (p.179) を参照.

（発展）　岩澤分解

$M=\begin{pmatrix}a & b\\ c & d\end{pmatrix}$ が逆行列を持つなら，列ベクトル $\begin{pmatrix}a\\ c\end{pmatrix}$ は適当な回転で

$$\begin{pmatrix}r\\ 0\end{pmatrix}\qquad (r>0)$$

にできるので，ある回転行列 T があり，

$$TM=\begin{pmatrix}r & s\\ 0 & t\end{pmatrix}=\begin{pmatrix}r & 0\\ 0 & t\end{pmatrix}\begin{pmatrix}1 & s/r\\ 0 & 1\end{pmatrix}$$

とおける．特に $\det M=ad-bc>0$ なら $A=\begin{pmatrix}r & 0\\ 0 & t\end{pmatrix}$ は対角成分が正の対角行列になる．$N=\begin{pmatrix}1 & s/r\\ 0 & 1\end{pmatrix}$ は対角成分が 1 の上三角行列である．$K=T^{-1}$ とおくと，K は回転行列であり，M は $M=KAN$ と分解される．分解の仕方は一通りであることが容易に証明できる．

M が n 次正方行列で，$\det M>0$ の場合も同じで，回転行列 K と対角成分が正の対角行列 A と，対角成分が 1 の上三角行列 N を用いて $M=KAN$ と分解され，分解の仕方は一通りである．これを M の岩澤分解という．

問題 3.3

3 次正方行列の n 乗

行列 $C=\begin{pmatrix}1&1&1\\1&2&-1\\-2&1&4\end{pmatrix}$ の n 乗 (C^n) を求めよ．ただし，n は自然数である．

2005 年 東京大 薬学系研究科

ポイント まず C の固有値を出す．固有値が 3 つの異なる値 α,β,γ なら，$C^n=\alpha^nP+\beta^nQ+\gamma^nR$ とおける．固有値が重解 α と単解 β なら，$C^n=\alpha^nP+n\alpha^{n-1}Q+\beta^nR$ とおける．

解答 | $\mathrm{tr}C=1+2+4=7$,

$$\det\begin{pmatrix}1&1\\1&2\end{pmatrix}+\det\begin{pmatrix}2&-1\\1&4\end{pmatrix}+\det\begin{pmatrix}1&1\\-2&4\end{pmatrix}$$

$$=1+9+6=16,$$

$$\det C=1\cdot2\cdot4+1\cdot(-1)\cdot(-2)+1\cdot1\cdot1$$
$$-1\cdot(-1)\cdot1-1\cdot1\cdot4-1\cdot2\cdot(-2)$$
$$=12$$

なので，C の固有方程式は，

$$\lambda^3-7\lambda^2+16\lambda-12=0$$

$$(\lambda-2)^2(\lambda-3)=0.$$

これを解いて，固有値は $\lambda=2$ (重解), 3．よって，

$$C^n=2^nP+n2^{n-1}Q+3^nR \tag{1}$$

とおける．

$n=0,1,2$ を代入して，

$$\begin{cases}E=P+R\\C=2P+Q+3R\\C^2=4P+4Q+9R\end{cases}\iff\begin{cases}P=-C^2+4C-3E\\Q=-C^2+5C-6E\\R=C^2-4C+4E\end{cases}$$

(1) 式に代入して，

◀ C は $\begin{pmatrix}1&1&1\\1&2&-1\\-2&1&4\end{pmatrix}$, C^2 は $\begin{pmatrix}0&4&4\\5&4&-5\\-9&4&13\end{pmatrix}$ である．これらを代入してもよい．

$$
\begin{aligned}
C^n &= 2^n(-C^2+4C-3E)\\
&\quad +n2^{n-1}(-C^2+5C-6E)\\
&\quad +3^n(C^2-4C+4E)\\
&= 2^n(C-E)(3E-C)\\
&\quad +n2^{n-1}(C-2E)(3E-C)\\
&\quad +3^n(C-2E)^2\\
&= 2^n\begin{pmatrix}0 & 1 & 1\\ 1 & 1 & -1\\ -2 & 1 & 3\end{pmatrix}\begin{pmatrix}2 & -1 & -1\\ -1 & 1 & 1\\ 2 & -1 & -1\end{pmatrix}\\
&\quad +n2^{n-1}\begin{pmatrix}-1 & 1 & 1\\ 1 & 0 & -1\\ -2 & 1 & 2\end{pmatrix}\begin{pmatrix}2 & -1 & -1\\ -1 & 1 & 1\\ 2 & -1 & -1\end{pmatrix}\\
&\quad +3^n\begin{pmatrix}-1 & 1 & 1\\ 1 & 0 & -1\\ -2 & 1 & 2\end{pmatrix}^2\\
&= 2^n\begin{pmatrix}1 & 0 & 0\\ -1 & 1 & 1\\ 1 & 0 & 0\end{pmatrix}+n2^{n-1}\begin{pmatrix}-1 & 1 & 1\\ 0 & 0 & 0\\ -1 & 1 & 1\end{pmatrix}\\
&\quad +3^n\begin{pmatrix}0 & 0 & 0\\ 1 & 0 & -1\\ -1 & 0 & 1\end{pmatrix}
\end{aligned}
$$

よって

(答) $\begin{pmatrix}2^n-n2^{n-1} & n2^{n-1} & n2^{n-1}\\ 3^n-2^n & 2^n & 2^n-3^n\\ 2^n-n2^{n-1}-3^n & n2^{n-1} & n2^{n-1}+3^n\end{pmatrix}$.

解説 | 2 次正方行列 A の n 乗は次の形になる．

(i) 固有値が α,β $(\alpha\neq\beta)$ のとき．$A^n=\alpha^nP+\beta^nQ$.

(ii) 固有値が α (重解) のとき．$A^n=\alpha^nP+n\alpha^{n-1}Q$.

3 次正方行列 A の n 乗は次の形になる．

(i) 固有値が α,β,γ (3 つがすべて異なる) のとき．$A^n=\alpha^nP+\beta^nQ+\gamma^nR$.

(ii) 固有値が α (重解), β $(\alpha\neq\beta)$ のとき．$A^n=\alpha^nP+n\alpha^{n-1}Q+\beta^nR$.

(iii) 固有値が α (3 重解) のとき．$A^n = \alpha^n P + n\alpha^{n-1}Q + n^2\alpha^{n-2}R$.

たとえば，(i) のとき，$n=0$ を代入すると $E=P+Q+R$ であり，$n=1$ を代入すると A は $A=\alpha P+\beta Q+\gamma R$ の形に分解できることがわかる．ここで，$P^2=P$, $Q^2=Q$, $R^2=R$ であり，P,Q,R はどの順に 2 つをかけても O となる．このような分解を A のスペクトル分解という．

上記の解答以外のやり方もいくつか紹介する．

(I) 固有方程式を用いると，次のようにできる．

x^n を $(x-2)^2(x-3)$ で割った商を $Q(x)$, 余りを ax^2+bx+c とおくと，

$$x^n = (x-2)^2(x-3)Q(x) + ax^2 + bx + c. \tag{1}$$

両辺を x で微分して，

$$nx^{n-1} = \{2(x-2)(x-3)+(x-2)^2\}Q(x) + (x-2)^2(x-3)Q'(x) + 2ax + b.$$

これら 2 式に $x=2,3$ を代入して，

$$2^n = 4a+2b+c, \quad 3^n = 9a+3b+c, \quad n2^{n-1} = 4a+b.$$

これを解いて，

$$a=3^n-2^n-n2^{n-1}, \quad b=5n2^{n-1}+4\cdot 2^n-4\cdot 3^n, \quad c=-3\cdot 2^n-6n2^{n-1}+4\cdot 3^n.$$

(1) に $x=C$ を代入する．$x^0=1$ が $C^0=E$ になることに注意して，

$$\begin{aligned}
C^n &= (C-2E)^2(C-3E)Q(C) + aC^2 + bC + cE \\
&= O + (3^n-2^n-n2^{n-1})C^2 + (5n2^{n-1}+4\cdot 2^n-4\cdot 3^n)C \\
&\quad + (-3\cdot 2^n-6n2^{n-1}+4\cdot 3^n)E \\
&= 3^n(C^2-4C+4E) + 2^n(-C^2+4C-3E) + n2^{n-1}(-C^2+5C-6E) \\
&= 3^n\begin{pmatrix} 0 & 0 & 0 \\ 1 & 0 & -1 \\ -1 & 0 & 1 \end{pmatrix} + 2^n\begin{pmatrix} 1 & 0 & 0 \\ -1 & 1 & 1 \\ 1 & 0 & 0 \end{pmatrix} + n2^{n-1}\begin{pmatrix} -1 & 1 & 1 \\ 0 & 0 & 0 \\ -1 & 1 & 1 \end{pmatrix} \\
&= \begin{pmatrix} 2^n-n2^{n-1} & n2^{n-1} & n2^{n-1} \\ 3^n-2^n & 2^n & 2^n-3^n \\ 2^n-n2^{n-1}-3^n & n2^{n-1} & n2^{n-1}+3^n \end{pmatrix}.
\end{aligned}$$

この方法では最初に余りを出す手間が必要になる．余りに行列を代入して整理すると，答えが出る．

(II) ハミルトン–ケーリーの定理を用いる．

C の固有多項式は $\lambda^3-7\lambda^2+16\lambda-12$ なので，ハミルトン–ケーリーの定理より C を代入して，

$$C^3-7C^2+16C-12E=O. \tag{2}$$

$$C^3-5C^2+6C=2(C^2-5C+6E).$$

両辺に C^n をかけて，

$$C^{n+3}-5C^{n+2}+6C^{n+1}=2(C^{n+2}-5C^{n+1}+6C^n).$$

公比 2 の等比数列の一般項の公式と同様に考えて，

$$C^{n+2}-5C^{n+1}+6C^n=2^n(C^2-5C+6E). \tag{3}$$

$$\iff \quad (C^{n+2}-3C^{n+1})-2(C^{n+1}-3C^n)=2^n(C^2-5C+6E).$$

これを 3 項間漸化式 $a_{n+1}-2a_n=c2^n$ と同じようにして解く．両辺を $\dfrac{1}{2^{n+1}}$ 倍して，

$$\frac{C^{n+2}-3C^{n+1}}{2^{n+1}}-\frac{C^{n+1}-3C^n}{2^n}=\frac{C^2-5C+6E}{2}.$$

n を $0,1,2,\cdots,n-1$ に置き換えて足していくと，

$$\frac{C^{n+1}-3C^n}{2^n}-\frac{C-3E}{2^0}=\frac{n}{2}(C^2-5C+6E)$$

$$\iff \quad C^{n+1}-3C^n=n2^{n-1}(C^2-5C+6E)+2^n(C-3E). \tag{4}$$

$$(2) \quad \iff \quad C^3-4C^2+4C=3(C^2-4C+4E)$$

両辺に C^n をかけて

$$C^{n+3}-4C^{n+2}+4C^{n+1}=3(C^{n+2}-4C^{n+1}+4C^n)$$

公比 3 の等比数列の一般項の公式と同様に考えて，

$$C^{n+2}-4C^{n+1}+4C^n=3^n(C^2-4C+4E). \tag{5}$$

(5)−(3)−(4) より，

$$\begin{aligned}C^n &=3^n(C^2-4C+4E)-2^n(C^2-5C+6E)\\ &\quad -\{n2^{n-1}(C^2-5C+6E)+2^n(C-3E)\}\\ &=3^n(C^2-4C+4E)-2^n(C^2-4C+3E)-n2^{n-1}(C^2-5C+6E)\\ &=3^n(C-2E)^2-2^n(C-E)(C-3E)-n2^{n-1}(C-2E)(C-3E)\end{aligned}$$

$$
\begin{aligned}
&=3^n\begin{pmatrix}-1&1&1\\1&0&-1\\-2&1&2\end{pmatrix}^2-2^n\begin{pmatrix}0&1&1\\1&1&-1\\-2&1&3\end{pmatrix}\begin{pmatrix}-2&1&1\\1&-1&-1\\-2&1&1\end{pmatrix}\\
&\quad-n2^{n-1}\begin{pmatrix}-1&1&1\\1&0&-1\\-2&1&2\end{pmatrix}\begin{pmatrix}-2&1&1\\1&-1&-1\\-2&1&1\end{pmatrix}\\
&=3^n\begin{pmatrix}0&0&0\\1&0&-1\\-1&0&1\end{pmatrix}-2^n\begin{pmatrix}-1&0&0\\1&-1&-1\\-1&0&0\end{pmatrix}-n2^{n-1}\begin{pmatrix}1&-1&-1\\0&0&0\\1&-1&-1\end{pmatrix}\\
&=\begin{pmatrix}2^n-n2^{n-1}&n2^{n-1}&n2^{n-1}\\3^n-2^n&2^n&-3^n+2^n\\-3^n+2^n-n2^{n-1}&n2^{n-1}&3^n+n2^{n-1}\end{pmatrix}.
\end{aligned}
$$

スペクトル分解では 3 元連立方程式を解くだけだった部分が，4 項間漸化式を解く作業になっている．

(III) 固有値・固有ベクトルを用いて解くと，次のようになる．

$$
C\begin{pmatrix}1\\0\\1\end{pmatrix}=2\begin{pmatrix}1\\0\\1\end{pmatrix},\quad C\begin{pmatrix}0\\1\\0\end{pmatrix}=2\begin{pmatrix}0\\1\\0\end{pmatrix}+\begin{pmatrix}1\\0\\1\end{pmatrix},\quad C\begin{pmatrix}0\\1\\-1\end{pmatrix}=3\begin{pmatrix}0\\1\\-1\end{pmatrix}
$$

より，帰納的に

$$
\begin{aligned}
&C^n\begin{pmatrix}1\\0\\1\end{pmatrix}=2^n\begin{pmatrix}1\\0\\1\end{pmatrix},\quad C^n\begin{pmatrix}0\\1\\0\end{pmatrix}=2^n\begin{pmatrix}0\\1\\0\end{pmatrix}+n2^{n-1}\begin{pmatrix}1\\0\\1\end{pmatrix},\\
&C^n\begin{pmatrix}0\\1\\-1\end{pmatrix}=3^n\begin{pmatrix}0\\1\\-1\end{pmatrix}.
\end{aligned}
$$

1 つにまとめると，

$$
\begin{aligned}
&C^n\left(\begin{pmatrix}1\\0\\1\end{pmatrix},\begin{pmatrix}0\\1\\0\end{pmatrix},\begin{pmatrix}0\\1\\-1\end{pmatrix}\right)=\left(2^n\begin{pmatrix}1\\0\\1\end{pmatrix},2^n\begin{pmatrix}0\\1\\0\end{pmatrix}+n2^{n-1}\begin{pmatrix}1\\0\\1\end{pmatrix},3^n\begin{pmatrix}0\\1\\-1\end{pmatrix}\right)\\
&C^n\begin{pmatrix}1&0&0\\0&1&1\\1&0&-1\end{pmatrix}=\begin{pmatrix}2^n&n2^{n-1}&0\\0&2^n&3^n\\2^n&n2^{n-1}&-3^n\end{pmatrix}\\
\iff\quad &C^n=\begin{pmatrix}2^n&n2^{n-1}&0\\0&2^n&3^n\\2^n&n2^{n-1}&-3^n\end{pmatrix}\begin{pmatrix}1&0&0\\0&1&1\\1&0&-1\end{pmatrix}^{-1}\\
&\quad=\begin{pmatrix}2^n&n2^{n-1}&0\\0&2^n&3^n\\2^n&n2^{n-1}&-3^n\end{pmatrix}\begin{pmatrix}1&0&0\\-1&1&1\\1&0&-1\end{pmatrix}
\end{aligned}
$$

$$=\begin{pmatrix}(2-n)2^{n-1} & n2^{n-1} & n2^{n-1}\\ 3^n-2^n & 2^n & 2^n-3^n\\ (2-n)2^{n-1}-3^n & n2^{n-1} & n2^{n-1}+3^n\end{pmatrix}.$$

$C\vec{v}=2\vec{v}$ つまり $(C-2E)\vec{v}=\vec{0}$ の解全体を固有値 2 に対応する固有空間という．固有値 2 は重解だが，固有空間 $t\begin{pmatrix}1\\0\\1\end{pmatrix}$ は 1 次元分しかない．そこで $(C-2E)^2\vec{v}=\vec{0}$ の解全体 $t\begin{pmatrix}1\\0\\1\end{pmatrix}+u\begin{pmatrix}0\\1\\0\end{pmatrix}$ を持ち出すことが必要になる．これを固有値 2 に対応する広義固有空間という．

(IV) ジョルダン標準形 J を用いて解く．上で求めた固有ベクトルを並べて，$P=\begin{pmatrix}1 & 0 & 0\\ 0 & 1 & 1\\ 1 & 0 & -1\end{pmatrix}$ とおく．このとき

$$CP=P\begin{pmatrix}2 & 1 & 0\\ 0 & 2 & 0\\ 0 & 0 & 3\end{pmatrix}$$

が成り立つ．一番右側の行列を J とおくと，$C=PJP^{-1}$.

$$\begin{aligned}C^n&=(PJP^{-1})(PJP^{-1})\times\cdots\times(PJP^{-1})=PJ^nP^{-1}\\ &=P\begin{pmatrix}2^n & n2^{n-1} & 0\\ 0 & 2^n & 0\\ 0 & 0 & 3^n\end{pmatrix}P^{-1}\\ &=\begin{pmatrix}2^n & n2^{n-1} & 0\\ 0 & 2^n & 3^n\\ 2^n & n2^{n-1} & -3^n\end{pmatrix}\begin{pmatrix}1 & 0 & 0\\ -1 & 1 & 1\\ 1 & 0 & -1\end{pmatrix}\\ &=\begin{pmatrix}(2-n)2^{n-1} & n2^{n-1} & n2^{n-1}\\ 3^n-2^n & 2^n & 2^n-3^n\\ (2-n)2^{n-1}-3^n & n2^{n-1} & n2^{n-1}+3^n\end{pmatrix}.\end{aligned}$$

固有ベクトルの C^n による像を出すかわりに J^n の計算をしている．PJ^n を計算すると，(III) で求めた固有ベクトルの場合の計算の下から 4 行目になる．

複数のやり方で解いてみると，各々の方法の個性がわかり応用力がつく．

類題 3.4

正値定符号行列 A を

$$A=\begin{pmatrix} 1+4a & 0 & 2(1-a) \\ 0 & 1-a & 0 \\ 2(1-a) & 0 & 4+a \end{pmatrix}$$

とするとき

(問 1) A が正値定符号行列であるための a の条件を求めよ.

(問 2) A の固有値および固有ベクトルを求めよ.

(問 3) A^n を求めよ.

2007 年 東京大 経済学研究科 経済理論・現代経済専攻

解答 | **問 1**　首座小行列式 (p.177 参照) がすべて正より,

$$\det(1+4a)=1+4a>0,$$

$$\det\begin{pmatrix} 1+4a & 0 \\ 0 & 1-a \end{pmatrix}=(1+4a)(1-a)>0,$$

$$\begin{aligned}\det\begin{pmatrix} 1+4a & 0 & 2(1-a) \\ 0 & 1-a & 0 \\ 2(1-a) & 0 & 4+a \end{pmatrix}&=(1+4a)(1-a)(4+a)-4(1-a)^2(1-a)\\ &=\{(4a^2+17a+4)-4(a^2-2a+1)\}(1-a)\\ &=25a(1-a)>0.\end{aligned}$$

よって

(答)　$0<a<1.$

問 2　$A\begin{pmatrix}1\\0\\2\end{pmatrix}=5\begin{pmatrix}1\\0\\2\end{pmatrix},\quad A\begin{pmatrix}0\\1\\0\end{pmatrix}=(1-a)\begin{pmatrix}0\\1\\0\end{pmatrix},\quad A\begin{pmatrix}2\\0\\-1\end{pmatrix}=5a\begin{pmatrix}2\\0\\-1\end{pmatrix}$

より，固有値は $5,1-a,5a$.

固有ベクトルは，順に

(答)　$t\begin{pmatrix}1\\0\\2\end{pmatrix},\quad t\begin{pmatrix}0\\1\\0\end{pmatrix},\quad t\begin{pmatrix}2\\0\\-1\end{pmatrix}.$

問 3　帰納的に

$$A^n\begin{pmatrix}1\\0\\2\end{pmatrix}=5^n\begin{pmatrix}1\\0\\2\end{pmatrix},\quad A^n\begin{pmatrix}0\\1\\0\end{pmatrix}=(1-a)^n\begin{pmatrix}0\\1\\0\end{pmatrix},\quad A^n\begin{pmatrix}2\\0\\-1\end{pmatrix}=(5a)^n\begin{pmatrix}2\\0\\-1\end{pmatrix}.$$

一本にまとめて,

$$A^n\begin{pmatrix}1&0&2\\0&1&0\\2&0&-1\end{pmatrix}=\begin{pmatrix}5^n&0&2(5a)^n\\0&(1-a)^n&0\\2\cdot5^n&0&-(5a)^n\end{pmatrix}.$$

よって,

$$\begin{aligned}A^n&=\begin{pmatrix}5^n&0&2(5a)^n\\0&(1-a)^n&0\\2\cdot5^n&0&-(5a)^n\end{pmatrix}\begin{pmatrix}1&0&2\\0&1&0\\2&0&-1\end{pmatrix}^{-1}\\&=\begin{pmatrix}5^n&0&2(5a)^n\\0&(1-a)^n&0\\2\cdot5^n&0&-(5a)^n\end{pmatrix}\frac{1}{5}\begin{pmatrix}1&0&2\\0&5&0\\2&0&-1\end{pmatrix}.\end{aligned}$$

したがって,

(答) $$\begin{pmatrix}5^{n-1}(1+4a^n)&0&5^{n-1}\cdot2(1-a^n)\\0&(1-a)^n&0\\5^{n-1}\cdot2(1-a^n)&0&5^{n-1}(4+a^n)\end{pmatrix}.$$

異なる固有値が3つあるので,比較的スッキリできる.

別解 1 誘導にのらず,スペクトル分解を用いると,次のようになる.

$A^n=5^nB+(1-a)^nC+(5a)^nD$ に $n=0,1,2$ を代入して,

$$\begin{cases}E=B+C+D\\A=5B+(1-a)C+5aD\\A^2=25B+(1-a)^2C+25a^2D.\end{cases}$$

よって,

$$\begin{aligned}B&=\frac{1}{5(a+4)(1-a)}(A-5aE)\{A-(1-a)E\}\\&=\frac{1}{5(a+4)(1-a)}\begin{pmatrix}1-a&0&2(1-a)\\0&1-6a&0\\2(1-a)&0&4-4a\end{pmatrix}\begin{pmatrix}5a&0&2(1-a)\\0&0&0\\2(1-a)&0&3+2a\end{pmatrix}\\&=\frac{1}{5(a+4)(1-a)}\begin{pmatrix}(a+4)(1-a)&0&2(a+4)(1-a)\\0&0&0\\2(a+4)(1-a)&0&4(a+4)(1-a)\end{pmatrix}=\frac{1}{5}\begin{pmatrix}1&0&2\\0&0&0\\2&0&4\end{pmatrix}\end{aligned}$$

$$C=\frac{1}{(a+4)(6a-1)}(A-5aE)(A-5E)$$

$$=\frac{1}{(a+4)(6a-1)}\begin{pmatrix}1-a & 0 & 2(1-a)\\ 0 & 1-6a & 0\\ 2(1-a) & 0 & 4-4a\end{pmatrix}\begin{pmatrix}4a-4 & 0 & 2(1-a)\\ 0 & -4-a & 0\\ 2(1-a) & 0 & a-1\end{pmatrix}$$

$$=\frac{1}{(a+4)(6a-1)}\begin{pmatrix}0 & 0 & 0\\ 0 & (a+4)(6a-1) & 0\\ 0 & 0 & 0\end{pmatrix}=\begin{pmatrix}0 & 0 & 0\\ 0 & 1 & 0\\ 0 & 0 & 0\end{pmatrix}$$

$$D=\frac{1}{5(a-1)(6a-1)}(A-5E)\{A-(1-a)E\}$$

$$=\frac{1}{5(a-1)(6a-1)}\begin{pmatrix}4a-4 & 0 & 2(1-a)\\ 0 & -4-a & 0\\ 2(1-a) & 0 & a-1\end{pmatrix}\begin{pmatrix}5a & 0 & 2(1-a)\\ 0 & 0 & 0\\ 2(1-a) & 0 & 3+2a\end{pmatrix}$$

$$=\frac{1}{5(a-1)(6a-1)}\begin{pmatrix}4(a-1)(6a-1) & 0 & -2(a-1)(6a-1)\\ 0 & 0 & 0\\ -2(a-1)(6a-1) & 0 & (a-1)(6a-1)\end{pmatrix}$$

$$=\frac{1}{5}\begin{pmatrix}4 & 0 & -2\\ 0 & 0 & 0\\ -2 & 0 & 1\end{pmatrix}.$$

よって,

$$A^n=5^{n-1}\begin{pmatrix}1 & 0 & 2\\ 0 & 0 & 0\\ 2 & 0 & 4\end{pmatrix}+(1-a)^n\begin{pmatrix}0 & 0 & 0\\ 0 & 1 & 0\\ 0 & 0 & 0\end{pmatrix}+5^{n-1}a^n\begin{pmatrix}4 & 0 & -2\\ 0 & 0 & 0\\ -2 & 0 & 1\end{pmatrix}$$

$$=\begin{pmatrix}5^{n-1}+4\cdot 5^{n-1}a^n & 0 & 2\cdot 5^{n-1}-2\cdot 5^{n-1}a^n\\ 0 & (1-a)^n & 0\\ 2\cdot 5^{n-1}-2\cdot 5^{n-1}a^n & 0 & 4\cdot 5^{n-1}+5^{n-1}a^n\end{pmatrix}.$$

成分に文字が入っているので, B,C,D の導出は思いのほか大変である.

別解 2　こうした 0 のたくさん入った行列は, 予想して帰納法で解くこともできる.

$$A^n=\begin{pmatrix}a_n & 0 & b_n\\ 0 & (1-a)^n & 0\\ c_n & 0 & d_n\end{pmatrix}$$

の形になると仮定する.

$$A^{n+1}=AA^n=\begin{pmatrix}1+4a & 0 & 2(1-a)\\ 0 & 1-a & 0\\ 2(1-a) & 0 & 4+a\end{pmatrix}\begin{pmatrix}a_n & 0 & b_n\\ 0 & (1-a)^n & 0\\ c_n & 0 & d_n\end{pmatrix}$$

$$=\begin{pmatrix}(1+4a)a_n+2(1-a)c_n & 0 & (1+4a)b_n+2(1-a)d_n\\ 0 & (1-a)^{n+1} & 0\\ 2(1-a)a_n+(4+a)c_n & 0 & 2(1-a)b_n+(4+a)d_n\end{pmatrix}.$$

よって，$n+1$ 乗のときも同じ形

$$\begin{pmatrix} a_{n+1} & 0 & b_{n+1} \\ 0 & (1-a)^{n+1} & 0 \\ c_{n+1} & 0 & d_{n+1} \end{pmatrix}$$

になり，漸化式

$$\begin{cases} a_{n+1}=(1+4a)a_n+2(1-a)c_n \\ c_{n+1}=2(1-a)a_n+(4+a)c_n, \end{cases} \qquad \begin{cases} b_{n+1}=(1+4a)b_n+2(1-a)d_n \\ d_{n+1}=2(1-a)b_n+(4+a)d_n \end{cases}$$

を得る．これらを解けば A^n の成分が出る．

類題 3.5

実行列 $A=(a_{jk})$ に対して，$\rho(A)=\sum_{j,k}|a_{jk}|$ とおく．行列 $B=\begin{pmatrix} 3 & 1 & -1 \\ -2 & 1 & 1 \\ 0 & 1 & 1 \end{pmatrix}$ について，$\lim_{n\to\infty}(\rho(B^n))^{\frac{1}{n}}$ を求めよ．

2004 年 東京大 数理科学研究科

解答 | B の固有方程式 $\lambda^3-5\lambda^2+8\lambda-4=(\lambda-1)(\lambda-2)^2=0$ を解いて，固有値は $\lambda=1,2$ (重解)．よって，$B^n=C_1+2^nC_2+n2^nC_3$ の形となる．B^n の成分を左上から右下の順に $b_1,b_2,\cdots,b_9$ とおくと，ある定数 $\alpha_i,\beta_i,\gamma_i$ が存在して，$b_i=\alpha_i+\beta_i2^n+\gamma_in2^n$ となる．

(i) ある i に対して $\gamma_i\neq0$ のとき

$$\rho(B^n)=n2^n\sum_{i=1}^{9}\left|\frac{\alpha_i}{n2^n}+\frac{\beta_i}{n}+\gamma_i\right|.$$

和の部分を $f(n)$ とおくと $\lim_{n\to\infty}f(n)=\sum_{i=1}^{9}|\gamma_i|$ となる．この定数を γ とおくと $\gamma\neq0$ である．2 項定理より，

$$\left(1+\sqrt{\frac{2}{n}}\right)^n=1+{}_n\mathrm{C}_1\sqrt{\frac{2}{n}}+{}_n\mathrm{C}_2\left(\sqrt{\frac{2}{n}}\right)^2+\cdots\geqq1+\frac{n(n-1)}{2}\cdot\frac{2}{n}=n\,(\geqq1).$$

よって，$1+\sqrt{\frac{2}{n}}\geqq n^{\frac{1}{n}}\ (\geqq1)$ なので，挟みうち論法で，$\lim_{n\to\infty}n^{\frac{1}{n}}=1$.

$$\lim_{n\to\infty}(\rho(B^n))^{\frac{1}{n}}=\lim_{n\to\infty}n^{\frac{1}{n}}2(f(n))^{\frac{1}{n}}=1\times2\times\gamma^0=2.$$

(ii) すべての i に対して $\gamma_i=0$ かつある i に対して $\beta_i\neq 0$ のとき

$$\rho(B^n)=2^n\sum_{i=1}^{9}\left|\frac{\alpha_i}{2^n}+\beta_i\right|$$

$$\lim_{n\to\infty}(\rho(B^n))^{\frac{1}{n}}=\lim_{n\to\infty}2\left(\sum_{i=1}^{9}\left|\frac{\alpha_i}{2^n}+\beta_i\right|\right)^{\frac{1}{n}}$$

$$=2\left(\sum_{i=1}^{9}|\beta_i|\right)^{0}=2\times 1=2.$$

(iii) すべての i に対して $\gamma_i=0$ かつ $\beta_i=0$ のとき，B^n は n に無関係な一定の行列となる．与えられた行列は

$$B^2=\begin{pmatrix}7&3&-3\\-8&0&4\\-2&2&2\end{pmatrix}\neq B$$

なので，この場合はおこらない．

(i)(ii)(iii) より

（答） 2.

（注） B^n を計算すると，

$$\begin{pmatrix}-1&-1&1\\0&0&0\\-2&-2&2\end{pmatrix}+2^n\begin{pmatrix}2&1&-1\\0&1&0\\2&2&-1\end{pmatrix}+n2^{n-1}\begin{pmatrix}0&0&0\\-2&-1&1\\-2&-1&1\end{pmatrix}$$

となる．よって，

$$\begin{aligned}\rho(B^n)&=|2^{n+1}-1|+|2^n-1|+|1-2^n|+|-n2^n|+|2^n-n2^{n-1}|+|n2^{n-1}|\\&\quad+|-2+2^{n+1}-n2^n|+|-2+2^{n+1}-n2^{n-1}|+|2-2^n+n2^{n-1}|\\&=(2^{n+1}-1)+(2^n-1)+(2^n-1)+n2^n+|n2^{n-1}-2^n|+n2^{n-1}\\&\quad+(n2^n-2^{n+1}+2)+|n2^{n-1}-2^{n+1}+2|+(n2^{n-1}-2^n+2).\end{aligned}$$

$n\geqq 4$ なら，$\rho(B^n)=n2^{n+2}-2^{n+1}+3=n2^n\left(4-\dfrac{2}{n}+\dfrac{3}{n2^n}\right)$ となるが，こうした詳しい係数は，本問を解く上で必要ない．

（発展）　3 次行列のべき乗

ハミルトン–ケーリーの定理を因数分解したとき

$$(A-\alpha E)(A-\beta E)(A-\gamma E)=O$$

となるなら，

$$A(A-\beta E)(A-\gamma E)=\alpha(A-\beta E)(A-\gamma E)$$

なので，帰納的に

$$A^n(A-\beta E)(A-\gamma E)=\alpha^n(A-\beta E)(A-\gamma E) \tag{1}$$

となる．同様にして，

$$A^n(A-\gamma E)(A-\alpha E)=\beta^n(A-\gamma E)(A-\alpha E), \tag{2}$$

$$A^n(A-\alpha E)(A-\beta E)=\gamma^n(A-\alpha E)(A-\beta E). \tag{3}$$

α,β,γ がすべて異なるなら，

$$\frac{(1)}{(\alpha-\beta)(\alpha-\gamma)}+\frac{(2)}{(\beta-\gamma)(\beta-\alpha)}+\frac{(3)}{(\gamma-\alpha)(\gamma-\beta)}$$

より，

$$A^n=\alpha^n\frac{(A-\beta E)(A-\gamma E)}{(\alpha-\beta)(\alpha-\gamma)}+\beta^n\frac{(A-\gamma E)(A-\alpha E)}{(\beta-\gamma)(\beta-\alpha)}+\gamma^n\frac{(A-\alpha E)(A-\beta E)}{(\gamma-\alpha)(\gamma-\beta)}.$$

第 4 章　数列と極限

基礎のまとめ

1　一般解と特殊解

漸化式のすべての解のことを**一般解**, ある条件を満たす解 (1 つの解) のことを**特殊解**という. $m+1$ 項間漸化式

$$a_{n+m}+p_1a_{n+m-1}+p_2a_{n+m-2}+\cdots+p_{m-1}a_{n+1}+p_ma_n=0$$

の一般解は, 特性方程式

$$x^m+p_1x^{m-1}+p_2x^{m-2}+\cdots+p_{m-1}x+p_m=0$$

の解を用いて表すことができる. 特性方程式の解

$$x=\lambda_1,\lambda_2,\cdots,\lambda_m$$

がすべて異なる場合は,

$$a_n=c_1\lambda_1^n+c_2\lambda_2^n+\cdots+c_m\lambda_m^n$$

と表せる. たとえば,

$$a_{n+2}-5a_{n+1}+6a_n=0$$

の特性方程式 $x^2-5x+6=0$ の解は $x=2,3$ なので, 漸化式の一般解は

$$a_n=c_12^n+c_23^n$$

となる.

特性方程式の解 λ_1 が重解なら λ_1^n に付け加えて $n\lambda_1^n$ の項を導入すればよい. たとえば,

$$a_{n+2}-4a_{n+1}+4a_n=0$$

の特性方程式 $x^2-4x+4=0$ の解は $x=2$ (重解) なので, 漸化式の一般解は

$$a_n = c_1 2^n + c_2 n 2^n$$

となる．

$$a_{n+3} - 7a_{n+2} + 16a_{n+1} - 12a_n = 0$$

の特性方程式 $x^3 - 7x^2 + 16x - 12 = 0$ の解は $x = 2$ (重解),3 なので，漸化式の一般解は

$$a_n = c_1 2^n + c_2 n 2^n + c_3 3^n$$

となる．

特性方程式の解 λ_1 が 3 重解なら λ_1^n と $n\lambda_1^n$ に付け加えて $n^2\lambda_1^n$ の項を導入すればよい．たとえば，

$$a_{n+3} - 6a_{n+2} + 12a_{n+1} - 8a_n = 0$$

の特性方程式 $x^3 - 6x^2 + 12x - 8 = 0$ の解は $x = 2$ (3 重解) なので，漸化式の一般解は

$$a_n = c_1 2^n + c_2 n 2^n + c_3 n^2 2^n$$

となる．同様にして，特性方程式の解 λ_1 が l 重解なら $\lambda_1^n, n\lambda_1^n, \cdots, n^{l-1}\lambda_1^n$ の項を導入すればよい．

$m+1$ 項間漸化式 $a_{n+m} + p_1 a_{n+m-1} + p_2 a_{n+m-2} + \cdots + p_{m-1} a_{n+1} + p_m a_n = 0$ は，m 次正方行列

$$A = \begin{pmatrix} -p_1 & -p_2 & \cdots & -p_{m-2} & -p_{m-1} & -p_m \\ 1 & 0 & \cdots & 0 & 0 & 0 \\ \vdots & \vdots & \ddots & \vdots & \vdots & \vdots \\ 0 & 0 & \cdots & 1 & 0 & 0 \\ 0 & 0 & \cdots & 0 & 1 & 0 \end{pmatrix}$$

を用いて，連立 2 項間漸化式の形で表せる．具体的には，

$$\begin{pmatrix} a_{n+m} \\ a_{n+m-1} \\ \vdots \\ a_{n+2} \\ a_{n+1} \end{pmatrix} = A \begin{pmatrix} a_{n+m-1} \\ a_{n+m-2} \\ \vdots \\ a_{n+1} \\ a_n \end{pmatrix} \tag{1}$$

となる．一般項は，

$$
\begin{pmatrix} a_{n+m-1} \\ a_{n+m-2} \\ \vdots \\ a_{n+1} \\ a_n \end{pmatrix} = A^n \begin{pmatrix} a_{m-1} \\ a_{m-2} \\ \vdots \\ a_1 \\ a_0 \end{pmatrix} \tag{2}
$$

である．

$\overrightarrow{a_n} = \begin{pmatrix} a_{n+m-1} \\ a_{n+m-2} \\ \vdots \\ a_{n+1} \\ a_n \end{pmatrix}$ とおくと，(1)式は $\overrightarrow{a_{n+1}}A = \overrightarrow{a_n}$ と表せ，(2)式は $\overrightarrow{a_n} = A^n \overrightarrow{a_0}$

となる．

m 次正方行列 A の最小多項式の解 $\mu_1, \mu_2, \cdots, \mu_k$ がすべて異なるなら，

$$
a_n = c_1\mu_1^n + c_2\mu_2^n + \cdots + c_k\mu_k^n
$$

となる．

最小多項式の解 μ_1 が重解なら μ_1^n に付け加えて $n\mu_1^n$ の項を導入すればよい．たとえば，A の最小多項式が $(x-\mu_1)^2(x-\mu_2)$ なら，$a_n = c_1\mu_1^n + c_2 n\mu_1^n + c_3\mu_2^n$ となる．

最小多項式の解 μ_1 が 3 重解なら μ_1^n に付け加えて $n\mu_1^n, n^2\mu_1^n$ の項を導入すればよい．たとえば，A の最小多項式が $(x-\mu_1)^3$ なら，$a_n = c_1\mu_1^n + c_2 n\mu_1^n + c_3 n^2\mu_1^n$ となる．

同様にして，最小多項式の解 μ_1 が l 重解なら $\mu_1^n, n\mu_1^n, \cdots, n^{l-1}\mu_1^n$ の項を導入すればよい．

2　極限での収束

$\overrightarrow{a_{n+1}} = A\overrightarrow{a_n}$ で定まるベクトル列 $\{\overrightarrow{a_n}\}$ が，任意の初期条件 $\overrightarrow{a_0}$ に対して収束するのは，A のすべての固有値の絶対値が 1 未満，または固有値に 1 があり対応するジョルダン細胞のサイズがすべて 1 のときである．

A のすべての固有値の絶対値が 1 未満なら，$\lim_{n\to\infty} A^n = O$ となるので，$\overrightarrow{a_n}$ はつねに $\overrightarrow{0}$ に収束する．ある初期条件 $\overrightarrow{a_0}$ に対して $\lim_{n\to\infty} \overrightarrow{a_n}$ が収束するのは，A のある固有値の絶対値が 1 未満，または固有値に 1 があるときである．

連立 2 項間漸化式 $\overrightarrow{a_{n+1}} = A\overrightarrow{a_n} + \overrightarrow{b_n}$ の一般解は，特殊解 (1 つの解) $\{\overrightarrow{c_n}\}$ と斉次化した方程式 $\overrightarrow{d_{n+1}} = A\overrightarrow{d_n}$ の一般解 $A^n\overrightarrow{d_0}$ の和で $\overrightarrow{a_n} = \overrightarrow{c_n} + A^n\overrightarrow{d_0}$ と表される．

問題と解答・解説

問題 4.1

4 項間漸化式の解が収束する条件

実数列 $\{x_n\}$ $(n=0,1,2,\cdots)$ は次の漸化式を満たす．

$$x_{n+3}-4ax_{n+2}+a^2x_{n+1}+6a^3x_n=0$$

ここで，a は正の実数である．ベクトル $\overrightarrow{x_n}$ を $\overrightarrow{x_n}\equiv\begin{pmatrix}x_n\\x_{n+1}\\x_{n+2}\end{pmatrix}$ $(n=0,1,2,\cdots)$ と定義する．このとき，以下の問いに答えよ．

(問 1) $\overrightarrow{x_{n+1}}=A\overrightarrow{x_n}$ を満たす行列 A を求めよ．

(問 2) 行列 A のすべての固有値と，それらに対応する固有ベクトルを求めよ．

(問 3) $n\to\infty$ のときに，任意の $\overrightarrow{x_0}$ に対して x_n が 0 に収束すると仮定する．このとき，a が満たすべき必要十分条件を求めよ．

(問 4) $n\to\infty$ のときに x_n が 1 に収束するために，$\overrightarrow{x_0}$ と a が満たすべき必要十分条件を求めよ．

ポイント 与式左辺を成分計算．

問 1　A の定義にしたがって計算すればよい．

問 2　まず，固有方程式を求める．次に，それを解いて固有値 λ を出す．固有ベクトル $\vec{v}$ の定義 $A\vec{v}=\lambda\vec{v}$ かつ $\vec{v}\neq 0$ にしたがって，連立方程式を立て解くと $\vec{v}$ が出る．本問の行列 A は素性がはっきりしているので固有値を見て固有ベクトルがすぐにわかる．

問 3　上の誘導を用いるならば，$\overrightarrow{x_0}$ を固有ベクトルで表現して，$\overrightarrow{x_n}$ を出すことになる．他にもさまざまなやり方がある．最後は，等比数列の収束条件に帰着する．

問 4　上と同じで，等比数列の収束条件に帰着する．

解答 | **問 1**　$x_{n+3}=4ax_{n+2}-a^2x_{n+1}-6a^3x_n$ なので，

$$\begin{pmatrix}x_{n+1}\\x_{n+2}\\x_{n+3}\end{pmatrix}=\begin{pmatrix}x_{n+1}\\x_{n+2}\\4ax_{n+2}-a^2x_{n+1}-6a^3x_n\end{pmatrix}$$

$$=\begin{pmatrix}0 & 1 & 0\\ 0 & 0 & 1\\ -6a^3 & -a^2 & 4a\end{pmatrix}\begin{pmatrix}x_n\\ x_{n+1}\\ x_{n+2}\end{pmatrix}.$$

よって，

$$\textbf{(答)}\quad A=\begin{pmatrix}0 & 1 & 0\\ 0 & 0 & 1\\ -6a^3 & -a^2 & 4a\end{pmatrix}.$$

問 2　固有方程式は，漸化式の特性方程式に等しく，

$$\lambda^3-4a\lambda^2+a^2\lambda+6a^3=0.$$

これを解いて，固有値は

$$\textbf{(答)}\quad \lambda=-a,2a,3a.$$

固有値を λ とおくと $\begin{pmatrix}1\\ \lambda\\ \lambda^2\end{pmatrix}$ が固有ベクトルの 1 つなので，固有ベクトルの一組は，

$$\textbf{(答)}\quad \begin{pmatrix}1\\ -a\\ a^2\end{pmatrix},\quad \begin{pmatrix}1\\ 2a\\ 4a^2\end{pmatrix},\quad \begin{pmatrix}1\\ 3a\\ 9a^2\end{pmatrix}.$$

問 3　A が異なる固有値 $\lambda_1,\lambda_2,\lambda_3$ を持つとき，対応する 3 本の固有ベクトル $\overrightarrow{v_1},\overrightarrow{v_2},\overrightarrow{v_3}$ は 1 次独立になるので，$\overrightarrow{x_0}=k_1\overrightarrow{v_1}+k_2\overrightarrow{v_2}+k_3\overrightarrow{v_3}$ とおける．帰納的に

$$A^n\overrightarrow{v_1}=\lambda_1^n\overrightarrow{v_1},\qquad A^n\overrightarrow{v_2}=\lambda_2^n\overrightarrow{v_2},\qquad A^n\overrightarrow{v_3}=\lambda_3^n\overrightarrow{v_3}$$

がわかる．

$$\begin{aligned}\overrightarrow{x_n}=A^n\overrightarrow{x_0}&=A^n(k_1\overrightarrow{v_1}+k_2\overrightarrow{v_2}+k_3\overrightarrow{v_3})\\ &=k_1A^n\overrightarrow{v_1}+k_2A^n\overrightarrow{v_2}+k_3A^n\overrightarrow{v_3}\\ &=k_1\lambda_1^n\overrightarrow{v_1}+k_2\lambda_2^n\overrightarrow{v_2}+k_3\lambda_3^n\overrightarrow{v_3}\end{aligned}$$

となる．これが，任意の $\overrightarrow{x_0}$ に対して収束するということは，任意の k_1,k_2,k_3 に対して収束するということである．よって，すべての固有値 λ が $-1<\lambda\leqq 1$ を満たすことが必要十分なので，

$$-1<-a\leqq 1\quad \text{かつ}\quad -1<2a\leqq 1\quad \text{かつ}\quad -1<3a\leqq 1$$

◀ $x_{n+3}=ax_{n+2}+bx_{n+1}+cx_n$ だと，$A=\begin{pmatrix}0 & 1 & 0\\ 0 & 0 & 1\\ c & b & a\end{pmatrix}$ になる．

◀ $\begin{pmatrix}0 & 1 & 0\\ 0 & 0 & 1\\ c & a & b\end{pmatrix}$ の固有方程式は，$\lambda^3=a\lambda^2+b\lambda+c$ である．これは，$x_{n+3}=ax_{n+2}+bx_{n+1}+cx_n$ の特性方程式に一致する．

◀ $A\begin{pmatrix}1\\ -a\\ a^2\end{pmatrix}=-a\begin{pmatrix}1\\ -a\\ a^2\end{pmatrix}$，$A\begin{pmatrix}1\\ 2a\\ 4a^2\end{pmatrix}=2a\begin{pmatrix}1\\ 2a\\ 4a^2\end{pmatrix}$，$A\begin{pmatrix}1\\ 3a\\ 9a^2\end{pmatrix}=3a\begin{pmatrix}1\\ 3a\\ 9a^2\end{pmatrix}$ となっている．

より

$$\text{（答）}\quad \frac{1}{3}<a\leqq\frac{1}{3}.$$

問 4　$\overrightarrow{x_n}$ が 0 以外の有限値に収束するためには，すべての固有値 λ が $-1<\lambda\leqq1$，かつどこかで等号が成立することが必要．よって，$3a=1$ より

◀ n を非負整数，λ を複素数とするとき，λ^n が収束する．$\Longleftrightarrow$ $|\lambda|<1$ または $\lambda=1$．特に λ が実数のときは，$-1<\lambda\leqq1$．

$$\text{（答）}\quad a=\frac{1}{3}.$$

このとき，$-a=-\frac{1}{3}$, $2a=\frac{2}{3}$, $3a=1$ に対応する固有ベクトル $\overrightarrow{v_1},\overrightarrow{v_2},\overrightarrow{v_3}$ は，順に，

$$\begin{pmatrix}1\\-1/3\\1/9\end{pmatrix},\qquad\begin{pmatrix}1\\2/3\\4/9\end{pmatrix},\qquad\begin{pmatrix}1\\1\\1\end{pmatrix}$$

である．$\overrightarrow{x_n}=k_1(-a)^n\overrightarrow{v_1}+k_2(2a)^n\overrightarrow{v_2}+k_3(3a)^n\overrightarrow{v_3}$ より，

$$\begin{pmatrix}x_n\\x_{n+1}\\x_{n+2}\end{pmatrix}=k_1\left(-\frac{1}{3}\right)^n\begin{pmatrix}1\\-1/3\\1/9\end{pmatrix}$$
$$+k_2\left(\frac{2}{3}\right)^n\begin{pmatrix}1\\2/3\\4/9\end{pmatrix}+k_3\begin{pmatrix}1\\1\\1\end{pmatrix}.$$

よって，$x_n=k_1\left(-\frac{1}{3}\right)^n+k_2\left(\frac{2}{3}\right)^n+k_3$．これが 1 に収束する必要十分条件は，$k_3=1$ なので，

◀ k_1, k_2 を一気に消去するには，$\overrightarrow{v_1}$ と $\overrightarrow{v_2}$ の両方に直交するベクトル $\begin{pmatrix}2\\3\\-9\end{pmatrix}$ を両辺に内積すればよい．

$$\overrightarrow{x_0}=k_1\overrightarrow{v_1}+k_2\overrightarrow{v_2}+\overrightarrow{v_3}$$
$$\therefore\begin{pmatrix}x_0\\x_1\\x_2\end{pmatrix}=\frac{k_1}{9}\begin{pmatrix}9\\-3\\1\end{pmatrix}+\frac{k_2}{9}\begin{pmatrix}9\\6\\4\end{pmatrix}+\begin{pmatrix}1\\1\\1\end{pmatrix}.$$

k_1,k_2 を消去すると，

$$\text{（答）}\quad 2x_0+3x_1-9x_2=-4.$$

解説　| **問 1**　このような方法で，n 項間漸化式や n 階の微分方程式を連立 2 項間漸化式や 1 階連立微分方程式に直すことができる．

問 2　等比数列 $\{\lambda^n\}$ が漸化式

$$x_{n+3}=ax_{n+2}+bx_{n+1}+cx_n \tag{1}$$

を満たすとすると，$\lambda^{n+3}=a\lambda^{n+2}+b\lambda^{n+1}+c\lambda^n$. 両辺を λ^n で割って，

$$\lambda^3=a\lambda^2+b\lambda+c.$$

これが 4 項間漸化式 (1) の特性方程式であった．逆にたどると，特性方程式の解を公比に持つ等比数列は (1) の解であることがわかる．(1) を

$$\overrightarrow{x_{n+1}}=A\overrightarrow{x_n}$$

の形で表して，この等比数列を代入すると，

$$\begin{pmatrix}\lambda^{n+1}\\ \lambda^{n+2}\\ \lambda^{n+3}\end{pmatrix}=A\begin{pmatrix}\lambda^{n}\\ \lambda^{n+1}\\ \lambda^{n+2}\end{pmatrix}.$$

特に $n=0$ のとき，

$$\begin{pmatrix}\lambda\\ \lambda^2\\ \lambda^3\end{pmatrix}=A\begin{pmatrix}1\\ \lambda\\ \lambda^2\end{pmatrix}\quad \text{より}\quad A\begin{pmatrix}1\\ \lambda\\ \lambda^2\end{pmatrix}=\lambda\begin{pmatrix}1\\ \lambda\\ \lambda^2\end{pmatrix}.$$

よって，$\begin{pmatrix}1\\ \lambda\\ \lambda^2\end{pmatrix}$ が A の固有値 λ に対応する固有ベクトルであることがわかる．

問 3　問 3 を誘導にのらないで解くと，次のようになる．

与えられた漸化式の一般解は，特性方程式の解 $\lambda=-a,2a,3a$ を用いて，

$$x_n=k_1(-a)^n+k_2(2a)^n+k_3(3a)^n \tag{2}$$

とおける．これが，任意の k_1,k_2,k_3 に関して収束するための必要十分条件は，特性方程式の解が -1 より大きくて，1 以下であることなので，

$$-1<-a\leqq 1,\qquad -1<2a\leqq 1,\qquad -1<3a\leqq 1.$$

よって，

$$\textbf{(答)}\qquad -\frac{1}{3}<a\leqq\frac{1}{3}.$$

本問を解くにあたって A^n を成分表示する必要はない．もし A^n を求めさせる誘導がついていたとしても，次のように容易に流れにのることができる．A が異なる固有値 $\lambda_1,\lambda_2,\lambda_3$ を持つとき，A をスペクトル分解して，

$$A=\lambda_1 A_1+\lambda_2 A_2+\lambda_3 A_3$$

と表せる．このとき，$A^n=\lambda_1^n A_1+\lambda_2^n A_2+\lambda_3^n A_3$ となるので，

$$\overrightarrow{x_n}=A^n\overrightarrow{x_0}=\lambda_1^n A_1\overrightarrow{x_0}+\lambda_2^n A_2\overrightarrow{x_0}+\lambda_3^n A_3\overrightarrow{x_0}.$$

よって，すべての固有値 λ が $-1<\lambda\leqq 1$ を満たすことが必要十分なので，

$$-1<-a\leqq 1 \quad \text{かつ} \quad -1<2a\leqq 1 \quad \text{かつ} \quad -1<3a\leqq 1$$

より

（答） $\dfrac{1}{3}<a\leqq\dfrac{1}{3}.$

問 4 $\vec{a}=\begin{pmatrix}a_1\\a_2\\a_3\end{pmatrix}$ と $\vec{b}=\begin{pmatrix}b_1\\b_2\\b_3\end{pmatrix}$ の外積 $\vec{a}\times\vec{b}$ は

$$\begin{pmatrix}a_2b_3-a_3b_2\\a_3b_1-a_1b_3\\a_1b_2-a_2b_1\end{pmatrix}$$

で定義される．$\vec{a}\times\vec{b}$ は $\vec{a}$ と $\vec{b}$ の両方に直交する．証明は，内積が 0 になることを確認するだけである (図 4.1).

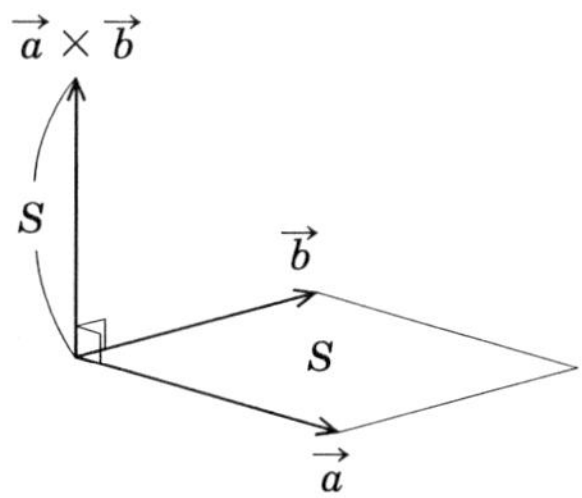

図 4.1

$\begin{pmatrix}9\\-3\\1\end{pmatrix}$ と $\begin{pmatrix}9\\6\\4\end{pmatrix}$ の両方に直交するベクトルは，外積を用いると，

$$\begin{pmatrix}9\\-3\\1\end{pmatrix}\times\begin{pmatrix}9\\6\\4\end{pmatrix}=\begin{pmatrix}-18\\-27\\81\end{pmatrix}=-9\begin{pmatrix}2\\3\\-9\end{pmatrix}$$

のように簡単に求まる．

類題 4.1

n 次の正方行列 A を以下のように定める．ただし，0 は $(n-1)$ 次元零ベクトル $^t(0\ 0\ \cdots\ 0)$ $((0\ 0\ \cdots\ 0)$ の転置$)$，E_{n-1} は $(n-1)$ 次の単位行列，$\vec{a}$ は n 次元ベクトル $(-a_n\ -a_{n-1}\ -a_{n-2}\ \cdots\ -a_1)$ を表す．

$$A=\begin{pmatrix} 0 & E_{n-1} \\ & \vec{a} \end{pmatrix}=\begin{pmatrix} 0 & 1 & 0 & \cdots & 0 \\ 0 & 0 & 1 & \cdots & 0 \\ \vdots & \vdots & \vdots & \ddots & \vdots \\ 0 & 0 & 0 & \cdots & 1 \\ -a_n & -a_{n-1} & -a_{n-2} & \cdots & -a_1 \end{pmatrix}$$

このとき以下の問 1～問 3 に答えよ．

(問 1) A の固有多項式 (特性多項式) を求めよ．

(問 2) λ を A の任意の固有値 (特性根) とするとき，λE_n-A の階数を求めよ．ただし，E_n は n 次の単位行列である．

(問 3) λ を A の任意の固有値とするとき，λ に対する A の固有ベクトルを求めよ．

2010 年 東京大 経済学研究科 金融システム専攻

解答 ｜ **問 1**　1 行目で展開すると，

$$f_n(\lambda)=\det(\lambda E_n-A)=\det\begin{pmatrix} \lambda & -1 & 0 & \cdots & 0 \\ 0 & \lambda & -1 & \cdots & 0 \\ \vdots & \vdots & \vdots & \ddots & \vdots \\ 0 & 0 & 0 & \cdots & -1 \\ a_n & a_{n-1} & a_{n-2} & \cdots & \lambda+a_1 \end{pmatrix}$$

$$=\lambda\det\begin{pmatrix} \lambda & -1 & \cdots & 0 \\ \vdots & \vdots & \ddots & \vdots \\ 0 & 0 & \cdots & -1 \\ a_{n-1} & a_{n-2} & \cdots & \lambda+a_1 \end{pmatrix}-(-1)\underline{\det\begin{pmatrix} 0 & -1 & \cdots & 0 \\ \vdots & \vdots & \ddots & \vdots \\ 0 & 0 & \cdots & -1 \\ a_n & a_{n-2} & \cdots & \lambda+a_1 \end{pmatrix}}.$$

下線部の行列式を第 1 列で展開すると，

$$=\lambda f_{n-1}(\lambda)+(-1)^{(n-1)+1}a_n\det\begin{pmatrix} -1 & \cdots & 0 \\ \vdots & \ddots & \vdots \\ 0 & \cdots & -1 \end{pmatrix}$$

$$=\lambda f_{n-1}(\lambda)+(-1)^n a_n(-1)^{n-2}=\lambda f_{n-1}(\lambda)+a_n.$$

よって，帰納的に，

$$\text{(答)}\quad f_n(\lambda)=\lambda^n+a_1\lambda^{n-1}+\cdots+a_{n-2}\lambda^2+a_{n-1}\lambda+a_n.$$

問 2　λE_n-A の n 列目の λ 倍を $n-1$ 列目に加えると，λE_n-A の右下隅は次のように変化する．

$$\begin{pmatrix} -1 & 0 & 0 \\ \lambda & -1 & 0 \\ 0 & \lambda & -1 \\ a_3 & a_2 & \lambda+a_1 \end{pmatrix} \longrightarrow \begin{pmatrix} -1 & 0 & 0 \\ \lambda & -1 & 0 \\ 0 & 0 & -1 \\ a_3 & \lambda^2+a_1\lambda+a_2 & \lambda+a_1 \end{pmatrix}.$$

次に，この行列の $n-1$ 列目の λ 倍を $n-2$ 列目に加えると，右下隅は次のように変化する．

$$\longrightarrow \begin{pmatrix} -1 & 0 & 0 \\ \lambda & -1 & 0 \\ 0 & 0 & -1 \\ \lambda^3+a_1\lambda^2+a_2\lambda+a_3 & \lambda^2+a_1\lambda+a_2 & \lambda+a_1 \end{pmatrix}.$$

さらに，この行列の $n-2$ 列目の λ 倍を $n-3$ 列目に加える…と繰り返すと，最終的に，

$$\begin{pmatrix} 0 & -1 & 0 & \cdots & 0 \\ 0 & 0 & -1 & \cdots & 0 \\ \vdots & \vdots & \vdots & \ddots & \vdots \\ 0 & 0 & 0 & \cdots & -1 \\ f_n(\lambda) & f_{n-1}(\lambda) & f_{n-2}(\lambda) & \cdots & f_1(\lambda) \end{pmatrix}$$

の形になる．λ が固有方程式の解ならば，$f_n(\lambda)=0$ であるから，第 1 列は $\vec{0}$ となる．第 2 列から第 n 列までの $n-1$ 本は 1 次独立なので，この行列の階数 (ランク) は $n-1$ となる．列に関する (階数用の) 基本変形で階数は不変であるから，

$$\text{(答)}\quad \operatorname{rank}(\lambda E_n-A)=n-1.$$

問 3　第 i 成分が λ^{i-1} であるベクトルを $\vec{v}$ とおくと，

$$A\vec{v}=\begin{pmatrix} 0 & 1 & 0 & \cdots & 0 \\ 0 & 0 & 1 & \cdots & 0 \\ \vdots & \vdots & \vdots & \ddots & \vdots \\ 0 & 0 & 0 & \cdots & 1 \\ -a_n & -a_{n-1} & -a_{n-2} & \cdots & -a_1 \end{pmatrix}\begin{pmatrix} 1 \\ \lambda \\ \lambda^2 \\ \vdots \\ \lambda^{n-1} \end{pmatrix}$$

$$= \begin{pmatrix} \lambda \\ \lambda^2 \\ \vdots \\ \lambda^{n-1} \\ -a_n - a_{n-1}\lambda - a_{n-2}\lambda^2 - \cdots - a_1\lambda^{n-1} \end{pmatrix}$$

$$= \begin{pmatrix} \lambda \\ \lambda^2 \\ \vdots \\ \lambda^{n-1} \\ \lambda^n \end{pmatrix} = \lambda\vec{v}$$

となる．

$$A\vec{v} = \lambda\vec{v} = \lambda E_n \vec{v} \quad \Longleftrightarrow \quad (\lambda E_n - A)\vec{v} = \vec{0}$$

である．この解全体を $\mathrm{Ker}(\lambda E_n - A)$ と書き，$\lambda E_n - A$ の核という．$(\lambda E_n - A)\vec{v}$ の全体を $\mathrm{Im}(\lambda E_n - A)$ と書き，$\lambda E_n - A$ の像という．次元定理 (p.141 参照により $\mathrm{Ker}(\lambda E_n - A)$ の次元

$$\dim\mathrm{Ker}(\lambda E_n - A)$$

と $\mathrm{Im}(\lambda E_n - A)$ の次元

$$\dim\mathrm{Im}(\lambda E_n - A)$$

の和は n になる．$\dim\mathrm{Im}(\lambda E_n - A) = \mathrm{rank}(\lambda E_n - A)$ なので，

$$\begin{aligned} \dim\mathrm{Ker}(\lambda E_n - A) &= n - \dim\mathrm{Im}(\lambda E_n - A) = n - \mathrm{rank}(\lambda E_n - A) \\ &= n - (n-1) = 1. \end{aligned}$$

よって，A の λ に対応する固有ベクトルは上で定めた $\vec{v}$ の定数倍しかない．したがって，

(答) $$t\begin{pmatrix} 1 \\ \lambda \\ \lambda^2 \\ \vdots \\ \lambda^{n-1} \end{pmatrix} \quad (t \neq 0).$$

(注) 問 2 の変形を用いると，問 1 の別解ができる．

ある列に別の列の定数倍を加えても行列式は不変なので，

$$\det(\lambda E_n - A) = \det\begin{pmatrix} \vec{0} & -E_{n-1} \\ f_n(\lambda) & \vec{f} \end{pmatrix}.$$

ここで，$\vec{f} = (f_{n-1}(\lambda), f_{n-2}(\lambda), \cdots, f_1(\lambda))$ とおいた．第 1 列に関して展開すると，

$$\det(\lambda E_n - A) = (-1)^{n+1} f_n(\lambda) \det(-E_{n-1}) = (-1)^{n+1} f_n(\lambda)(-1)^{n-1} = f_n(\lambda).$$

類題 4.2

(問 1) 次の行列 A の固有値と固有ベクトルを求めよ．

$$A = \begin{pmatrix} 0 & 1 & 0 \\ -2 & -3 & 1 \\ 0 & 0 & -0.5 \end{pmatrix}$$

(問 2) 問 1 の行列 A の固有値を $\lambda_1, \lambda_2, \lambda_3$，固有ベクトルを $\vec{t_1}, \vec{t_2}, \vec{t_3}$ と表したとき，行列 $T = (\vec{t_1}\ \vec{t_2}\ \vec{t_3})$ を用いると，

$$T^{-1}AT = \Lambda$$

であることを証明し，Λ を求めよ．ここで，T^{-1} は T の逆行列，Λ は対角行列である．

(問 3) 次の n 次正方行列 B の固有多項式 $|\lambda I - B|$ を求めよ．ここで，$|\ \ |$ は行列式，λ は変数，I は単位行列，a_i $(i = 1 \sim n)$ は実数である．

$$B = \begin{pmatrix} 0 & 1 & 0 & \cdot & \cdot & & \cdot & 0 \\ 0 & 0 & 1 & 0 & \cdot & & & \cdot \\ \cdot & \cdot & \cdot & \cdot & \cdot & \cdot & \cdot & \cdot \\ \cdot & & & \cdot & \cdot & 0 & 1 & 0 \\ 0 & 0 & \cdot & & \cdot & 0 & 0 & 1 \\ -a_1 & -a_2 & \cdot & & & \cdot & -a_{n-1} & -a_n \end{pmatrix}$$

(問 4) 問 3 の行列 B に関し，固有値を λ_i $(i = 1 \sim n)$ と表したとき，

$$|B| = \prod_{i=1}^{n} \lambda_i = (-1)^n a_1, \qquad \operatorname{tr} B = \sum_{i=1}^{n} \lambda_i = -a_n$$

であることを示せ．ここで，tr はトレースである．

(問 5) 問 3 の行列 B において，固有値が $\lambda_i \neq \lambda_j$ $(i, j = 1 \sim n,\ i \neq j)$ のとき，行列 B は次のファンデルモンド行列 V で対角化されることを示せ．

$$V=\begin{pmatrix} 1 & 1 & \cdot & \cdot & 1 \\ \lambda_1 & \lambda_2 & \cdot & \cdot & \lambda_n \\ \lambda_1^2 & \lambda_2^2 & \cdot & \cdot & \lambda_n^2 \\ \cdot & \cdot & \cdot & \cdot & \cdot \\ \lambda_1^{n-1} & \lambda_2^{n-1} & \cdot & \cdot & \lambda_n^{n-1} \end{pmatrix}$$

(問 6) 以上の結果を用いて，問 1 の行列 A を問 3 の行列 B の形に変形せよ．

2009 年 東京大 新領域創成科学研究科 複雑理工学専攻

解答 | **問 1** A の固有方程式は

$$\lambda^3+3.5\lambda^2+3.5\lambda+1=0.$$

因数分解すると

$$(\lambda+2)(\lambda+1)(\lambda+0.5)=0.$$

よって，固有値は

(答) $\lambda=-2,-1,-0.5.$

固有値 -2 に対応する固有ベクトルは，連立方程式 $A\begin{pmatrix}x\\y\\z\end{pmatrix}=-2\begin{pmatrix}x\\y\\z\end{pmatrix}$ を解けば求まる．

$$\begin{pmatrix}y\\-2x-3y-z\\-0.5z\end{pmatrix}=\begin{pmatrix}-2x\\-2y\\-2z\end{pmatrix} \iff \begin{pmatrix}2x+y\\-2x-y-z\\1.5z\end{pmatrix}=\begin{pmatrix}0\\0\\0\end{pmatrix}$$

$$\iff y=-2x \text{ かつ } z=0 \iff \begin{pmatrix}x\\y\\z\end{pmatrix}=\begin{pmatrix}x\\-2x\\0\end{pmatrix}.$$

よって，

(答) $\begin{pmatrix}x\\y\\z\end{pmatrix}=x\begin{pmatrix}1\\-2\\0\end{pmatrix} \quad (x\neq 0).$

同様にして，固有値 -1 に対応する固有ベクトルは，

(答) $\begin{pmatrix}x\\y\\z\end{pmatrix}=x\begin{pmatrix}1\\-1\\0\end{pmatrix} \quad (x\neq 0).$

固有値 -0.5 に対応する固有ベクトルは，

（答） $\begin{pmatrix} x \\ y \\ z \end{pmatrix} = t\begin{pmatrix} 4 \\ -2 \\ 3 \end{pmatrix} \quad (t \neq 0).$

問 2　固有値を小さい順に μ_1, μ_2, μ_3 とし，問 1 で求めた対応する固有ベクトルを順に $\vec{t_1}, \vec{t_2}, \vec{t_3}$ とおくと，

$$A\vec{t_1} = \mu_1\vec{t_1}, \quad A\vec{t_2} = \mu_2\vec{t_2}, \quad A\vec{t_3} = \mu_3\vec{t_3}$$

である．一本にまとめると，

$$\begin{aligned} A(\vec{t_1}, \vec{t_2}, \vec{t_3}) &= (\mu_1\vec{t_1},\ \mu_2\vec{t_2},\ \mu_3\vec{t_3}) \\ &= (\vec{t_1}, \vec{t_2}, \vec{t_3})\begin{pmatrix} \mu_1 & 0 & 0 \\ 0 & \mu_2 & 0 \\ 0 & 0 & \mu_3 \end{pmatrix} = T\begin{pmatrix} \mu_1 & 0 & 0 \\ 0 & \mu_2 & 0 \\ 0 & 0 & \mu_3 \end{pmatrix}. \end{aligned}$$

この式の最後の対角行列に $\mu_1 = -2, \mu_2 = -1, \mu_3 = -0.5$ を代入したものを Λ とおくと，$AT = T\Lambda$. よって，$T^{-1}AT = \Lambda$ となる．　(証明終わり)

（答） $\Lambda = \begin{pmatrix} -2 & 0 & 0 \\ 0 & -1 & 0 \\ 0 & 0 & -0.5 \end{pmatrix}.$

問 3　類題 4.1 の問 1 と全く同じで，

（答） $\det(\lambda I - B) = \lambda^n + a_n\lambda^{n-1} + \cdots + a_2\lambda + a_1.$

問 4　$\det(\lambda I - B) = (\lambda - \lambda_1)(\lambda - \lambda_2) \times \cdots \times (\lambda - \lambda_n)$ である．両辺の定数項を比較して，$a_1 = (-\lambda_1)(-\lambda_2) \times \cdots \times (-\lambda_n)$. よって，

$$(-1)^n a_1 = \prod_{i=1}^{n} \lambda_i = \det B.$$

両辺の λ^{n-1} の係数を比較して，$a_n = -\lambda_1 - \lambda_2 - \cdots - \lambda_n$. よって，

$$-a_n = \sum_{i=1}^{n} \lambda_i = \mathrm{tr} B.$$

(証明終わり)

（注） 問 5 の答えの対角行列を D とおくと

$$\begin{aligned} \lambda_1\lambda_2 \times \cdots \times \lambda_n &= \det D = \det(V^{-1}BV) = (\det V^{-1})(\det B)(\det V) \\ &= (\det V)^{-1}(\det B)(\det V) = \det B. \end{aligned}$$

また，

$$\lambda_1+\lambda_2+\cdots+\lambda_n=\mathrm{tr}D=\mathrm{tr}((V^{-1}B)V)=\mathrm{tr}(V(V^{-1}B))=\mathrm{tr}B$$

が成り立つ．

問5　類題4.1の問3と全く同じで，

$$\overrightarrow{v_i}=\begin{pmatrix}1\\\lambda_i\\\lambda_i^2\\\vdots\\\lambda_i^{n-1}\end{pmatrix}$$

が B の固有ベクトルとなる．固有ベクトルを並べて，n 次正方行列 $(\overrightarrow{v_1},\overrightarrow{v_2},\cdots,\overrightarrow{v_n})$ を作ると，これは問題の行列 V である．問2と同様にして，

$$V^{-1}BV=\begin{pmatrix}\lambda_1&0&\cdots&0\\0&\lambda_2&\cdots&0\\\vdots&\vdots&\ddots&\vdots\\0&0&\cdots&\lambda_n\end{pmatrix}$$

を得る．　(証明終わり)

問6　B の固有方程式を A の固有方程式と同じにするには，A の固有方程式の係数を見て，次のように定めればよい．

$$\textbf{(答)}\quad B=\begin{pmatrix}0&1&0\\0&0&1\\-1&-3.5&-3.5\end{pmatrix}.$$

B の μ_1, μ_2, μ_3 に対応する固有ベクトルを順に $\overrightarrow{v_1}$, $\overrightarrow{v_2}$, $\overrightarrow{v_3}$ とおき，$V=(\overrightarrow{v_1},\ \overrightarrow{v_2},\ \overrightarrow{v_3})$ とおく．$V^{-1}BV=\begin{pmatrix}\mu_1&0&0\\0&\mu_2&0\\0&0&\mu_3\end{pmatrix}=\Lambda$ より，$T^{-1}AT=V^{-1}BV$．両辺に左から V, 右から V^{-1} をかけて，

$$VT^{-1}ATV^{-1}=B\quad\Longleftrightarrow\quad(TV^{-1})^{-1}A(TV^{-1})=B.$$

$P=TV^{-1}$ とおくと，$P^{-1}AP=B$ である．ここで，

$$\begin{aligned}P&=\begin{pmatrix}1&1&4\\-2&-1&-2\\0&0&3\end{pmatrix}\begin{pmatrix}1&1&1\\-2&-1&-0.5\\4&1&0.25\end{pmatrix}^{-1}\\&=\begin{pmatrix}1&1&4\\-2&-1&-2\\0&0&3\end{pmatrix}\begin{pmatrix}1/3&1&2/3\\-2&-5&-2\\8/3&4&4/3\end{pmatrix}.\end{aligned}$$

よって,

$$\text{(答)}\quad \begin{pmatrix} 9 & 12 & 4 \\ -4 & -5 & -2 \\ 8 & 12 & 4 \end{pmatrix}.$$

(注) 問 1 は $A_1=\begin{pmatrix} 0 & 1 \\ -2 & -3 \end{pmatrix}$, $A_2=\begin{pmatrix} 0 \\ 1 \end{pmatrix}$ を用いて, $A=\begin{pmatrix} A_1 & A_2 \\ {}^t\vec{0} & -0.5 \end{pmatrix}$ とブロック分解すると簡単に解ける.

A_1 の固有値, 固有ベクトルを一組ずつ求めると,

$$A_1\begin{pmatrix} 1 \\ -2 \end{pmatrix}=-2\begin{pmatrix} 1 \\ -2 \end{pmatrix}, \qquad A_1\begin{pmatrix} 1 \\ -1 \end{pmatrix}=-\begin{pmatrix} 1 \\ -1 \end{pmatrix}.$$

これらの下に 0 を付け加えると A の固有ベクトルができる.

$(-2)+(-1)+\lambda_3=\mathrm{tr}A=-3.5$ より, $\lambda_3=-0.5$. これに対応する固有ベクトルは連立方程式を解いて求める.

問 6 の問題文は P の導出を要求しているのかどうかわからないが, 念のため求めておいた.

(発展) 漸化式と微分方程式

4 項間漸化式 $a_{n+3}+pa_{n+2}+qa_{n+1}+ra_n=0$ は

$$\begin{pmatrix} a_{n+1} \\ a_{n+2} \\ a_{n+3} \end{pmatrix}=\begin{pmatrix} 0 & 1 & 0 \\ 0 & 0 & 1 \\ -r & -q & -p \end{pmatrix}\begin{pmatrix} a_n \\ a_{n+1} \\ a_{n+2} \end{pmatrix}$$

のように行列で表される. この係数行列を A とおくと, 漸化式の特性方程式

$$\lambda^3+p\lambda^2+q\lambda+r=0$$

は A の固有方程式に等しい. 漸化式の基本解である等比数列 $\{\lambda^{n-1}\}$ の最初の 3 項から A の固有ベクトル $\begin{pmatrix} 1 \\ \lambda \\ \lambda^2 \end{pmatrix}$ が作り出される. 漸化式の一般項は,

$$\begin{pmatrix} a_n \\ a_{n+1} \\ a_{n+2} \end{pmatrix}=A^n\begin{pmatrix} a_0 \\ a_1 \\ a_2 \end{pmatrix}$$

のように, “公比” A の “等比数列” で書ける.

3 階の微分方程式 $y'''+py''+qy'+ry=0$ は

$$\begin{pmatrix} y' \\ y'' \\ y''' \end{pmatrix} = \begin{pmatrix} 0 & 1 & 0 \\ 0 & 0 & 1 \\ -r & -q & -p \end{pmatrix} \begin{pmatrix} y \\ y' \\ y'' \end{pmatrix}$$

のように行列で表される．この係数行列を A とおくと，微分方程式の特性方程式 $\lambda^3+p\lambda^2+q\lambda+r=0$ は A の固有方程式に等しい．

微分方程式の基本解である指数関数 $e^{\lambda x}$ の微分 $e^{\lambda x}$, $\lambda e^{\lambda x}$, $\lambda^2 e^{\lambda x}$ から，A の固有ベクトル $\begin{pmatrix} 1 \\ \lambda \\ \lambda^2 \end{pmatrix}$ が作り出される．微分方程式の一般解は，

$$\begin{pmatrix} y \\ y' \\ y'' \end{pmatrix} = e^{Ax} \begin{pmatrix} y(0) \\ y'(0) \\ y''(0) \end{pmatrix}$$

のように，A の "指数関数" で書ける．ここで $e^{Ax} = \sum_{n=0}^{\infty} \frac{(Ax)^n}{n!}$.

このように，漸化式と微分方程式は並列して論じることができる．両者は，内在する数学的構造が強く類似していることがわかる．

問題 4.2

空間ベクトルの 2 項間漸化式と収束

3 次元ベクトル $\overrightarrow{x_n}$ は漸化式

$$\overrightarrow{x_n} = A\overrightarrow{x_{n-1}} + \vec{u} \qquad (n=1,2,\cdots)$$

を満たすものとする．ただし

$$A = \begin{pmatrix} 1 & 0 & 0 \\ 0 & 1 & a \\ 0 & a & a^2 \end{pmatrix}, \qquad \vec{u} = \begin{pmatrix} b \\ c \\ 0 \end{pmatrix}, \qquad \overrightarrow{x_0} = \begin{pmatrix} 0 \\ 0 \\ d \end{pmatrix}$$

である．a,b,c,d は実数の定数であり，$a \neq 0$ とする．以下の問いに答えよ．

(問 1) 行列 A の固有値を a で表せ．

(問 2) A の固有ベクトル $\vec{p},\vec{q},\vec{r}$ を a で表せ．ただし，$\vec{p}$ と $\vec{r}$ をそれぞれ最大固有値と最小固有値に対応させ，$\|\vec{p}\| = \|\vec{r}\| = \frac{1}{\sqrt{a^2+1}}$, $\|\vec{q}\|=1$ となるようにせよ．

(問 3) $\vec{u}$ および $\overrightarrow{x_0}$ を $\vec{p},\vec{q},\vec{r}$ の線形和で表せ．

(問 4) $\overrightarrow{x_n} = \alpha_n\vec{p} + \beta_n\vec{q} + \gamma_n\vec{r}$ とする．$\alpha_n,\beta_n,\gamma_n$ を $\alpha_{n-1},\beta_{n-1},\gamma_{n-1}$ を用いて表せ．

(問 5) $\overrightarrow{x_n}$ を求めよ．

(問 6) $\overrightarrow{x_n}$ とベクトル $\vec{s}$ とのなす角を θ_n とする．ただし

$$\vec{s}=\begin{pmatrix}1\\0\\0\end{pmatrix}$$

である．$\displaystyle\lim_{n\to\infty}\theta_n=0$ となるために a,b,c,d の満たすべき必要十分条件を示せ．

2009 年 東京大 情報理工学系研究科

ポイント

問 1　$A\vec{v}=\lambda\vec{v}$ かつ $\vec{v}\neq\vec{0}$ を満たす λ が A の固有値である．A が 3 次正方行列なら，異なる固有値は高々3 個しかない．本問では，A が簡単なので，目の子で 3 つ探せる．

問 2　$A\vec{v}=\lambda\vec{v}$ かつ $\vec{v}\neq\vec{0}$ を満たす $\vec{v}$ が A の固有ベクトルである．各固有値に対して，少なくとも 1 次元分はある．A が 3 次正方行列なら，固有ベクトルは高々3 次元分しかない．本問では，A が簡単なので，目の子で 3 次元分を探せる．

問 3　線形和とは，1 次結合 (線形結合) のことである．まず基本ベクトル

$$\overrightarrow{e_1}=\begin{pmatrix}1\\0\\0\end{pmatrix},\quad \overrightarrow{e_2}=\begin{pmatrix}0\\1\\0\end{pmatrix},\quad \overrightarrow{e_3}=\begin{pmatrix}0\\0\\1\end{pmatrix}$$

を固有ベクトル $\vec{p},\vec{q},\vec{r}$ で表す．

問 4　3 本のベクトル $\vec{p},\vec{q},\vec{r}$ は 1 次独立なので，係数比較できる．

問 5　漸化式を解いて，$\{\alpha_n\},\{\beta_n\},\{\gamma_n\}$ を求める．

問 6　$\overrightarrow{x_n}$ の極限と $\vec{s}$ の成す角を計算すればよい．$\overrightarrow{x_n}$ が発散する場合は，適当な正の倍率をかけて縮める．

解答 | 問 1　$A_1=\begin{pmatrix}1 & a\\ a & a^2\end{pmatrix}$, $\vec{0}=\begin{pmatrix}0\\0\end{pmatrix}$ とおくと

$$A=\begin{pmatrix}1 & {}^t\vec{0}\\ \vec{0} & A_1\end{pmatrix}$$

である．

1 次正方行列 (1) の固有値は 1，固有ベクトルは (1).

2 次正方行列 A_1 の固有値は，固有方程式 $\lambda^2-(1+a)^2\lambda=0$ を解いて $\lambda=0,\ a^2+1$，固有ベクトルは

$$A_1\begin{pmatrix}1\\a\end{pmatrix}=(a^2+1)\begin{pmatrix}1\\a\end{pmatrix},\qquad A_1\begin{pmatrix}a\\-1\end{pmatrix}=\begin{pmatrix}0\\0\end{pmatrix}=0\begin{pmatrix}a\\-1\end{pmatrix}.$$

これらをつなぎ合わせて，

$$A\begin{pmatrix}1\\0\\0\end{pmatrix}=\begin{pmatrix}1\\0\\0\end{pmatrix}=1\begin{pmatrix}1\\0\\0\end{pmatrix},$$

$$A\begin{pmatrix}0\\1\\a\end{pmatrix}=(a^2+1)\begin{pmatrix}0\\1\\a\end{pmatrix},$$

$$A\begin{pmatrix}0\\a\\-1\end{pmatrix}=\begin{pmatrix}0\\0\\0\end{pmatrix}=0\begin{pmatrix}0\\a\\-1\end{pmatrix}.$$

$a\neq0$ より $a^2+1>1>0$ なので，A の固有値は，大きい順に

(答)　$a^2+1,\ 1,\ 0.$

問 2　最大固有値 a^2+1 に対応する固有ベクトル $\begin{pmatrix}0\\1\\a\end{pmatrix}$ の長さは $\sqrt{0^2+1^2+a^2}=\sqrt{a^2+1}$ なので，

(答)　$\overrightarrow{p}=\pm\dfrac{1}{a^2+1}\begin{pmatrix}0\\1\\a\end{pmatrix}.$

最小固有値 1 に対応する固有ベクトル $\begin{pmatrix}1\\0\\0\end{pmatrix}$ の長さは 1 なので，

(答)　$\overrightarrow{q}=\pm\begin{pmatrix}1\\0\\0\end{pmatrix}.$

固有値 0 に対応する固有ベクトル $\begin{pmatrix}0\\a\\-1\end{pmatrix}$ の長さは

$\sqrt{0^2+a^2+(-1)^2}=\sqrt{a^2+1}$ なので,

$$(\text{答})\quad \vec{r}=\pm\frac{1}{a^2+1}\begin{pmatrix}0\\a\\-1\end{pmatrix}.$$

問 3　$\vec{p},\vec{q},\vec{r}$ は 問 2 の答えで + の方とする.

$$\vec{u}=\begin{pmatrix}b\\c\\0\end{pmatrix}=b\begin{pmatrix}1\\0\\0\end{pmatrix}+c\begin{pmatrix}0\\1\\0\end{pmatrix}$$
$$=b\begin{pmatrix}1\\0\\0\end{pmatrix}+\frac{c}{a^2+1}\left(\begin{pmatrix}0\\1\\a\end{pmatrix}+a\begin{pmatrix}0\\a\\-1\end{pmatrix}\right).$$
$$=b\vec{q}+c(\vec{p}+a\vec{r}).$$

よって

$$(\text{答})\quad c\vec{p}+b\vec{q}+ac\vec{r}.$$

$$\overrightarrow{x_0}=\begin{pmatrix}0\\0\\d\end{pmatrix}=d\begin{pmatrix}0\\0\\1\end{pmatrix}=\frac{d}{a^2+1}\left(a\begin{pmatrix}0\\1\\a\end{pmatrix}-\begin{pmatrix}0\\a\\-1\end{pmatrix}\right)$$
$$=d(a\vec{p}-\vec{r}).$$

よって

$$(\text{答})\quad ad\vec{p}-d\vec{r}.$$

問 4

$$\overrightarrow{x_n}=A\overrightarrow{x_{n-1}}+\vec{u}$$
$$\iff \alpha_n\vec{p}+\beta_n\vec{q}+\gamma_n\vec{r}$$
$$=A(\alpha_{n-1}\vec{p}+\beta_{n-1}\vec{q}+\gamma_{n-1}\vec{r})+(c\vec{p}+b\vec{q}+ac\vec{r})$$
$$=\{(a^2+1)\alpha_{n-1}\vec{p}+\beta_{n-1}\vec{q}\}+(c\vec{p}+b\vec{q}+ac\vec{r})$$
$$=\{(a^2+1)\alpha_{n-1}+c\}\vec{p}+(\beta_{n-1}+b)\vec{q}+ac\vec{r}.$$

3 本のベクトル $\vec{p},\vec{q},\vec{r}$ が 1 次独立であることから, 両辺で係数比較をすることができて,

(答)　$\alpha_n=(a^2+1)\alpha_{n-1}+c,\quad \beta_n=\beta_{n-1}+b,\quad \gamma_n=ac.$

問 5　漸化式を解くと，

$$\gamma_n = ac,$$

$$\beta_n = nb + \beta_0,$$

$$\alpha_n = -\frac{c}{a^2} + \left(\alpha_0 + \frac{c}{a^2}\right)(a^2+1)^n \qquad (1)$$

である．問 3 の後半の答えより，

$$\overrightarrow{x_0} = ad\overrightarrow{p} + 0\overrightarrow{q} + (-d)\overrightarrow{r}$$

であるから，$\alpha_0 = ad$, $\beta_0 = 0$, $\gamma_0 = -d$ を得る．(1) に代入して，

$$\alpha_n = -\frac{c}{a^2} + \left(ad + \frac{c}{a^2}\right)(a^2+1)^n, \quad \beta_n = nb, \quad \gamma_n = ac$$

となる．よって，

(答) $$\overrightarrow{x_n} = \left\{-\frac{c}{a^2} + \left(ad + \frac{c}{a^2}\right)(a^2+1)^n\right\}\overrightarrow{p} + nb\overrightarrow{q} + ac\overrightarrow{r}$$

$$= \left\{-\frac{c}{a^2} + \left(ad + \frac{c}{a^2}\right)(a^2+1)^n\right\}\frac{1}{a^2+1}\begin{pmatrix}0\\1\\a\end{pmatrix}$$

$$+ nb\begin{pmatrix}1\\0\\0\end{pmatrix} + \frac{ac}{a^2+1}\begin{pmatrix}0\\a\\-1\end{pmatrix}.$$

◀ $\{\beta_n\}$ は公差 b の等差数列なので，

$$\beta_n = nb + \beta_0$$

となる．

◀ $\{\alpha_n\}$ の漸化式を満たす数列のうち，定数 x となるものは，$x = (a^2+1)x + c$ を解いて，$x = -\dfrac{c}{a^2}$．$\{\alpha_n\}$ の漸化式の一般解 (すべての解) は，これに，$\alpha'_n = (a^2+1)\alpha'_{n-1}$ の一般解，つまり，公比 a^2+1 の等比数列 $C(a^2+1)^n$ を加えたものになる．

問 6　(i) $ad + \dfrac{c}{a^2} \neq 0$ のとき．

$\dfrac{1}{(a^2+1)^n} > 0$ なので，$\overrightarrow{x_n}$ と $\overrightarrow{s}$ の成す角 θ_n は $\overrightarrow{y_n} = \dfrac{1}{(a^2+1)^n}\overrightarrow{x_n}$ と $\overrightarrow{s}$ の成す角に等しい．よって，内積の性質から，$\cos\theta_n = \dfrac{\overrightarrow{y_n}\cdot\overrightarrow{s}}{|\overrightarrow{y_n}||\overrightarrow{s}|}$．したがって，

$$\theta_n = \mathrm{Arccos}\frac{\overrightarrow{y_n}\cdot\overrightarrow{s}}{|\overrightarrow{y_n}||\overrightarrow{s}|}.$$

$n \geqq 1$ のとき，$\overrightarrow{y_n}$ の $\overrightarrow{q}$ の係数は $\overrightarrow{0}$ でないので $\overrightarrow{y_n} \neq 0$．また，$\overrightarrow{s} \neq \overrightarrow{0}$ より，θ_n は $\overrightarrow{y_n}$ の成分の連続関数である．よって，$\overrightarrow{y_n}$ と $\overrightarrow{s}$ の成す角の極限 $\lim\limits_{n\to\infty}\theta_n$ はベクトルの極限 $\lim\limits_{n\to\infty}\overrightarrow{y_n}$ と $\overrightarrow{s}$ の成す角に等しい．

◀ 2 ベクトルの成す角は，ベクトルを正の定数倍しても変わらない．

◀ $f(\overrightarrow{y_n}) = \dfrac{\overrightarrow{y_n}\cdot\overrightarrow{s}}{|\overrightarrow{y_n}||\overrightarrow{s}|}$ とおくと，

$$\lim_{n\to\infty}\theta_n$$
$$= \lim_{n\to\infty}\mathrm{Arccos}f(\overrightarrow{y_n})$$
$$= \mathrm{Arccos}\lim_{n\to\infty}f(\overrightarrow{y_n})$$
$$= \mathrm{Arccos}f(\lim_{n\to\infty}\overrightarrow{y_n})$$
$$= \mathrm{Arccos}\frac{\left(\lim\limits_{n\to\infty}\overrightarrow{y_n}\right)\cdot\overrightarrow{s}}{\left|\lim\limits_{n\to\infty}\overrightarrow{y_n}\right||\overrightarrow{s}|}.$$

$a\neq 0$ より $a^2+1>1$ なので，$\displaystyle\lim_{n\to\infty}(a^2+1)^n=\infty$ となる．よって，

$$\lim_{n\to\infty}\overrightarrow{y_n}=\left(ad+\frac{c}{a^2}\right)\frac{1}{a^2+1}\begin{pmatrix}0\\1\\a\end{pmatrix}.$$

これと，$\vec{s}$ の内積は 0 なので，成す角は $\dfrac{\pi}{2}$ となり不適．

(ii) $ad+\dfrac{c}{a^2}=0$ かつ $b\neq 0$ のとき．

$\dfrac{1}{n}>0$ なので，(i) と同じ理由で，$\displaystyle\lim_{n\to\infty}\theta_n$ はベクトルの極限 $\displaystyle\lim_{n\to\infty}\frac{1}{n}\overrightarrow{x_n}$ と $\vec{s}$ の成す角に等しい．

$$\overrightarrow{x_n}=-\frac{c}{a^2}\cdot\frac{1}{a^2+1}\begin{pmatrix}0\\1\\a\end{pmatrix}+nb\begin{pmatrix}1\\0\\0\end{pmatrix}+\frac{ac}{a^2+1}\begin{pmatrix}0\\a\\-1\end{pmatrix}$$

なので，

$$\lim_{n\to\infty}\frac{1}{n}\overrightarrow{x_n}=\begin{pmatrix}b\\0\\0\end{pmatrix}=b\vec{s}$$

である．よって，$b>0$ なら，これと $\vec{s}$ の成す角は 0 なので適す．

$b<0$ なら，これと $\vec{s}$ の成す角は π なので不適である．

(iii) $ad+\dfrac{c}{a^2}=0$ かつ $b=0$ のとき．

$$\overrightarrow{x_n}=-\frac{c}{a^2}\cdot\frac{1}{a^2+1}\begin{pmatrix}0\\1\\a\end{pmatrix}+\frac{ac}{a^2+1}\begin{pmatrix}0\\a\\-1\end{pmatrix}$$

は n に依らない定数なので，極限をとっても不変である．これと $\vec{s}$ の内積は 0 なので，成す角は $\dfrac{\pi}{2}$ となり不適．

(i), (ii), (iii) より

(答)　$a^3d+c=0$　かつ　$b>0$.

◀ 2 項定理より
$(a^k+1)^n$
$=\displaystyle\sum_{k=0}^{n}{}_n\mathrm{C}_k a^{2k}$
$\geqq {}_n\mathrm{C}_2 a^4$.
よって，
$\left|\dfrac{nb}{(a^2+1)^n}\right|$
$\leqq\left|\dfrac{nb}{{}_n\mathrm{C}_2a^4}\right|$
$=\dfrac{n|b|}{\dfrac{n(n-1)}{2}a^4}$
$=\dfrac{2|b|}{(n-1)a^4}\to 0$
$(n\to\infty)$.

解説　｜**問 1**　A の固有値は，固有方程式 $\lambda^3-(2+a^2)\lambda^2+(a^2+1)\lambda=0$ を解いても出る．

問 2　行列 A が行列 B,C を用いて，$A=\begin{pmatrix} B & O \\ O & C \end{pmatrix}$ とブロック分解できるとする．$B\vec{u}=\lambda\vec{u}$ かつ $\vec{u}\neq\vec{0}$, $C\vec{v}=\mu\vec{v}$ かつ $\vec{v}\neq\vec{0}$ とおく．このとき

$$A\begin{pmatrix} \vec{u} \\ \vec{0} \end{pmatrix}=\lambda\begin{pmatrix} \vec{u} \\ \vec{0} \end{pmatrix} \text{かつ} \begin{pmatrix} \vec{u} \\ \vec{0} \end{pmatrix}\neq\vec{0}, \quad A\begin{pmatrix} \vec{0} \\ \vec{v} \end{pmatrix}=\mu\begin{pmatrix} \vec{0} \\ \vec{v} \end{pmatrix} \text{かつ} \begin{pmatrix} \vec{0} \\ \vec{v} \end{pmatrix}\neq\vec{0}$$

となり，λ,μ に対応する A の固有ベクトルが簡単に得られる．

問 3　上の解答の $\vec{u}$ を表す部分では，$\begin{pmatrix} 0 \\ 1 \\ 0 \end{pmatrix}$ を $\vec{p}$ と $\vec{r}$ を組み合わせて表した．この問は，$\vec{p},\vec{q},\vec{r}$ が，どの 2 本も直交することを用いても解ける．$\vec{u}=x\vec{p}+y\vec{q}+z\vec{r}$ の両辺に $\vec{p}$ を内積すると，

$$\vec{u}\cdot\vec{p}=x|\vec{p}|^2+0+0 \iff \frac{c}{a^2+1}=\frac{x}{a^2+1} \iff x=c.$$

同様に，$\vec{q},\vec{r}$ を内積すると，$y=b$, $z=ac$ を得る．$\overrightarrow{x_0}=x\vec{p}+y\vec{q}+z\vec{r}$ の両辺に $\vec{p},\vec{q},\vec{r}$ を内積すると，後半の答えも出る．

問 4　係数比較が可能であることは，次のようにして示せる．

$$\begin{aligned} & x_1\vec{p}+y_1\vec{q}+z_1\vec{r}=x_2\vec{p}+y_2\vec{q}+z_2\vec{r} \\ \iff & (x_1-x_2)\vec{p}+(y_1-y_2)\vec{q}+(z_1-z_2)\vec{r}=\vec{0} \end{aligned}$$

である．$\vec{p},\vec{q},\vec{r}$ が 1 次独立であることから，$(x_1-x_2,y_1-y_2,z_1-z_2)=(0,0,0)$. よって，$(x_1,y_1,z_1)=(x_2,y_2,z_2)$.

もし，$\vec{p},\vec{q},\vec{r}$ が 1 次従属であると，係数比較することはできない．たとえば，

$$\vec{p}+2\vec{q}+3\vec{r}=\vec{0}$$

だったとすると，

$$\begin{aligned} x_1\vec{p}+y_1\vec{q}+z_1\vec{r} &= (x_1\vec{p}+y_1\vec{q}+z_1\vec{r})+(\vec{p}+2\vec{q}+3\vec{r}) \\ &= (x_1+1)\vec{p}+(y_1+2)\vec{q}+(z_1+3)\vec{r} \end{aligned}$$

となる．このように，同じベクトルであっても，係数が異なることがおこる．

問 5　線形の 2 項間漸化式は，一般に次のようにして解ける．

$$a_{n+1}=f(n)a_n+g(n) \tag{2}$$

の特殊解 (解の 1 つ) を a'_n とおくと，

$$a'_{n+1}=f(n)a'_n+g(n) \tag{3}$$

が成り立つ．(2)−(3) より，$a_{n+1}-a'_{n+1}=f(n)(a_n-a'_n)$．よって，$a''_{n+1}=f(n)a''_n$ の一般解 (任意の解) $\{a''_n\}$ を用いて，(2) の一般解は $a_n=a'_n+a''_n$ と書ける．

問 6　上の解答では，ベクトルの極限との成す角を見たが，問題文に従い，成す角の極限を計算してもよい．その場合，次のようになる．

$\vec{p}$, $\vec{q}$, $\vec{r}$ を問 2 の答えのうち，正の符号の方とする．これらはどの 2 本も直交するので，

$$|\overrightarrow{x_n}|^2=\alpha_n^2|\vec{p}|^2+\beta_n^2|\vec{q}|^2+\gamma_n^2|\vec{r}|^2=\frac{\alpha_n^2}{a^2+1}+\beta_n^2+\frac{\gamma_n^2}{a^2+1}.$$

また，$\overrightarrow{x_n}\cdot\vec{s}=\overrightarrow{x_n}\cdot\vec{q}=\beta_n$, $|\vec{s}|=1$ なので，内積の性質から

$$\cos\theta_n=\frac{\overrightarrow{x_n}\cdot\vec{s}}{|\overrightarrow{x_n}||\vec{s}|}=\frac{\beta_n}{\sqrt{\dfrac{\alpha_n^2}{a^2+1}+\beta_n^2+\dfrac{\gamma_n^2}{a^2+1}}}.$$

$$\lim_{n\to\infty}\theta_n=\lim_{n\to\infty}\mathrm{Arccos}\left(\frac{\beta_n}{\sqrt{\dfrac{\alpha_n^2}{a^2+1}+\beta_n^2+\dfrac{\gamma_n^2}{a^2+1}}}\right)$$

$$=\mathrm{Arccos}\lim_{n\to\infty}\left(\frac{\beta_n}{\sqrt{\dfrac{\alpha_n^2}{a^2+1}+\beta_n^2+\dfrac{\gamma_n^2}{a^2+1}}}\right)$$

$$=\begin{cases}\mathrm{Arccos}\,0 & (a^3d+c\neq 0 \text{ のとき})\\ \mathrm{Arccos}\,1 & (a^3d+c=0 \text{ かつ } b>0 \text{ のとき})\\ \mathrm{Arccos}\,(-1) & (a^3d+c=0 \text{ かつ } b<0 \text{ のとき})\\ \mathrm{Arccos}\,0 & (a^3d+c=0 \text{ かつ } b=0 \text{ のとき}).\end{cases}$$

$\mathrm{Arccos}\,0=\dfrac{\pi}{2}$, $\mathrm{Arccos}\,1=0$, $\mathrm{Arccos}\,(-1)=\pi$ なので，答えは，

$$a^3d+c=0 \quad \text{かつ} \quad b>0.$$

類題 4.3

実数 μ に対して，写像 $\varphi_\mu:\mathbb{R}^3\to\mathbb{R}^3$ を

$$\varphi_\mu(\vec{x})=\mu\vec{x}+\frac{1}{2}\begin{pmatrix}1&-3&1\\1&-2&0\\1&-2&0\end{pmatrix}\vec{x}+\begin{pmatrix}1\\0\\0\end{pmatrix}\qquad(\vec{x}\in\mathbb{R}^3)$$

で定義する．また φ_μ を n 回合成したものを φ_μ^n とする．

(問 1) $\mu=1$ のとき，点列 $\{\varphi_1^n(\vec{a})\}_{n\geqq 1}$ が収束するための $\vec{a}\in\mathbb{R}^3$ の条件を求めよ．

(問 2) 点列 $\{\varphi_\mu^n(\vec{a})\}_{n\geqq 1}$ が任意の $\vec{a}\in\mathbb{R}^3$ に対して収束するための μ の条件を求めよ．

2008 年 東京大 数理科学研究科

解答 | **問 1** $A=\begin{pmatrix}1&-3&1\\1&-2&0\\1&-2&0\end{pmatrix}$, $\quad\vec{b}=\begin{pmatrix}1\\0\\0\end{pmatrix}$

とおくと，与式は $\vec{y}=\varphi_\mu(\vec{x})=\left(\mu E+\frac{1}{2}A\right)\vec{x}+\vec{b}$ である．

A の固有方程式は $\lambda^3+\lambda^2=0$ なので，固有値は $\lambda=0,0,-1$ となる．

固有値 -1 に対応する固有空間 W_{-1} の元を $\vec{v_1}$ とおく．

$$\begin{aligned}A\vec{v_1}=-\vec{v_1}\quad&\Longleftrightarrow\quad(A+E)\vec{v_1}=\vec{0}\\&\Longleftrightarrow\quad\begin{pmatrix}2&-3&1\\1&-1&0\\1&-2&1\end{pmatrix}\begin{pmatrix}x\\y\\z\end{pmatrix}=\begin{pmatrix}0\\0\\0\end{pmatrix}.\end{aligned}$$

行に関して基本変形する．まず 1 行目を 2 行目と入れ替えて

$$\left(\begin{array}{ccc|c}1&-1&0&0\\2&-3&1&0\\1&-2&1&0\end{array}\right)\longrightarrow\left(\begin{array}{ccc|c}1&-1&0&0\\0&-1&1&0\\0&-1&1&0\end{array}\right)$$

$$\longrightarrow\left(\begin{array}{ccc|c}1&0&-1&0\\0&-1&1&0\\0&0&0&0\end{array}\right)\longrightarrow\left(\begin{array}{ccc|c}1&0&-1&0\\0&1&-1&0\\0&0&0&0\end{array}\right).$$

よって $x-z=0$, $y-z=0$．したがって，

$$\begin{pmatrix}x\\y\\z\end{pmatrix}=\begin{pmatrix}z\\z\\z\end{pmatrix}=z\begin{pmatrix}1\\1\\1\end{pmatrix}.$$

固有値 0 に対応する固有空間 W_0 の元を $\vec{v_2}$ とおく．

$$A\vec{v_2}=0\vec{v_2}\quad\Longleftrightarrow\quad A\vec{v_2}=\vec{0}$$

$$\iff \begin{pmatrix}1 & -3 & 1\\ 1 & -2 & 0\\ 1 & -2 & 0\end{pmatrix}\begin{pmatrix}x\\ y\\ z\end{pmatrix}=\begin{pmatrix}0\\ 0\\ 0\end{pmatrix}.$$

行に関して基本変形する．まず 1 行目と 2 行目を入れ替えて

$$\left(\begin{array}{ccc|c}1 & -2 & 0 & 0\\ 1 & -3 & 1 & 0\\ 1 & -2 & 0 & 0\end{array}\right) \longrightarrow \left(\begin{array}{ccc|c}1 & -2 & 0 & 0\\ 0 & -1 & 1 & 0\\ 0 & 0 & 0 & 0\end{array}\right) \longrightarrow \left(\begin{array}{ccc|c}1 & -2 & 0 & 0\\ 0 & 1 & -1 & 0\\ 0 & 0 & 0 & 0\end{array}\right).$$

よって $x-2y=0$, $y-z=0$. したがって，

$$\begin{pmatrix}x\\ y\\ z\end{pmatrix}=\begin{pmatrix}2z\\ z\\ z\end{pmatrix}=z\begin{pmatrix}2\\ 1\\ 1\end{pmatrix}.$$

固有値 0 に対応する広義固有空間 $\widetilde{W_0}$ の元を $\overrightarrow{v_3}$ とおく．

$$\begin{aligned}(A-0E)^2\overrightarrow{v_3}=\overrightarrow{0} &\iff A^2\overrightarrow{v_3}=\overrightarrow{0}\\ &\iff \begin{pmatrix}-1 & 1 & 1\\ -1 & 1 & 1\\ -1 & 1 & 1\end{pmatrix}\begin{pmatrix}x\\ y\\ z\end{pmatrix}=\begin{pmatrix}0\\ 0\\ 0\end{pmatrix}\\ &\iff -x+y+z=0\\ &\iff z=x-y\\ &\iff \begin{pmatrix}x\\ y\\ z\end{pmatrix}=\begin{pmatrix}x\\ y\\ x-y\end{pmatrix}=x\begin{pmatrix}1\\ 0\\ 1\end{pmatrix}+y\begin{pmatrix}0\\ 1\\ -1\end{pmatrix}.\end{aligned}$$

$$\overrightarrow{p}=\begin{pmatrix}1\\ 1\\ 1\end{pmatrix}\in W_{-1},\qquad \overrightarrow{q}=\begin{pmatrix}2\\ 1\\ 1\end{pmatrix}\in W_0,\qquad \overrightarrow{r}=\begin{pmatrix}1\\ 0\\ 1\end{pmatrix}\in \widetilde{W_0}-W_0$$

に A をかけると，以下の等式を得る．

$$A\overrightarrow{p}=-\overrightarrow{p},\qquad A\overrightarrow{q}=0\overrightarrow{q},\qquad A\overrightarrow{r}=\overrightarrow{q}+0\overrightarrow{r}.$$

1 本にまとめて

$$\begin{aligned}A(\overrightarrow{p},\overrightarrow{q},\overrightarrow{r})&=(-\overrightarrow{p},0\overrightarrow{q},\overrightarrow{q}+0\overrightarrow{r})\\ &=(\overrightarrow{p},\overrightarrow{q},\overrightarrow{r})\begin{pmatrix}-1 & 0 & 0\\ 0 & 0 & 1\\ 0 & 0 & 0\end{pmatrix}.\end{aligned}$$

$P=(\overrightarrow{p},\overrightarrow{q},\overrightarrow{r})=\begin{pmatrix}1 & 2 & 1\\ 1 & 1 & 0\\ 1 & 1 & 1\end{pmatrix}$ を用いて，$\overrightarrow{x}=P\overrightarrow{x'}$, $\overrightarrow{y}=P\overrightarrow{y'}$ とおくと，与えられ

た式は

$$P(\overrightarrow{y'})=\left(\mu E+\frac{1}{2}A\right)P\overrightarrow{x'}+\overrightarrow{b}$$

となる．P^{-1} を両辺に左からかけると，

$$\overrightarrow{y'}=\left(\mu E+\frac{1}{2}P^{-1}AP\right)\overrightarrow{x'}+P^{-1}\overrightarrow{b}$$

となる．

$$P^{-1}=\begin{pmatrix}-1 & 1 & 1\\ 1 & 0 & -1\\ 0 & -1 & 1\end{pmatrix},\quad P^{-1}AP=\begin{pmatrix}-1 & 0 & 0\\ 0 & 0 & 1\\ 0 & 0 & 0\end{pmatrix}$$

なので，新しい基底での φ_μ を ϕ_μ とおくと，

$$\begin{aligned}\phi_\mu(\overrightarrow{x'})&=\left(\mu\begin{pmatrix}1 & 0 & 0\\ 0 & 1 & 0\\ 0 & 0 & 1\end{pmatrix}+\frac{1}{2}\begin{pmatrix}-1 & 0 & 0\\ 0 & 0 & 1\\ 0 & 0 & 0\end{pmatrix}\right)\overrightarrow{x'}+\begin{pmatrix}-1\\ 1\\ 0\end{pmatrix}\\ &=\begin{pmatrix}\mu-\frac{1}{2} & 0 & 0\\ 0 & \mu & \frac{1}{2}\\ 0 & 0 & \mu\end{pmatrix}\begin{pmatrix}x'\\ y'\\ z'\end{pmatrix}+\begin{pmatrix}-1\\ 1\\ 0\end{pmatrix}\end{aligned}$$

となる．$\overrightarrow{a}=p\overrightarrow{a}'$ で $\overrightarrow{a}'$ を定め，$\overrightarrow{a}'=\begin{pmatrix}x'_0\\ y'_0\\ z'_0\end{pmatrix}$，$\phi_\mu^n(\overrightarrow{a}')=\begin{pmatrix}x'_n\\ y'_n\\ z'_n\end{pmatrix}$ とおくと，

$$\begin{cases}x'_{n+1}=\left(\mu-\frac{1}{2}\right)x'_n-1, & (4)\\ y'_{n+1}=\mu y'_n+\frac{1}{2}z'_n+1, & (5)\\ z'_{n+1}=\mu z'_n. & (6)\end{cases}$$

(6) より

$$z'_n=\mu^n z'_0. \tag{7}$$

ただし，$\mu=0, n=0$ のとき $\mu^n=1$ とする．これを (5) に代入して，

$$y'_{n+1}=\mu y'_n+\frac{1}{2}\mu^n z'_0+1. \tag{8}$$

(4), (7), (8) が，収束するための条件を求めればよい．$\mu=1$ のとき，(7) より z'_n は定数 z'_0 となるので任意の z'_0 に対して収束する．(4) は $x'_{n+1}=\frac{1}{2}x'_n-1$ と

なるので，これを解いて，

$$x'_n = -2 + (x'_0 + 2)\left(\frac{1}{2}\right)^n.$$

よって，x'_n は任意の x'_0 に対して収束する．

(8) は $y'_{n+1} = y'_n + \frac{1}{2}z'_0 + 1$ となるので，$y'_n = y'_0 + n\left(\frac{1}{2}z'_0 + 1\right)$．よって，$y'_n$ は $z'_n = -2$ のときのみ収束する．もとの基底に戻すと，

$$\begin{pmatrix} x_0 \\ y_0 \\ z_0 \end{pmatrix} = P\begin{pmatrix} x'_0 \\ y'_0 \\ -2 \end{pmatrix} = \begin{pmatrix} x'_0 + 2y'_0 - 2 \\ x'_0 + y'_0 \\ x'_0 + y'_0 - 2 \end{pmatrix} \qquad (x'_0,\ y'_0 \text{ は任意})$$

のとき収束する．これは $\begin{pmatrix} x'_0 \\ y'_0 \\ -2 \end{pmatrix} = P^{-1}\begin{pmatrix} x_0 \\ y_0 \\ z_0 \end{pmatrix}$ と同値なので z 座標より，

（答） $y_0 - z_0 = 2$ のときのみ収束する．

問 2　(7) より $-1 < \mu \leqq 1$ が必要．$\mu = 1$ のときは，問 1 より収束しない初期値 $\vec{a}$ が存在するので不適．よって，$-1 < \mu < 1$ が必要である．このとき，(8) は $y'_n = \mu^n y'_0 + \frac{n}{2}z'_0\mu^{n-1} + \frac{1-\mu^n}{1-\mu}$ となり，収束する．(4) は

$$x'_n = \frac{1}{\mu - \frac{3}{2}} + \left(x'_0 - \frac{1}{\mu - \frac{3}{2}}\right)\left(\mu - \frac{1}{2}\right)^n$$

となる．よって，$-1 < \mu - \frac{1}{2} \leqq 1$ のとき，x'_0 の値にかかわらず収束するので，$-\frac{1}{2} < \mu \leqq \frac{3}{2}$．以上より

（答） $-\frac{1}{2} < \mu < 1.$

（補足）　類題 4.3 の再考

$B = \mu E + \frac{1}{2}A$ とおく．本解では B のジョルダン標準形をあらわに出したが，そうしない答案の書き方もある．

$$\vec{p} = \begin{pmatrix} 1 \\ 1 \\ 1 \end{pmatrix}, \quad \vec{q} = \begin{pmatrix} 2 \\ 1 \\ 1 \end{pmatrix}, \quad \vec{r} = \begin{pmatrix} 1 \\ 0 \\ 1 \end{pmatrix}$$

とおくと

$$A\overrightarrow{p}=-\overrightarrow{p},\quad Aq=\overrightarrow{0},\quad A\overrightarrow{r}=\overrightarrow{q}$$

だったので,

$$B\overrightarrow{p}=\left(\mu-\frac{1}{2}\right)\overrightarrow{p},\quad B\overrightarrow{q}=\mu\overrightarrow{q},\quad B\overrightarrow{r}=\mu\overrightarrow{r}+\frac{1}{2}\overrightarrow{q}$$

となる．$\overrightarrow{x_0}=\overrightarrow{a},\varphi_\mu^n(\overrightarrow{a})=\overrightarrow{x_n}$ とおき，$\overrightarrow{x_n}=x_n\overrightarrow{p}+y_n\overrightarrow{q}+z_n\overrightarrow{r}$ とおく．$\overrightarrow{b}=\overrightarrow{q}-\overrightarrow{p}$ なので

$$\begin{aligned}x_{n+1}\overrightarrow{p}+y_{n+1}\overrightarrow{q}+z_{n+1}\overrightarrow{r}=\overrightarrow{x_{n+1}}=\varphi_\mu(\overrightarrow{x_n})=\varphi_\mu(x_n\overrightarrow{p}+y_n\overrightarrow{q}+z_n\overrightarrow{r})\\=x_n\left(\mu-\frac{1}{2}\right)\overrightarrow{p}+y_n\mu\overrightarrow{q}+z_n\left(\mu\overrightarrow{r}+\frac{1}{2}\overrightarrow{q}\right)+\overrightarrow{q}-\overrightarrow{p}.\end{aligned}$$

係数比較して漸化式

$$x_{n+1}=\left(\mu-\frac{1}{2}\right)x_n-1,\quad y_{n+1}=\mu y_n+1+\frac{z_n}{2},\quad z_{n+1}=\mu z_n$$

を得る．

2 項間漸化式 $a_{n+1}=ra_n+s$ の解法を真似ると，次のようになる．

$$\overrightarrow{x_{n+1}}=B\overrightarrow{x_n}+\overrightarrow{b}\tag{9}$$

と同値である．$\overrightarrow{x_{n+1}}$ と $\overrightarrow{x_n}$ に $\overrightarrow{c}$ を代入すると，

$$\overrightarrow{c}=B\overrightarrow{c}+\overrightarrow{b}\iff(E-B)\overrightarrow{c}=\overrightarrow{b}\tag{10}$$

もし，$(E-B)^{-1}$ があると，$\overrightarrow{c}=(E-B)^{-1}\overrightarrow{b}$. (9) から (10) をひくと

$$\begin{aligned}\overrightarrow{x_{n+1}}-\overrightarrow{c}=B(\overrightarrow{x_n}-\overrightarrow{c})&\iff\overrightarrow{x_n}-\overrightarrow{c}=B^n(\overrightarrow{x_0}-\overrightarrow{c})\\&\iff\overrightarrow{x_n}=\overrightarrow{c}+B^n(\overrightarrow{a}-\overrightarrow{c}).\end{aligned}\tag{11}$$

$(E-B)^{-1}$ がない場合には，B に固有値 1 がある．B の固有値は μ (重解) と $\mu-\dfrac{1}{2}$ なので，このいずれかが 1 とすると，$\mu=\dfrac{3}{2},1$. この場合は帰納的に示される式

$$x_n=B^n\overrightarrow{a}+(B^{n-1}+\cdots+B^2+B+E)\overrightarrow{b}$$

を用いることになる．

スペクトル分解を用いると，

$$B^n=\left(\mu-\frac{1}{2}\right)^nB_1+\mu^nB_2+n\mu^nB_3$$

とおける．よって，$\mu \neq \dfrac{3}{2}, 1$ の場合，(11) が初期条件 $\overrightarrow{x_0}$ によらず収束する条件は，$-1 < \mu - \dfrac{1}{2} < 1$ かつ $-1 < \mu < 1$ となる．ただし，$B_1 \neq O$, $B_2 \neq O$, $B_3 \neq O$ を確認しておく必要があり，こまごまチェックすると本解と同程度の煩雑さになる．

第5章　固有値・固有ベクトル

基礎のまとめ

1　集合

ものの集まりを**集合**という．集合の中に入っているものを**要素**または**元**《げん》という．集合 S の中の2つの元に対してある演算の結果がつねに S に入るとき，S はその演算について閉じているという．たとえば，自然数の全体 $\mathbb{N}$ は，足し算について閉じているが，引き算については閉じていない．整数の全体 $\mathbb{Z}$ は，足し算，引き算，かけ算について閉じているが，割り算については閉じていない．有理数の全体 $\mathbb{Q}$ は，足し算，引き算，かけ算，割り算について閉じている．ただし 0 で割ることを除く．有理数のように，0 で割ることを除く四則演算について閉じている集合を**体**という．たとえば，実数全体 $\mathbb{R}$ や複素数全体 $\mathbb{C}$ は体である．

K を体とする．足し算，引き算と K の元をかけることについて閉じている集合を K 上の**ベクトル空間**とか K-**線形空間**などという．K の元をかけることを**スカラー倍**とか**定数倍**などと称する．

足し算とスカラー倍について閉じていれば，引き算について閉じていることは自動的にわかる．

2　ベクトル空間

$\mathbb{R}$ 上のベクトル空間を**実ベクトル空間**，$\mathbb{C}$ 上のベクトル空間を**複素ベクトル空間**という．たとえば，実 n 次元縦ベクトル

$$\begin{pmatrix} x_1 \\ x_2 \\ \vdots \\ x_n \end{pmatrix}, \qquad x_1, x_2, \cdots, x_n \in \mathbb{R}$$

の全体 $\mathbb{R}^n$ は実ベクトル空間である．複素 n 次元縦ベクトル

$$\begin{pmatrix} z_1 \\ z_2 \\ \vdots \\ z_n \end{pmatrix}, \qquad z_1, z_2, \cdots, z_n \in \mathbb{C}$$

の全体 $\mathbb{C}^n$ は複素ベクトル空間である．

K ベクトル空間 V の部分集合 W が再び K ベクトル空間になるとき，W を V の**部分ベクトル空間**とか**部分線形空間**という．**部分空間**と略すことも多い．K ベクトル空間 V の部分ベクトル空間 W_1, W_2 に対して，その交わり $W_1 \cap W_2$ は再び部分ベクトル空間になる．

K ベクトル空間 V の部分ベクトル空間 W_1, W_2 に対して，その和 $W_1 + W_2$ を

$$\{\overrightarrow{w_1} + \overrightarrow{w_2} \in V \mid \overrightarrow{w_1} \in W_1, \overrightarrow{w_2} \in W_2\}$$

で定義する．$W_1 + W_2 + W_3$ なども同様に定義する．これらは，再び V の部分ベクトル空間になる．

$$\dim(W_1 + W_2) = \dim W_1 + \dim W_2 - \dim(W_1 \cap W_2)$$

が成り立つ．

$W_1 \cap W_2 = \{\vec{0}\}$ のとき $W_1 + W_2$ は**直和**であるといい，$W_1 \oplus W_2$ と書く．$W_1 \cap W_2 = \{\vec{0}\}$ かつ $(W_1 + W_2) \cap W_3 = \{\vec{0}\}$ のとき $W_1 + W_2 + W_3$ は**直和**であるといい，$W_1 \oplus W_2 \oplus W_3$ と書く．$W_1 \oplus W_2 \oplus W_3 \oplus W_4$ なども同様に定義する．$W_1 + W_2$ が直和であるための必要十分条件は，$\vec{v} \in W_1 + W_2$ を W_1 の元と W_2 の元の和で表す方法が一通りであることである．$\dim(W_1 \oplus W_2) = \dim W_1 + \dim W_2$ となる．

3　1 次独立，1 次従属

V を K ベクトル空間とする．

$$k_1, k_2, \cdots, k_m \in K, \qquad \overrightarrow{v_1}, \overrightarrow{v_2}, \cdots, \overrightarrow{v_m} \in V$$

に対して，$k_1\overrightarrow{v_1} + k_2\overrightarrow{v_2} + \cdots + k_m\overrightarrow{v_m}$ の形の元を $\overrightarrow{v_1}, \overrightarrow{v_2}, \cdots, \overrightarrow{v_m}$ の K 上の **1 次結合**とか，K 上の**線形結合**という．

$$k_1\overrightarrow{v_1} + k_2\overrightarrow{v_2} + \cdots + k_m\overrightarrow{v_m} = \vec{0}$$

ならば $(k_1, k_2, \cdots, k_m) = (0, 0, \cdots, 0)$ となるとき，$\overrightarrow{v_1}, \overrightarrow{v_2}, \cdots, \overrightarrow{v_m}$ は K **上 1 次独立**とか，K **上線形独立**などという．K 上 1 次独立でないとき，K **上 1 次従属**とか，

K **上線形従属**などという．

V 内で K 上 1 次独立なベクトルの極大本数 (これ以上付け加えると K 上 1 次従属になる本数) はつねに一定である．これを V の**次元**といい，$\dim_K V$ や $\dim V$ と表す．たとえば，$\mathbb{C}$ を $\mathbb{C}$ ベクトル空間と見なすと，$\dim_{\mathbb{C}}\mathbb{C}=1$, $\mathbb{R}$ ベクトル空間と見なすと，$\dim_{\mathbb{R}}\mathbb{C}=2$, $\mathbb{Q}$ ベクトル空間と見なすと，$\dim_{\mathbb{Q}}\mathbb{C}=\infty$ となる．

K ベクトル空間 V の任意の元が $\overrightarrow{v_1},\overrightarrow{v_2},\cdots,\overrightarrow{v_m}$ の K 上の 1 次結合で表され，表し方が一通りのとき，順序対

$$(\overrightarrow{v_1},\overrightarrow{v_2},\cdots,\overrightarrow{v_m})$$

を V の**基底**という．基底の取り方にはいろいろある．$\mathbb{R}^n$ や $\mathbb{C}^n$ において，

$$\overrightarrow{e_1}=\begin{pmatrix}1\\0\\0\\\vdots\\0\\0\end{pmatrix},\quad \overrightarrow{e_2}=\begin{pmatrix}0\\1\\0\\\vdots\\0\\0\end{pmatrix},\quad \cdots,\quad \overrightarrow{e_n}=\begin{pmatrix}0\\0\\0\\\vdots\\0\\1\end{pmatrix}$$

は基底になる．これを**標準基底**という．

4　写像

集合 X の任意の元 x に対して，集合 Y のある元 y を唯一対応させる規則 f が定まっているとき，f を X **から** Y **への写像 (変換，関数)** といい，X を f の**定義域**, Y を f の**終域**という．$x\in X$ に対応する $y\in Y$ を $f(x)$ と書く．X の部分集合 S に対して，$f(S)=\{f(s)\in Y \mid s\in X\}$ を S の**像**という．X 全体の像 $f(X)$ を $\mathrm{Im}(f)$ とも書く．

Y の部分集合 T に対して，$f^{-1}(T)=\{x\in X \mid f(x)\in T\}$ を T の**逆像**とか**原像**という．f の逆写像 (逆変換，逆関数) f^{-1} が存在しなくても，原像は定義されることに注意せよ．

m 次元 K ベクトル空間 V^m から n 次元 K ベクトル空間 W^n への写像 $f:V^m \to W^n$ が K 線形構造を保つとき，つまり，足し算，引き算，スカラー倍と互換性があるとき f を**線形写像**という．式で書くと，任意の $\overrightarrow{v_1},\overrightarrow{v_2},\overrightarrow{v}\in V$, $k\in K$ に対して，

(i) $f(\overrightarrow{v_1}+\overrightarrow{v_2})=f(\overrightarrow{v_1})+f(\overrightarrow{v_2})$,
(ii) $f(\overrightarrow{v_1}-\overrightarrow{v_2})=f(\overrightarrow{v_1})-f(\overrightarrow{v_2})$,

(iii) $f(k\vec{v})=kf(\vec{v})$.

(ii) は (i) と (iii) から出るので，証明問題の際はチェックする必要はない．特に f の定義域 V^m と終域 W^n が一致している場合，f を**線形変換**とか **1 次変換**という．

f による W^n の零ベクトルのみからなる集合 $\{\vec{0}\}\subset W^n$ の原像 $f^{-1}(\{\vec{0}\})$ を f の**核**といい $\mathrm{Ker}f$ と書く．

K ベクトル空間 V から K ベクトル空間 W への線形写像 f に対して，

$$\dim_K(\mathrm{Im}f)+\dim_K(\mathrm{Ker}f)=\dim_K V$$

が成り立つ．これは**次元定理**などと呼ばれる．

5 直交群

V^m の基底が $(\overrightarrow{v_1},\overrightarrow{v_2},\cdots,\overrightarrow{v_m})$, W^n の基底が $(\overrightarrow{w_1},\overrightarrow{w_2},\cdots,\overrightarrow{w_n})$ であるとする．線形写像 $f:V^m\to W^n$ を $f(\overrightarrow{v_j})=\sum_{i=1}^{n}a_{ij}\overrightarrow{w_i}$ とおく．任意のベクトル $\vec{v}\in V^m$ は，基底の 1 次結合で $\sum_{j=1}^{m}x_j\overrightarrow{v_j}$ と表せる．その像 $\vec{w}\in W^n$ は，基底の 1 次結合で $\sum_{i=1}^{n}y_i\overrightarrow{w_i}$ と表せる．

$$\begin{aligned}\sum_{i=1}^{n}y_i\overrightarrow{w_i}&=f\left(\sum_{j=1}^{m}x_j\overrightarrow{v_j}\right)=\sum_{j=1}^{m}x_jf(\overrightarrow{v_j})\sum_{j=1}^{m}x_j\left(\sum_{i=1}^{n}a_{ij}\overrightarrow{w_i}\right)\\&=\sum_{j=1}^{m}\sum_{i=1}^{n}x_ja_{ij}\overrightarrow{w_i}=\sum_{i=1}^{n}\left(\sum_{j=1}^{m}a_{ij}x_j\right)\overrightarrow{w_i}.\end{aligned}$$

両辺の係数を比較して，

$$y_i=\sum_{j=1}^{m}a_{ij}x_j.$$

行列で書くと，

$$\begin{pmatrix}y_1\\y_2\\\vdots\\y_n\end{pmatrix}=\begin{pmatrix}a_{11}&a_{12}&\cdots&a_{1m}\\a_{21}&a_{22}&\cdots&a_{2m}\\\vdots&\vdots&\ldots&\vdots\\a_{n1}&a_{n2}&\cdots&a_{nm}\end{pmatrix}\begin{pmatrix}x_1\\x_2\\\vdots\\x_m\end{pmatrix}$$

のように表される．

$\mathbb{R}^n$ の原点を中心とする回転は，正規直交基底 (長さ 1 でどの 2 本も直交するベクトルからなる基底)に関して，$\det T=1$ を満たす直交行列 T で表されるものに限る．このような T の全体を $\mathrm{SO}(n)$ と書き，**特殊直交群**という．たとえば，$\mathbb{R}^2$ の原点を中心とする角 θ の回転は

$$\begin{pmatrix}\cos\theta & -\sin\theta \\ \sin\theta & \cos\theta\end{pmatrix}$$

で表され，**回転行列**と呼ばれる．$\mathbb{R}^n$ の原点を通る超平面に関する鏡映は，正規直交基底に関して，$\det T=-1$ を満たす直交行列 T で表されるものに限る．このような T の全体と $\mathrm{SO}(n)$ を合わせて $\mathrm{O}(n)$ と書き，**直交群**という．たとえば，$\mathbb{R}^2$ の原点を通る直線

$$l:\begin{pmatrix}x\\y\end{pmatrix}=t\begin{pmatrix}\cos\theta/2\\ \sin\theta/2\end{pmatrix}$$

に関する折り返しは，

$$\begin{pmatrix}\cos\theta & \sin\theta \\ \sin\theta & -\cos\theta\end{pmatrix}$$

で表される．

$\mathbb{R}^n$ の m 次元部分空間 W 上への正射影は，正規直交基底に関して，$P^2=P$, ${}^tP=P$, $\mathrm{Im}P=W$ (したがって $\mathrm{rank}P=m$) を満たす行列 P で表される．たとえば，$\mathbb{R}^2$ の原点を通る直線

$$l:\begin{pmatrix}x\\y\end{pmatrix}=t\begin{pmatrix}\cos\theta\\ \sin\theta\end{pmatrix}$$

上への正射影は，

$$\begin{pmatrix}\cos^2\theta & \cos\theta\sin\theta \\ \cos\theta\sin\theta & \sin^2\theta\end{pmatrix}$$

で表される．単なる射影の場合は，条件 ${}^tP=P$ がなくなる．

6　固有値・固有ベクトル

一般に ベクトル $\vec{v}\neq\vec{0}$ の線形変換 f による像 $f(\vec{v})$ は，$\vec{v}$ とは全く別の方向を向いている．しかし，たまたま $\vec{v}$ と同じ方向を向くこともある．そのような $\vec{v}$ を f の**固有ベクトル**といい，f によって $\vec{v}$ が伸びる倍率を f の**固有値**という．

式で書くと，$f(\vec{v})=\lambda\vec{v}$ かつ $\vec{v}\neq\vec{0}$ となる λ を f の固有値，$\vec{v}$ を f の固有値 λ に対応する固有ベクトルという．f の定義域や終域の基底を固定して，f を行列 A で表すと，定義は次のようになる．

$$A\vec{v}=\lambda\vec{v} \quad かつ \quad \vec{v}\neq\vec{0}$$

を満たす λ を A の**固有値**, $\vec{v}$ を固有値 λ に対応する**固有ベクトル**という．たとえば，量子力学では，固有値が粒子のエネルギーを，固有ベクトルが粒子の存在確率を表す．このように，さまざまな分野に登場する重要な概念である．

$\det(xE-A)$ を A の**固有多項式**, $\det(xE-A)=0$ を A の**固有方程式**という．A の固有値は，固有方程式を解くことによって得られる．

$A\vec{v}=\lambda\vec{v}$ を満たす $\vec{v}$ の全体 W_λ を A の λ に対応する**固有空間**という．$A\vec{v}=\lambda E\vec{v}$ を移項すると $(A-\lambda E)\vec{v}=\vec{0}$ なので $W_\lambda=\mathrm{Ker}(A-\lambda E)$ である．ある自然数 n が存在して，$(A-\lambda E)^n\vec{v}=\vec{0}$ を満たす $\vec{v}$ の全体 $\widetilde{W}_\lambda$ を A の λ に対応する**広義固有空間**という．式で書くと，

$$\widetilde{W}_\lambda=\bigcup_{n=1}^{\infty}\mathrm{Ker}(A-\lambda E)^n$$

である．正方行列 A の最小多項式が

$$(x-\mu_1)^{e'_1}(x-\mu_2)^{e'_2}\times\cdots\times(x-\mu_k)^{e'_k}$$

のとき，

$$\mathrm{Ker}(A-\mu_1E)\subset\mathrm{Ker}(A-\mu_1E)^2\subset\cdots\subset\mathrm{Ker}(A-\mu_1E)^{e'_1}$$
$$=\mathrm{Ker}(A-\mu_1E)^{e'_1+1}=\cdots$$

となるので，

$$\widetilde{W}_{\mu_1}=\mathrm{Ker}(A-\mu_1E)^{e'_1}$$

である．$\widetilde{W}_{\mu_2},\cdots,\widetilde{W}_{\mu_k}$ に対しても同様．このとき，

$$A^n=\sum_{i=1}^{k}\left(\sum_{l=1}^{e'_i}n^{l-1}\mu_i^nQ_{i,l}\right)$$

が成り立つ．$\widetilde{W}_{\mu_1},\widetilde{W}_{\mu_2},\cdots,\widetilde{W}_{\mu_k}$ 上への射影を表す行列を順に $P_1,P_2,\cdots,P_k$ とおくと，$i\neq j$ のとき，$P_iP_j=O$, $P_i^2=P_i$,

$$E=P_1+P_2+\cdots+P_k, \qquad AP_i=P_iA$$

であり，

$$P_iA^n=\sum_{l=1}^{e'_i}n^{l-1}\mu_i^nQ_{i,l}$$

となる．たとえば，正方行列 A の固有多項式が $(x-\mu_1)(x-\mu_2)^2$ のとき，A の最小多項式は $(x-\mu_1)(x-\mu_2)$ か $(x-\mu_1)(x-\mu_2)^2$ なので，

$$A^n=\mu_1^nQ_{1,1}+\mu_2^nQ_{2,1} \quad \text{または} \quad A^n=\mu_1^nQ_{1,1}+(\mu_2^nQ_{2,1}+n\mu_2^nQ_{2,2})$$

の形で表される．後者の $Q_{2,2}$ を O とおくと前者の形になるので，後者は前者を含む．

問題と解答・解説

問題 5.1

3 次正方行列の固有値・固有ベクトル

3 次対称行列 A を $A=\begin{pmatrix}1 & 1 & 3\\ 1 & 5 & 1\\ 3 & 1 & 1\end{pmatrix}$ とおく．以下の問いに答えよ．

(問 1) 逆行列 A^{-1} を求めよ．

(問 2) 行列 A の固有値と固有ベクトルを求めよ．

ポイント

問 1　掃き出し法を用いる．A が 3 次正方行列のとき，3×6 行列 $(A|E)$ を行に関する基本変形で $(E|X)$ の形にできたとすると，X が A の逆行列になっている．

問 2　固有方程式 $\det(\lambda E-A)=0$ の解が固有値になる．行列 A の固有値 λ に対応する固有ベクトルは $A\vec{v}=\lambda\vec{v}$ かつ $\vec{v}\neq\vec{0}$ の解である．

解答 | 問 1　まず，1 行目を 2 行目から引き，1 行目の 3 倍を 3 行目から引く．次に，2 行目と 3 行目を入れ替える．

◀ まず 1 列目に着目して，0 をたくさん作る．1 列目のなかで一番絶対値が小さいものは，1 行目の 1 なので，これを用いて変形する．

$$(A|E)\longrightarrow\left(\begin{array}{ccc|ccc}1 & 1 & 3 & 1 & 0 & 0\\ 1 & 5 & 1 & 0 & 1 & 0\\ 3 & 1 & 1 & 0 & 0 & 1\end{array}\right)$$

$$\longrightarrow\left(\begin{array}{ccc|ccc}1 & 1 & 3 & 1 & 0 & 0\\ 0 & 4 & -2 & -1 & 1 & 0\\ 0 & -2 & -8 & -3 & 0 & 1\end{array}\right)$$

$$\longrightarrow\left(\begin{array}{ccc|ccc}1 & 1 & 3 & 1 & 0 & 0\\ 0 & -2 & -8 & -3 & 0 & 1\\ 0 & 4 & -2 & -1 & 1 & 0\end{array}\right)$$

2 行目の 2 倍を 3 行目に足し，2 行目を $-\frac{1}{2}$ 倍，3 行目を $-\frac{1}{18}$ 倍する．次に，2 行目を 1 行目から引く．

$$\longrightarrow\left(\begin{array}{ccc|ccc}1 & 1 & 3 & 1 & 0 & 0\\ 0 & -2 & -8 & -3 & 0 & 1\\ 0 & 0 & -18 & -7 & 1 & 2\end{array}\right)$$

$$\longrightarrow\left(\begin{array}{ccc|ccc}1 & 1 & 3 & 1 & 0 & 0\\ 0 & 1 & 4 & \frac{3}{2} & 0 & -\frac{1}{2}\\ 0 & 0 & 1 & \frac{7}{18} & -\frac{1}{18} & -\frac{1}{9}\end{array}\right)$$

$$\longrightarrow\left(\begin{array}{ccc|ccc}1 & 0 & -1 & -\frac{1}{2} & 0 & \frac{1}{2}\\ 0 & 1 & 4 & \frac{3}{2} & 0 & -\frac{1}{2}\\ 0 & 0 & 1 & \frac{7}{18} & -\frac{1}{18} & -\frac{1}{9}\end{array}\right).$$

◀ 次に 2 列目に着目する．2 行目を用いて，3 行目の 4 が簡単に消せる．次に，1 行目の 1 を処理するために 2 行目を −2 で割って 1 にする．

3 行目を 1 行目に足し，3 行目の 4 倍を 2 行目から引く．

◀ 最後に 3 列目に着目する．3 行 3 列成分が 1 なので，これを用いて，1 行目，2 行目の成分を 0 にする．

$$\longrightarrow\left(\begin{array}{ccc|ccc}1 & 0 & 0 & -\frac{1}{9} & -\frac{1}{18} & \frac{7}{18}\\ 0 & 1 & 0 & -\frac{1}{18} & \frac{2}{9} & -\frac{1}{18}\\ 0 & 0 & 1 & \frac{7}{18} & -\frac{1}{18} & -\frac{1}{9}\end{array}\right).$$

◀ この 3×6 行列が答えではない．右側の 3 次正方行列が答えとなる．

よって，

$$\textbf{(答)}\quad A^{-1}=\begin{pmatrix}-\frac{1}{9} & -\frac{1}{18} & \frac{7}{18}\\ -\frac{1}{18} & \frac{2}{9} & -\frac{1}{18}\\ \frac{7}{18} & -\frac{1}{18} & -\frac{1}{9}\end{pmatrix}$$

$$=\frac{1}{18}\begin{pmatrix}-2 & -1 & 7\\ -1 & 4 & -1\\ 7 & -1 & -2\end{pmatrix}.$$

問 2　A の固有方程式は

$$\lambda^3-7\lambda^2+3=(\lambda+2)(\lambda-3)(\lambda-6)=0.$$

◀ $\lambda=1,2,\cdots$ と代入していくと，$\lambda=3$ を代入した値が 0 であり，$\lambda-3$ で割り切れることがわかる．

よって，固有値は

$$\textbf{(答)}\quad \lambda=-2,3,6.$$

$$A\vec{v}=\lambda\vec{v} \iff A\vec{v}=\lambda E\vec{v} \iff (A-\lambda E)\vec{v}=\vec{0}$$

であることに注意する．

(i) $\lambda=-2$ のとき．$(A-\lambda E)\vec{v}=(A+2E)\vec{v}$ は

$$\begin{pmatrix}3&1&3\\1&7&1\\3&1&3\end{pmatrix}\begin{pmatrix}x\\y\\z\end{pmatrix}=\begin{pmatrix}3x+y+3z\\x+7y+z\\3x+y+3z\end{pmatrix}=\begin{pmatrix}0\\0\\0\end{pmatrix}$$

◀ 3 行目は 1 行目と同じ式である．z を消去すると y が求まり，y を消去すると，x と z の関係式が出る．

なので，

$$\begin{aligned}&3x+y+3z=0 \quad \text{かつ} \quad x+7y+z=0\\ \iff& y=0 \quad \text{かつ} \quad z=-x\\ \iff& \begin{pmatrix}x\\y\\z\end{pmatrix}=\begin{pmatrix}x\\0\\-x\end{pmatrix}.\end{aligned}$$

固有ベクトルは $\vec{0}$ でないので，固有値 -2 に対応する固有ベクトルは，

(答) $t\begin{pmatrix}1\\0\\-1\end{pmatrix} \qquad (t\neq 0).$

(ii) $\lambda=3$ のとき．$(A-\lambda E)\vec{v}=(A-3E)\vec{v}$ は

$$=\begin{pmatrix}-2&1&3\\1&2&1\\3&1&-2\end{pmatrix}\begin{pmatrix}x\\y\\z\end{pmatrix}=\begin{pmatrix}-2x+y+3z\\x+2y+z\\3x+y-2z\end{pmatrix}=\begin{pmatrix}0\\0\\0\end{pmatrix}$$

◀ 3 行目は 2 行目から 1 行目を引くと出る．z を消去すると x と y の関係式が求まり，y を消去すると，x と z の関係式が出る．

なので，

$$\begin{aligned}&-2x+y+3z=0 \quad \text{かつ} \quad x+2y+z=0\\ \iff& y=-x \quad \text{かつ} \quad z=x\\ \iff& \begin{pmatrix}x\\y\\z\end{pmatrix}=\begin{pmatrix}x\\-x\\x\end{pmatrix}.\end{aligned}$$

固有ベクトルは $\vec{0}$ でないので，固有値 3 に対応する固有ベクトルは，

(答) $t\begin{pmatrix}1\\-1\\1\end{pmatrix} \qquad (t\neq 0).$

(iii) $\lambda=6$ のとき．$(A-\lambda E)\vec{v}=(A-6E)\vec{v}$ は

$$=\begin{pmatrix}-5 & 1 & 3\\ 1 & -1 & 1\\ 3 & 1 & -5\end{pmatrix}\begin{pmatrix}x\\ y\\ z\end{pmatrix}=\begin{pmatrix}-5x+y+3z\\ x-y+z\\ 3x+y-5z\end{pmatrix}$$

$$=\begin{pmatrix}0\\ 0\\ 0\end{pmatrix}$$

◀3 行目は 1 行目の (−1) 倍と 2 行目の (−2) 倍を足すと出る．z を消去すると x と y の関係式が求まり，y を消去すると，x と z の関係式が出る．

なので，

$$-5x+y+3z=0 \quad かつ \quad x-y+z=0$$

$$\Longleftrightarrow y=2x \quad かつ \quad z=x$$

$$\Longleftrightarrow \begin{pmatrix}x\\ y\\ z\end{pmatrix}=\begin{pmatrix}x\\ 2x\\ x\end{pmatrix}.$$

固有ベクトルは $\vec{0}$ でないので，固有値 6 に対応する固有ベクトルは，

$$\textbf{(答)}\quad t\begin{pmatrix}1\\ 2\\ 1\end{pmatrix}\qquad (t\neq 0).$$

解説 | **問 1**　逆行列 $AX=E$ や連立方程式 $A\vec{v}=\vec{b}$ の解を求めるときの，行に関する変形規則は，p.18 に書かれているように 3 つある．これら 3 つを用いて $(A|E)\longrightarrow\cdots\longrightarrow(E|X)$ の形まで変形できたら，$X=A^{-1}$ になっている．変形すると，行列は異なるものになるので，等号ではつなげず，矢印を用いる．

問 2　行列 A の固有値とは，$A\vec{v}=\lambda\vec{v}$ かつ $\vec{v}\neq\vec{0}$ を満たす $\vec{v}$ が存在するような λ のことである．この $\vec{v}$ を行列 A の固有値 λ に対応する固有ベクトルと呼ぶ．

固有値を出すための理論的考察は以下の通りである．

$$A\vec{v}=\lambda\vec{v} \iff A\vec{v}=\lambda E\vec{v} \iff (A-\lambda E)\vec{v}=\vec{0}.$$

もし，$(A-\lambda E)^{-1}$ があると $\vec{v}=\vec{0}$ となってしまい，固有ベクトルの定義に反する．したがって，$(A-\lambda E)^{-1}$ がない，つまり，

$$\det(A-\lambda E)=0 \tag{1}$$

であることが必要．逆にこのとき，$(A-\lambda E)\vec{v}=\vec{0}$ を満たす $\vec{v}\neq\vec{0}$ が存在する．(1) は $\det(\lambda E-A)=0$ と同値であり，これを行列 A の固有方程式と呼ぶ．

行列 $A=\begin{pmatrix} a_1 & a_2 & a_3 \\ b_1 & b_2 & b_3 \\ c_1 & c_2 & c_3 \end{pmatrix}$ の場合だと

$$\det\left(\lambda\begin{pmatrix} 1 & 0 & 0 \\ 0 & 1 & 0 \\ 0 & 0 & 1 \end{pmatrix}-\begin{pmatrix} a_1 & a_2 & a_3 \\ b_1 & b_2 & b_3 \\ c_1 & c_2 & c_3 \end{pmatrix}\right)=\det\begin{pmatrix} \lambda-a_1 & -a_2 & -a_3 \\ -b_1 & \lambda-b_2 & -b_3 \\ -c_1 & -c_2 & \lambda-c_3 \end{pmatrix}=0$$

となる．これをサラスの方法で展開すると，

$$\begin{aligned}&(\lambda-a_1)(\lambda-b_2)(\lambda-c_3)-a_2b_3c_1-a_3b_1c_2\\&-(\lambda-a_1)b_3c_2-a_2b_1(\lambda-c_3)-a_3c_1(\lambda-b_2)=0\end{aligned}$$

となる．A のトレース $\mathrm{tr}A$ を $a_1+b_2+c_3$ で定義すると，固有方程式は，次のように整理できる．

$$\lambda^3-(\mathrm{tr}A)\lambda^2+\{(a_1b_2-a_2b_1)+(b_2c_3-b_3c_2)+(a_1c_3-a_3c_1)\}\lambda-\det A=0.$$

2 次正方行列の行列式を用いて書くと，次のようになる．

$$\lambda^3-(\mathrm{tr}A)\lambda^2+\left(\det\begin{pmatrix} a_1 & a_2 \\ b_1 & b_2 \end{pmatrix}+\det\begin{pmatrix} b_2 & b_3 \\ c_2 & c_3 \end{pmatrix}+\det\begin{pmatrix} a_1 & a_3 \\ c_1 & c_3 \end{pmatrix}\right)\lambda-\det A=0.$$

実際に問題を解くときには，これを覚えておいて，数値を当てはめるのが早い．本問の場合は，

$$\begin{aligned}&\mathrm{tr}A=1+5+1=7,\\&\det\begin{pmatrix} a_1 & a_2 \\ b_1 & b_2 \end{pmatrix}+\det\begin{pmatrix} b_2 & b_3 \\ c_2 & c_3 \end{pmatrix}+\det\begin{pmatrix} a_1 & a_3 \\ c_1 & c_3 \end{pmatrix}=(5-1)+(5-1)+(1-9)=0,\\&\det A=(5+3+3)-(1+1+45)=-36\end{aligned}$$

なので，固有方程式は $\lambda^3-7\lambda^2+36=0$ となる．固有ベクトルは $A\vec{v}=\lambda\vec{v}$，すなわち，$(A-\lambda E)\vec{v}=\vec{0}$ を解くことによって得られる．たとえば，$\lambda=-2$ のとき，上の解答にあるように，

$$\begin{pmatrix} 3 & 1 & 3 \\ 1 & 7 & 1 \\ 3 & 1 & 3 \end{pmatrix}\begin{pmatrix} x \\ y \\ z \end{pmatrix}=\begin{pmatrix} 0 \\ 0 \\ 0 \end{pmatrix}$$

となる．これを掃き出し法で解くこともできる．未知数を省略して拡大係数行列を書き，3 行目から 1 行目を引き，1 行目から 2 行目の 3 倍を引き，1 行目と 2 行目を入れ替えると，

$$\begin{pmatrix} 3 & 1 & 3 & | & 0 \\ 1 & 7 & 1 & | & 0 \\ 3 & 1 & 3 & | & 0 \end{pmatrix} \longrightarrow \begin{pmatrix} 3 & 1 & 3 & | & 0 \\ 1 & 7 & 1 & | & 0 \\ 0 & 0 & 0 & | & 0 \end{pmatrix} \longrightarrow \begin{pmatrix} 0 & -20 & 0 & | & 0 \\ 1 & 7 & 1 & | & 0 \\ 0 & 0 & 0 & | & 0 \end{pmatrix}$$

$$\longrightarrow \begin{pmatrix} 1 & 7 & 1 & | & 0 \\ 0 & -20 & 0 & | & 0 \\ 0 & 0 & 0 & | & 0 \end{pmatrix}.$$

2 行目を -20 で割り，1 行目から 2 行目の 7 倍を引くと，

$$\longrightarrow \begin{pmatrix} 1 & 7 & 1 & | & 0 \\ 0 & 1 & 0 & | & 0 \\ 0 & 0 & 0 & | & 0 \end{pmatrix} \longrightarrow \begin{pmatrix} 1 & 0 & 1 & | & 0 \\ 0 & 1 & 0 & | & 0 \\ 0 & 0 & 0 & | & 0 \end{pmatrix}$$

となる．未知数を復元すると，

$$1x+0y+1z=0 \quad \text{かつ} \quad 0x+y+0z=0 \quad \text{かつ} \quad 0x+0y+0z=0.$$

つまり，$z=-x$, $y=0$ を得る．$z=u$ とおくと，

$$\begin{pmatrix} x \\ y \\ z \end{pmatrix} = \begin{pmatrix} -u \\ 0 \\ u \end{pmatrix} = u \begin{pmatrix} -1 \\ 0 \\ 1 \end{pmatrix}$$

となる．本問の場合は，掃き出し法を用いるより，素朴に解いた方が早いと思われる．

類題 5.1

実対称行列の固有値と固有ベクトルについて，以下の問いに答えよ．

(問 1) 実対称行列 $\begin{pmatrix} 5 & 1 & 1 \\ 1 & 5 & -1 \\ 1 & -1 & 5 \end{pmatrix}$ の固有値と，それぞれの固有値に対応する単位固有ベクトルを求めよ．

(問 2) A は $n \times n$ 実対称行列とする．A の固有値はすべて実数になることを示せ．

(問 3) A は $n \times n$ 実対称行列とする．A の固有値が互いに相異なる値をもつとき，対応する固有ベクトルは直交することを示せ．

(問 4) $\mathbb{R}^n$ は n 次元実ベクトル空間とする．A は $n \times n$ 実対称行列とし，$\vec{0}$ でない任意の $\vec{x} \in \mathbb{R}^n$ に対して以下の条件を満たすとする．

$$^t\vec{x} A \vec{x} > 0.$$

ここで，$^t\vec{x}$ は $\vec{x}$ の転置を表す．このとき，A の固有値はすべて正であ

ることを示せ．ただし，A の単位固有ベクトルが $\mathbb{R}^n$ の正規直交基底となることは既知として用いてよい．

2006年 東京大 新領域創成科学研究科 複雑理工学専攻

解答 | **問1**　与えられた行列を A とおく．

$$A\begin{pmatrix}-1\\1\\1\end{pmatrix}=3\begin{pmatrix}-1\\1\\1\end{pmatrix},\quad A\begin{pmatrix}1\\1\\0\end{pmatrix}=6\begin{pmatrix}1\\1\\0\end{pmatrix},\quad A\begin{pmatrix}0\\1\\-1\end{pmatrix}=6\begin{pmatrix}0\\1\\-1\end{pmatrix}.$$

よって，固有値は

（答）　3,6,6.

単位固有ベクトルは，

$$\textbf{（答）}\quad \frac{\pm1}{\sqrt{3}}\begin{pmatrix}-1\\1\\1\end{pmatrix},\quad \frac{\pm1}{\sqrt{2}}\begin{pmatrix}1\\1\\0\end{pmatrix},\quad \frac{\pm1}{\sqrt{2}}\begin{pmatrix}0\\1\\-1\end{pmatrix}.$$

問2　n 次元複素ベクトル $\vec{a}=(\alpha_i)$ と $\vec{b}=(\beta_i)$ のエルミート内積 (複素内積) $(\vec{a},\vec{b})$ を $\sum_{i=1}^{n}\alpha_i\overline{\beta_i}$ で定義する．ここで $\overline{z}$ は z の複素共役である．固有値 λ に対応する単位固有ベクトルを $\vec{v}$ とおくと，

$$\begin{aligned}\lambda&=\lambda(\vec{v},\vec{v})=(\lambda\vec{v},\vec{v})=(A\vec{v},\vec{v})=(\vec{v},{}^tA\vec{v})=(\vec{v},A\vec{v})\\&=(\vec{v},\lambda\vec{v})=\overline{\lambda}(\vec{v},\vec{v})=\overline{\lambda}(\vec{v},\vec{v})=\overline{\lambda}.\end{aligned}$$

よって，λ は実数．　(証明終わり)

問3　n 次元実ベクトル $\vec{a}=(\alpha_i)$ と $\vec{b}=(\beta_i)$ の実内積 $(\vec{a},\vec{b})$ を $\sum_{i=1}^{n}\alpha_i\beta_i$ で定義する．固有値 λ,μ $(\lambda\neq\mu)$ に対応する固有ベクトルを，順に $\vec{v},\vec{w}$ とおくと，

$$\lambda(\vec{v},\vec{w})=(\lambda\vec{v},\vec{w})=(A\vec{v},\vec{w})=(\vec{v},{}^tA\vec{w})=(\vec{v},A\vec{w})=(\vec{v},\mu\vec{w})=\mu(\vec{v},\vec{w}).$$

よって，$(\lambda-\mu)(\vec{v},\vec{w})=0$ なので，$(\vec{v},\vec{w})=0$. ゆえに $\vec{v}\perp\vec{w}$.　(証明終わり)

問4　A の固有値を $\lambda_1,\lambda_2,\cdots,\lambda_n$ とおく．対応する A の単位固有ベクトルを順に $\overrightarrow{u_1},\overrightarrow{u_2},\cdots,\overrightarrow{u_n}$ とおく．$\vec{x}$ に $\overrightarrow{u_i}$ を代入すると，

$$0<{}^t\vec{x}A\vec{x}=(\vec{x},A\vec{x})=(\overrightarrow{u_i},A\overrightarrow{u_i})=(\overrightarrow{u_i},\lambda_i\overrightarrow{u_i})=\lambda_i(\overrightarrow{u_i},\overrightarrow{u_i})=\lambda_i|\overrightarrow{u_i}|^2=\lambda_i.$$

よって，$\lambda_i>0$ $(i=1,2,3,\cdots,n)$ となる．　(証明終わり)

(注) 逆に固有値がすべて正とすると $\vec{x}\neq\vec{0}$ のとき，${}^t\vec{x}A\vec{x}>0$ も証明できる．$\overrightarrow{u_1},\overrightarrow{u_2},\cdots,\overrightarrow{u_n}$ は $\mathbb{R}^n$ の正規直交基底となるので，任意のベクトル $\vec{x}$ は

$$\vec{x}=k_1\overrightarrow{u_1}+k_2\overrightarrow{u_2}+\cdots+k_n\overrightarrow{u_n}$$

と表せる．これを代入すると，

$$\begin{aligned}{}^t\vec{x}A\vec{x}&=(\vec{x},A\vec{x})=(k_1\overrightarrow{u_1}+\cdots+k_n\overrightarrow{u_n},\ A(k_1\overrightarrow{u_1}+\cdots+k_n\overrightarrow{u_n}))\\&=(k_1\overrightarrow{u_1}+\cdots+k_n\overrightarrow{u_n},\ k_1\lambda_1\overrightarrow{u_1}+\cdots+k_n\lambda_n\overrightarrow{u_n})\\&=\lambda_1k_1^2+\lambda_2k_2^2+\cdots+\lambda_nk_n^2. \qquad (2)\end{aligned}$$

$\vec{x}=\vec{0}\Longleftrightarrow(k_1,k_2,\cdots,k_n)=(0,0,\cdots,0)$ なので，$\vec{x}\neq\vec{0}$ ならば $(2)>0$.

類題 5.2

行列 $A=\begin{pmatrix}0&-2&0\\-2&1&2\\0&2&2\end{pmatrix}$ について以下の問いに答えよ．

(問 1) A の固有値 $\lambda_1\leqq\lambda_2\leqq\lambda_3$ と対応する固有ベクトル $\overrightarrow{u_1},\overrightarrow{u_2},\overrightarrow{u_3}$ を求めよ．
実数を成分に持つ $\vec{0}$ でない 3 次元ベクトル $\vec{x}={}^t(x_1,x_2,x_3)$ について，$R(\vec{x})=\dfrac{{}^t\vec{x}A\vec{x}}{{}^t\vec{x}\,\vec{x}}$ と定める (${}^t\vec{x}$ は $\vec{x}$ の転置を表す).

(問 2) $\vec{x}$ が $\vec{0}$ でない 3 次元ベクトル全体を動くとき，$R(\vec{x})$ の最小値 $\min R(\vec{x})$，最大値 $\max R(\vec{x})$ を求めよ．

3 次元ベクトル $\vec{y}$ について，条件付き最小値と最大値を以下のように定める．

$$F(\vec{y})=\min\{R(\vec{x})\mid {}^t\vec{y}\,\vec{x}=0,\ \vec{x}\neq\vec{0}\},$$

$$G(\vec{y})=\max\{R(\vec{x})\mid {}^t\vec{y}\,\vec{x}=0,\ \vec{x}\neq\vec{0}\}.$$

(問 3) $F(\overrightarrow{u_1})$, $F(\overrightarrow{u_2})$, $G(\overrightarrow{u_2})$, $G(\overrightarrow{u_3})$ の値を求めよ．

(問 4) 任意のベクトル $\vec{y}$ について，$F(\vec{y})\leqq\lambda_2$ となることを証明せよ．
(ヒント: 任意のベクトル $\vec{y}$ について適当な実数 α,β を選べば

$${}^t\vec{y}(\alpha\overrightarrow{u_1}+\beta\overrightarrow{u_2})=0$$

が成立する).

(問 5) 問 4 と同様にして，任意のベクトル $\vec{y}$ について，$G(\vec{y})\geqq\lambda_2$ となることを証明せよ．

(問 6) 実数 p,q,r について，対称行列 $\begin{pmatrix} 0 & -2 & p \\ -2 & 1 & q \\ p & q & r \end{pmatrix}$ の固有値を $\mu_1 \leqq \mu_2 \leqq \mu_3$ とする．問 1〜問 5 の結果を参考にして，p,q,r が動くとき，μ_1,μ_2,μ_3 のとりうる範囲についてどのようなことが言えるかを述べよ．

2007 年 東京大 総合文化研究科 広域科学専攻

解答 | **問 1** **(答)** $A\begin{pmatrix} 2 \\ 2 \\ -1 \end{pmatrix} = -2\begin{pmatrix} 2 \\ 2 \\ -1 \end{pmatrix}, \quad A\begin{pmatrix} 2 \\ -1 \\ 2 \end{pmatrix} = \begin{pmatrix} 2 \\ -1 \\ 2 \end{pmatrix},$

$$A\begin{pmatrix} -1 \\ 2 \\ 2 \end{pmatrix} = 4\begin{pmatrix} -1 \\ 2 \\ 2 \end{pmatrix}.$$

問 2 $\vec{x} = X\overrightarrow{u_1} + Y\overrightarrow{u_2} + Z\overrightarrow{u_3}$ とおくと，$A\vec{x} = X\lambda_1\overrightarrow{u_1} + Y\lambda_2\overrightarrow{u_2} + Z\lambda_3\overrightarrow{u_3}$ である．対称行列の固有ベクトルは直交するので，

$$R(\vec{x}) = \frac{(\vec{x}, A\vec{x})}{(\vec{x}, \vec{x})} = \frac{\lambda_1 X^2 + \lambda_2 Y^2 + \lambda_3 Z^2}{X^2 + Y^2 + Z^2}$$

となる．$R(\vec{x}) - \lambda_1 = \dfrac{(\lambda_2 - \lambda_1)Y^2 + (\lambda_3 - \lambda_1)Z^2}{X^2 + Y^2 + Z^2} \geqq 0$. 等号はたとえば $X=1$, $Y=0$, $Z=0$ のとき．

(答) $\min R(\vec{x}) = \lambda_1$. 同様にして $\max R(\vec{x}) = \lambda_3$.

問 3 $\vec{x}$ の動く範囲を原点を通り $\vec{y}$ を法線ベクトルとする平面 $\pi(\vec{u})$ に制限して考えるということ．$\pi(\overrightarrow{u_1})$ 上の $\vec{x}$ は $\vec{x} = Y\overrightarrow{u_2} + Z\overrightarrow{u_3}$ とおけるので問 2 と同様にして

(答) $F(\overrightarrow{u_1}) = \lambda_2$.

同様にして

(答) $F(\overrightarrow{u_2}) = \lambda_1, \quad G(\overrightarrow{u_2}) = \lambda_3, \quad G(\overrightarrow{u_3}) = \lambda_2$.

問 4 $R(\alpha\overrightarrow{u_1} + \beta\overrightarrow{u_2}) = \dfrac{\lambda_1\alpha^2 + \lambda_2\beta^2}{\alpha^2 + \beta^2} \leqq \lambda_2$ なので，$F(\vec{y}) \leqq \lambda_2$. (証明終わり)

問 5 任意のベクトル $\vec{y}$ について適当な実数 α,β を選べば ${}^t\vec{y}(\alpha\overrightarrow{u_2} + \beta\overrightarrow{u_3}) = 0$ が成立する．なぜなら $\vec{y} = p\overrightarrow{u_1} + q\overrightarrow{u_2} + r\overrightarrow{u_3}$ と表せるので，たとえば $\alpha = r$, $\beta = q$ とおくと，${}^t\vec{y}(\alpha\overrightarrow{u_2} + \beta\overrightarrow{u_3}) = (\vec{y}, \alpha\overrightarrow{u_2} + \beta\overrightarrow{u_3}) = 0$ となる．このとき

$$R(\alpha\overrightarrow{u_2}+\beta\overrightarrow{u_3})=\frac{\lambda_2\alpha^2+\lambda_3\beta^2}{\alpha^2+\beta^2}\geqq\lambda_2$$

なので，$G(\overrightarrow{y})\geqq\lambda_2$.

問 6　与えられた行列を B とおく．B に対して，R,F,G を上と同様に定める．$\overrightarrow{e_3}=\begin{pmatrix}0\\0\\1\end{pmatrix}$ とおく．xy 平面 ${}^t\overrightarrow{e_3}\overrightarrow{x}=0$ に制限すると，B は $\begin{pmatrix}0 & -2\\-2 & 1\end{pmatrix}$ になり，固有値は $\dfrac{1\pm\sqrt{17}}{2}$ である．

$$F(\overrightarrow{e_3})\leqq\mu_2 \quad より \quad \frac{1-\sqrt{17}}{2}\leqq\mu_2,$$

$$G(\overrightarrow{e_3})\geqq\mu_2 \quad より \quad \frac{1+\sqrt{17}}{2}\geqq\mu_2.$$

（答）　$\dfrac{1-\sqrt{17}}{2}\leqq\mu_2\leqq\dfrac{1+\sqrt{17}}{2}$.

（注） $p=0, q=0$ とおくと，B の固有値は $r,\dfrac{1\pm\sqrt{17}}{2}$ となるので，μ_1 はいくらでも小さくなる．また，μ_3 はいくらでも大きくなる．

（発展）　正規行列を直交行列で対角化

A を 実 n 次の正規行列とする．つまり，${}^tAA=A{}^tA$ が成り立っているとする．もし，A の固有値がすべて実数なら，A は直交行列で対角化される．つまり，A の単位固有ベクトル全体は $\mathbb{R}^n$ の正規直交基底になる．特に A が対称行列なら，これらの仮定は満たされる．

これを証明する前に，言葉を準備する．A の実固有値 λ に対応する固有空間，つまり，固有値 λ に対応する固有ベクトルの全体と $\overrightarrow{0}$ を合わせたものを W_λ とおく．W_λ の直交補空間，つまり，W_λ の中のすべてのベクトルと直交するベクトルの全体を $W_\lambda^\perp$ とおく．

W_λ は A の不変部分空間である，つまり

$$AW_\lambda\subset W_\lambda \tag{3}$$

が成り立つ．W_λ は ${}^tA$ の不変部分空間でもある．なぜなら，$\overrightarrow{v}\in W_\lambda$ に対して，

$$A{}^tA\overrightarrow{v}={}^tAA\overrightarrow{v}={}^tA\lambda\overrightarrow{v}=\lambda{}^tA\overrightarrow{v}$$

より ${}^tA\overrightarrow{v}\in W_\lambda$ となる．$W_\lambda^\perp$ は A の不変部分空間でもある．なぜなら，$\overrightarrow{v}\in$

W_λ, $\vec{w}\in W_\lambda^\perp$ に対して，$(A\vec{w},\vec{v})=(\vec{w},{}^tA\vec{v})=0$ ($\because {}^tA\vec{v}\in W_\lambda$)．よって，$A\vec{w}\perp\vec{v}$．これが，任意の $\vec{v}\in W_\lambda$ について成り立つことから，$A\vec{w}\in W_\lambda^\perp$．つまり

$$AW_\lambda^\perp\subset W_\lambda^\perp \tag{4}$$

が成り立つ．

(3), (4) より $W_\lambda, W_\lambda^\perp$ の正規直交基底を並べて直交行列 T を作ると，$T^{-1}AT=\begin{pmatrix}B & O\\ O & C\end{pmatrix}$ の形になり，B,C は実正規行列である．

行列のサイズに関する帰納法で，実正規行列 A の固有値がすべて実数なら，A は直交行列で対角化されることがわかった．

問題 5.2

4 次正方行列の固有値・固有ベクトル

次の問いに答えなさい．

行列 $A=\begin{pmatrix}2&1&0&1\\1&2&1&0\\0&1&2&1\\1&0&1&2\end{pmatrix}$ の固有値と固有ベクトルを求めよ．

2005 年 東京大 薬学系研究科

ポイント

A の固有方程式 $\det(xE-A)=0$ を解けば固有値が出る．しかし，4 次行列の行列式の計算は大変である．そこで，A をより簡単な行列 B の多項式 $f(B)$ で $A=f(B)$ と表して，B の固有値 λ から A の固有値 $f(\lambda)$ を出す．固有ベクトルについても同様．

解答 | $B=\begin{pmatrix}0&1&0&0\\0&0&1&0\\0&0&0&1\\1&0&0&0\end{pmatrix}$ とおくと，

$$B^2=\begin{pmatrix}0&0&1&0\\0&0&0&1\\1&0&0&0\\0&1&0&0\end{pmatrix},\quad B^3=\begin{pmatrix}0&0&0&1\\1&0&0&0\\0&1&0&0\\0&0&1&0\end{pmatrix},$$

$$B^4=E$$

である．

B の固有値 λ に対応する固有ベクトルを $\vec{v}$ とおく．$B\vec{v}=\lambda\vec{v}$ より，帰納的に $B^4\vec{v}=\lambda^4\vec{v}$ となる．

$$\vec{v}=\lambda^4\vec{v} \Longleftrightarrow 0=(\lambda^4-1)\vec{v}$$

$\vec{v}\neq\vec{0}$ であることから

$$\Longleftrightarrow \lambda^4-1=0$$

$$\Longleftrightarrow \lambda=\pm 1, \pm i.$$

これらが B の固有値の候補となる．つまり，B の固有値はこの 4 つのいずれかとなる．

◀全部が B の固有値になる保証はない．たとえば $E=\begin{pmatrix}1&0\\0&1\end{pmatrix}$ のとき，$C=\begin{pmatrix}O&-E\\E&O\end{pmatrix}$ とおくと $C^4=E$ を満たすが，$\lambda^4=1$ の 4 つの解のうち $\lambda=\pm i$ のみが C の固有値となる．

A は B で表すことができ $A=B+B^3+2E$ である．

(i) $B\vec{v}=\vec{v}$ のとき，$B^3\vec{v}=\vec{v}$ なので，

$$A\vec{v}=(1+1+2)\vec{v}=4\vec{v}.$$

(ii) $B\vec{v}=\pm i\vec{v}$ のとき，$B^3\vec{v}=(\pm i)^3\vec{v}=\mp i\vec{v}$ である．よって，$A\vec{v}=\{\pm i+(\mp i)+2\}\vec{v}=2\vec{v}$ (複号同順).

(iii) $B\vec{v}=-\vec{v}$ のとき，$B^3\vec{v}=(-1)^3\vec{v}=-\vec{v}$ である．

よって，

$$A\vec{v}=(-1-1+2)\vec{v}=0\vec{v}.$$

以下の考察から，(i),(ii),(iii) の各場合において固有ベクトルが存在するので，固有値は

(答) $\lambda=4,2,0.$

(i) $\lambda=4$ のとき．$(A-4E)\vec{v}=\vec{0}$ より

$$\begin{pmatrix}-2&1&0&1\\1&-2&1&0\\0&1&-2&1\\1&0&1&-2\end{pmatrix}\begin{pmatrix}w\\x\\y\\z\end{pmatrix}=\begin{pmatrix}0\\0\\0\\0\end{pmatrix}.$$

これを解いて，固有ベクトルは

$$\textbf{(答)}\quad \begin{pmatrix} w \\ x \\ y \\ z \end{pmatrix} = z\begin{pmatrix} 1 \\ 1 \\ 1 \\ 1 \end{pmatrix} \qquad (z \neq 0).$$

(ii) $\lambda=2$ のとき．$(A-2E)\vec{v}=\vec{0}$ より

$$\begin{pmatrix} 0 & 1 & 0 & 1 \\ 1 & 0 & 1 & 0 \\ 0 & 1 & 0 & 1 \\ 1 & 0 & 1 & 0 \end{pmatrix}\begin{pmatrix} w \\ x \\ y \\ z \end{pmatrix} = \begin{pmatrix} 0 \\ 0 \\ 0 \\ 0 \end{pmatrix}.$$

これを解いて，固有ベクトルは

$$\textbf{(答)}\quad \begin{pmatrix} w \\ x \\ y \\ z \end{pmatrix} = y\begin{pmatrix} -1 \\ 0 \\ 1 \\ 0 \end{pmatrix} + z\begin{pmatrix} 0 \\ -1 \\ 0 \\ 1 \end{pmatrix} \qquad (y,z) \neq (0,0).$$

(iii) $\lambda=0$ のとき．

$$\begin{pmatrix} 2 & 1 & 0 & 1 \\ 1 & 2 & 1 & 0 \\ 0 & 1 & 2 & 1 \\ 1 & 0 & 1 & 2 \end{pmatrix}\begin{pmatrix} w \\ x \\ y \\ z \end{pmatrix} = \begin{pmatrix} 0 \\ 0 \\ 0 \\ 0 \end{pmatrix}.$$

これを解いて，固有ベクトルは

$$\textbf{(答)}\quad \begin{pmatrix} w \\ x \\ y \\ z \end{pmatrix} = z\begin{pmatrix} -1 \\ 1 \\ -1 \\ 1 \end{pmatrix} \qquad (z \neq 0).$$

◀1 行目に 4 行目の 2 倍を足し，2 行目から 4 行目を引くと，

$$\begin{pmatrix} 0 & 1 & 2 & -3 \\ 0 & -2 & 0 & 2 \\ 0 & 1 & -2 & 1 \\ 1 & 0 & 1 & -2 \end{pmatrix}.$$

1 行目から 3 行目を引き 4 で割る．また，2 行目に 3 行目の 2 倍を足し -4 で割ると，

$$\begin{pmatrix} 0 & 0 & 1 & -1 \\ 0 & 0 & 1 & -1 \\ 0 & 1 & -2 & 1 \\ 1 & 0 & 1 & -2 \end{pmatrix}.$$

1 行目から 2 行目を引き，また，3 行目に 2 行目の 2 倍を足し，4 行目から 2 行目を引くと，

$$\begin{pmatrix} 0 & 0 & 0 & 0 \\ 0 & 0 & 1 & -1 \\ 0 & 1 & 0 & -1 \\ 1 & 0 & 0 & -1 \end{pmatrix}.$$

未知数を復元すると，

$$\begin{aligned} 0 &= 0 \\ y-z &= 0 \\ x-z &= 0 \\ w-z &= 0 \end{aligned}$$

解説 | (iii) の場合の $\begin{pmatrix} 2 & 1 & 0 & 1 \\ 1 & 2 & 1 & 0 \\ 0 & 1 & 2 & 1 \\ 1 & 0 & 1 & 2 \end{pmatrix}\begin{pmatrix} w \\ x \\ y \\ z \end{pmatrix} = \begin{pmatrix} 0 \\ 0 \\ 0 \\ 0 \end{pmatrix}$ は次のようにして解ける．

係数のみを並べると，

$$\left(\begin{pmatrix} 2 & 1 & 0 & 1 \\ 1 & 2 & 1 & 0 \\ 0 & 1 & 2 & 1 \\ 1 & 0 & 1 & 2 \end{pmatrix} \middle| \begin{pmatrix} 0 \\ 0 \\ 0 \\ 0 \end{pmatrix}\right).$$

中側のかっこと右側のベクトルを省略すると

$$\begin{pmatrix} 2 & 1 & 0 & 1 \\ 1 & 2 & 1 & 0 \\ 0 & 1 & 2 & 1 \\ 1 & 0 & 1 & 2 \end{pmatrix}.$$

1 行目から 4 行目の 2 倍を引き，2 行目から 4 行目を引くと，

$$\begin{pmatrix} 0 & 1 & -2 & -3 \\ 0 & 2 & 0 & -2 \\ 0 & 1 & 2 & 1 \\ 1 & 0 & 1 & 2 \end{pmatrix}.$$

1 行目から 3 行目を引き -4 で割る．また，2 行目から 3 行目の 2 倍を引き -4 で割ると，

$$\begin{pmatrix} 0 & 0 & 1 & 1 \\ 0 & 0 & 1 & 1 \\ 0 & 1 & 2 & 1 \\ 1 & 0 & 1 & 2 \end{pmatrix}.$$

1 行目から 2 行目を引き，また，3 行目から 2 行目の 2 倍を引き，4 行目から 2 行目を引くと，

$$\begin{pmatrix} 0 & 0 & 0 & 0 \\ 0 & 0 & 1 & 1 \\ 0 & 1 & 0 & -1 \\ 1 & 0 & 0 & 1 \end{pmatrix}.$$

4 行目を 1 行目に，3 行目を 2 行めに，2 行目を 3 行目に，1 行目を 4 行目にうつすと

$$\begin{pmatrix} 1 & 0 & 0 & 1 \\ 0 & 1 & 0 & -1 \\ 0 & 0 & 1 & 1 \\ 0 & 0 & 0 & 0 \end{pmatrix}.$$

未知数を復元すると

$$\begin{cases} w+z=0 \\ x-z=0 \\ y+z=0 \\ 0=0 \end{cases}, \quad \begin{cases} w=-z \\ x=z \\ y=-z \end{cases}$$

(ii) の場合は掃き出し法を用いなくてもすぐに解が出る．

A を B で表さないで，直接 A の固有値を求めると次のようになる．固有方

程式は，

$$\det(xE-A)=0 \iff \det\begin{pmatrix} x-2 & -1 & 0 & -1 \\ -1 & x-2 & -1 & 0 \\ 0 & -1 & x-2 & -1 \\ -1 & 0 & -1 & x-2 \end{pmatrix}=0.$$

2,3,4 行目を 1 行目に足すと，1 行目は全部 $x-4$ になるので，くくり出して，

$$(x-4)\det\begin{pmatrix} 1 & 1 & 1 & 1 \\ -1 & x-2 & -1 & 0 \\ 0 & -1 & x-2 & -1 \\ -1 & 0 & -1 & x-2 \end{pmatrix}=0.$$

2 行目に 1 行目を足し，4 行目にも 1 行目を足すと，

$$(x-4)\det\begin{pmatrix} 1 & 1 & 1 & 1 \\ 0 & x-1 & 0 & 1 \\ 0 & -1 & x-2 & -1 \\ 0 & 1 & 0 & x-1 \end{pmatrix}=0.$$

1 列目で展開して，

$$(x-4)\det\begin{pmatrix} x-1 & 0 & 1 \\ -1 & x-2 & -1 \\ 1 & 0 & x-1 \end{pmatrix}=0.$$

2 列目で展開して，

$$\begin{aligned}(x-4)(x-2)\det\begin{pmatrix} x-1 & 1 \\ 1 & x-1 \end{pmatrix}=0 &\iff (x-4)(x-2)\{(x-1)^2-1\}=0 \\ &\iff (x-4)(x-2)^2x=0 \\ &\iff x=4,2\ (\text{重解}),0.\end{aligned}$$

これが A の固有値である．

B の固有ベクトルを先に求めて，それらから A の固有ベクトルを出すこともできる．

$$B\begin{pmatrix} 1 \\ \alpha \\ \alpha^2 \\ \alpha^3 \end{pmatrix}=\begin{pmatrix} \alpha \\ \alpha^2 \\ \alpha^3 \\ 1 \end{pmatrix}$$

なので $\alpha^4=1$ とすると

$$B\begin{pmatrix}1\\ \alpha\\ \alpha^2\\ \alpha^3\end{pmatrix}=\begin{pmatrix}\alpha\\ \alpha^2\\ \alpha^3\\ \alpha^4\end{pmatrix}=\alpha\begin{pmatrix}1\\ \alpha\\ \alpha^2\\ \alpha^3\end{pmatrix}.$$

よって B の固有ベクトルの 1 組は

$$B\begin{pmatrix}1\\1\\1\\1\end{pmatrix}=\begin{pmatrix}1\\1\\1\\1\end{pmatrix},\quad B\begin{pmatrix}1\\i\\-1\\-i\end{pmatrix}=i\begin{pmatrix}1\\i\\-1\\-i\end{pmatrix},$$

$$B\begin{pmatrix}1\\-1\\1\\-1\end{pmatrix}=-\begin{pmatrix}1\\-1\\1\\-1\end{pmatrix},\quad B\begin{pmatrix}1\\-i\\-1\\i\end{pmatrix}=-i\begin{pmatrix}1\\-i\\-1\\i\end{pmatrix}.$$

2 本目と 4 本目を足して 2 で割ると

$$B\begin{pmatrix}1\\0\\-1\\0\end{pmatrix}=\begin{pmatrix}0\\-1\\0\\1\end{pmatrix},$$

2 本目から 4 本目を引いて $2i$ で割ると

$$B\begin{pmatrix}0\\1\\0\\-1\end{pmatrix}=\begin{pmatrix}1\\0\\-1\\0\end{pmatrix}.$$

よって,

$$B^3\begin{pmatrix}1\\1\\1\\1\end{pmatrix}=\begin{pmatrix}1\\1\\1\\1\end{pmatrix},\quad B^3\begin{pmatrix}1\\-1\\1\\-1\end{pmatrix}=\begin{pmatrix}1\\-1\\1\\-1\end{pmatrix},$$

$$B^3\begin{pmatrix}1\\0\\-1\\0\end{pmatrix}=\begin{pmatrix}0\\1\\0\\-1\end{pmatrix},\quad B^3\begin{pmatrix}0\\1\\0\\-1\end{pmatrix}=\begin{pmatrix}-1\\0\\1\\0\end{pmatrix}.$$

$$\therefore\quad (B+B^3)\begin{pmatrix}1\\1\\1\\1\end{pmatrix}=2\begin{pmatrix}1\\1\\1\\1\end{pmatrix},\quad (B+B^3)\begin{pmatrix}1\\-1\\1\\-1\end{pmatrix}=-2\begin{pmatrix}1\\-1\\1\\-1\end{pmatrix},$$

$$(B+B^3)\begin{pmatrix}1\\0\\-1\\0\end{pmatrix}=\begin{pmatrix}0\\0\\0\\0\end{pmatrix},\quad (B+B^3)\begin{pmatrix}0\\1\\0\\-1\end{pmatrix}=\begin{pmatrix}0\\0\\0\\0\end{pmatrix}.$$

したがってこれらの左辺のベクトル $\vec{a}$, $\vec{b}$, $\vec{c}$, $\vec{d}$ は $A=B+B^3+2E$ の固有ベクトルになる．$\vec{a}$, $\vec{b}$, $\vec{c}$, $\vec{d}$ は 1 次独立で，$\mathbb{R}^4$ の基底になる．したがって，これらで張られる空間 $(\vec{a}, \vec{b}, \vec{c}, \vec{d})$ の外側に固有ベクトルはない．固有値 4 の固有ベクトルは $k\vec{a}$ $(k\neq 0)$，固有値 0 の固有ベクトルは $k\vec{b}$ $(k\neq 0)$，固有値 2 の固有ベクトルは $k\vec{c}+l\vec{d}$ $(k,l)\neq(0,0)$ で全部である．

問題 5.3

フロベニウスの定理

λ を行列 B の固有値とし，$P(B)$ および $P(\lambda)$ を以下のように定義する．

$$P(B)=k_0I+\sum_{i=1}^{n}k_iB^i,\qquad P(\lambda)=k_0+\sum_{i=1}^{n}k_i\lambda^i.$$

$P(\lambda)$ が $P(B)$ の固有値となることを証明せよ．

2005 年 東京大 薬学系研究科

ポイント

λ が B の固有値であるための必要十分条件は，

「$B\vec{v}=\lambda\vec{v}$　かつ　$\vec{v}\neq\vec{0}$ を満たす $\vec{v}$ がある」

である．この事実を用いて，

「$P(B)\vec{v}=f(\lambda)\vec{v}$　かつ　$\vec{v}\neq\vec{0}$ を満たす $\vec{v}$ がある」

を示せば，$P(\lambda)$ が $P(B)$ の固有値であることが示されたことになる．

解答 | $\vec{v}$ を固有ベクトルとする．つまり，

$$B\vec{v}=\lambda\vec{v},\qquad \vec{v}\neq\vec{0}$$

とおく．帰納的に $B^n\vec{v}=\lambda^n\vec{v}$ が成り立つことがわかる．よって，

$$P(B)\vec{v}=\left(k_0I+\sum_{i=1}^{n}k_iB^i\right)\vec{v}$$
$$=k_0I\vec{v}+\sum_{i=1}^{n}k_iB^i\vec{v}=k_0\vec{v}+\sum_{i=1}^{n}k_i\lambda^i\vec{v}$$
$$=\left(k_0+\sum_{i=1}^{n}k_i\lambda^i\right)\vec{v}=P(\lambda)\vec{v}.$$

よって，$P(\lambda)$ は $P(B)$ の固有値となる．(証明終わり)

◀ (i) $n=1$ のときは確かに成り立つ．
(ii) $n=k$ のとき成立を仮定すると，
$B^{k+1}\vec{v}=B(B^k\vec{v})$
$=B(\lambda^k\vec{v})=\lambda^k(B\vec{v})$
$=\lambda^k(\lambda\vec{v})=\lambda^{k+1}\vec{v}$.
よって $n=k+1$ のときも成り立つ．

解説 | 本問は，$P(\lambda)$ が $P(B)$ の固有値となることを示す問題だが，逆に，$P(B)$ の固有値が $P(\lambda)$ の形に限ることも示せる．以下で証明しよう．

B を m 次正方行列とする．B の固有多項式 $\det(xI-B)$ を

$$f(x)=(x-\lambda_1)(x-\lambda_2)\times\cdots\times(x-\lambda_m)$$

とおく．x を定数，t を変数とみなし $x-p(t)$ を

$$a(\alpha_1-t)(\alpha_2-t)\times\cdots\times(\alpha_m-t)$$

と因数分解する．ここで，$\alpha_1,\cdots,\alpha_m$ は t に依存しないが，x には依存する．この式を $g(t)$ とおく．

$P(B)$ の固有多項式は，

$$\begin{aligned}\det(xI-P(B))&=\det\{a(\alpha_1I-B)(\alpha_2I-B)\times\cdots\times(\alpha_mI-B)\}\\&=a^m\det(\alpha_1I-B)\det(\alpha_2I-B)\times\cdots\times\det(\alpha_mI-B)\\&=a^mf(\alpha_1)f(\alpha_2)\times\cdots\times f(\alpha_m)\\&=a^m\{(\alpha_1-\lambda_1)(\alpha_1-\lambda_2)\times\cdots\times(\alpha_1-\lambda_m)\}\\&\qquad\{(\alpha_2-\lambda_1)(\alpha_2-\lambda_2)\times\cdots\times(\alpha_2-\lambda_m)\}\\&\qquad\times\cdots\times\{(\alpha_m-\lambda_1)(\alpha_m-\lambda_2)\times\cdots\times(\alpha_m-\lambda_m)\}\\&=g(\lambda_1)g(\lambda_2)\times\cdots\times g(\lambda_m)\\&=(x-P(\lambda_1))(x-P(\lambda_2))\times\cdots\times(x-P(\lambda_m)).\end{aligned}$$

よって，$P(B)$ の固有値は，$P(\lambda_1),P(\lambda_2),\cdots,P(\lambda_n)$．これを，フロベニウスの定理という．

フロベニウスの定理は行列 B を変形する方法でも証明できる．ジョルダン標

準形まで変形すると明快だが，上三角行列への変形でも十分である．可逆行列 Q をうまく選ぶと $Q^{-1}BQ$ は上三角行列 U にできる．この証明の流れは以下の通り．B の固有値 β に対応する固有空間を W_β とする．W_β の基底を延長して $\mathbb{R}^n$ の基底を作る．それを列ベクトルとして並べて Q_1 を作ると $Q_1^{-1}BQ_1=\begin{pmatrix}\beta E & B_1\\ O & B_2\end{pmatrix}$ となるので，あとは行列のサイズに関する帰納法を用いればよい．

$$\begin{aligned}\det(xE-Q^{-1}BQ)&=\det(Q^{-1}(xE-B)Q)\\&=\det(Q^{-1})\det(xE-B)\det Q\\&=(\det Q)^{-1}\det(xE-B)\det Q\\&=\det(xE-B)\end{aligned}$$

なので，B と $Q^{-1}BQ=U$ の固有方程式は同じである．上三角行列 $U=(u_{ij})$ の固有値は対角成分 u_{ii} $(i=1,2,\cdots m)$ に等しい．たとえば $U=\begin{pmatrix}a & b\\ 0 & c\end{pmatrix}$ のとき，固有方程式は

$$\det(xE-U)=\det\begin{pmatrix}x-a & -b\\ 0 & x-c\end{pmatrix}=(x-a)(x-c)$$

となる．$P(B)$ の固有値は $Q^{-1}P(B)Q=P(Q^{-1}BQ)=P(U)$ の固有値に等しく，上三角行列 $P(U)$ の固有値は，その対角成分 $P(u_{ii})$ $(i=1,2,\cdots,m)$ となる．本問より，$P(B)=O$ とすると，O の固有値は 0 のみなので，B の固有値 λ は $P(\lambda)=0$ を満たすことがわかる．しかし $P(x)=0$ の解の全部が B の固有値になるとは限らない．たとえば $B=2E$, $P(x)=(x-2)(x-3)$ のとき $P(B)=0$ だが $x=3$ は B の固有値ではない．

類題 5.3

A の固有方程式を $f(x)=0$ とおくとき，$f(A)=O$ であることを示せ．

解答 ｜ $xE-A$ の余因子行列を B とおく．余因子行列の性質より，

$$(xE-A)B=\det(xE-A)E=f(x)E \quad かつ \quad B(xE-A)=f(x)E$$

である．B の各成分は $xE-A$ の $n-1$ 次小行列式なので，x の $n-1$ 次以下の式である．よって

$$B=x^{n-1}B_{n-1}+\cdots+xB_1+B_0$$

の形における．$(xE-A)B=B(xE-A)$ なので，

$$(xE-A)(x^{n-1}B_{n-1}+\cdots+xB_1+B_0)=(x^{n-1}B_{n-1}+\cdots+xB_1+B_0)(xE-A).$$

x の多項式とみて次数の低い方から係数比較すると，$AB_i=B_iA$ がわかる．よって，等式

$$(xE-A)B=f(x)E \iff (xE-A)(x^{n-1}B_{n-1}+\cdots+xB_1+B_0)=f(x)E$$

は $x=A$ を代入しても成立し，$(AE-A)B=f(A)E$. したがって，$f(A)=O$ を得る．これを，ハミルトン–ケーリーの定理という．（証明終わり）

(注) 上の計算は冗長に思えるかもしれない．$(xE-A)B=f(x)E$ に $x=A$ を代入するだけでおしまいと思う人も多いであろう．しかし，n 次正方行列 A, B に対して，たとえば，$(xE-B)(xE+B)=x^2E-B^2$ である．ところが，$x=A$ を代入した，$(AE-B)(AE+B)=A^2E-B^2$, つまり，$(A-B)(A+B)=A^2-B^2$ は一般に成立しない．成り立つのは，$AB=BA$ のときのみである．

類題 5.4

$f(x,y)$ を x と y の 2 変数多項式とする．

n 次正方行列 A,B が $AB=BA$ を満たすとし，A の固有値を $\alpha_1,\alpha_2,\cdots,\alpha_n$ とする．B の固有値を適切に並べて，$\beta_1,\beta_2,\cdots,\beta_n$ とおくと，$f(A,B)$ の固有値は $f(\alpha_i,\beta_i)$ $(i=1,2,\cdots,n)$ となることを証明せよ．

解答 ｜まず，$AB=BA$ なら，同時に上三角行列にできることを示す．つまり，$P^{-1}AP=U_1$, $P^{-1}BP=U_2$ (U_1,U_2 は上三角行列)，を満たす P が存在することを示す．

A の固有値 α に対応する固有空間を W_α とする．$A\vec{v}=\alpha\vec{v}$ なら，

$$AB\vec{v}=BA\vec{v}=B\alpha\vec{v}=\alpha B\vec{v}$$

より W_α は B の不変部分空間になる．つまり $BW_\alpha\subset W_\alpha$ となる．$\overrightarrow{a_1},\cdots,\overrightarrow{a_k}$ とおき，それに $\overrightarrow{b_{k+1}},\cdots,\overrightarrow{b_n}$ をつけ加えて $\mathbb{R}^n$ の基底を作る．$A\overrightarrow{a_i}=\alpha\overrightarrow{a_i}$ $(i=1,2,\cdots,k)$ であり $B\overrightarrow{a_i}$ $(i=1,2,\cdots,k)$ は $\overrightarrow{a_1}\sim\overrightarrow{a_k}$ の 1 次結合で表せる．よって

$$P_1=(\overrightarrow{a_1},\overrightarrow{a_k},\overrightarrow{b_{k+1}},\cdots,\overrightarrow{b_n})$$

とおくと

$$AP_1 = P_1\begin{pmatrix} \alpha E & A_1 \\ O & A_2 \end{pmatrix} \quad \text{かつ} \quad BP_1 = \begin{pmatrix} B_0 & B_1 \\ O & B_2 \end{pmatrix}$$

となる．ここで E は k 次の単位行列，B_0 は k 次の正方行列である．よって

$$P_1^{-1}AP_1 = \begin{pmatrix} \alpha E & A_1 \\ O & A_2 \end{pmatrix} \quad \text{かつ} \quad P_1^{-1}BP_1 = \begin{pmatrix} B_0 & B_1 \\ O & B_2 \end{pmatrix}$$

となる．$(\alpha E)B_0 = B_0(\alpha E)$, $A_2B_2 = B_2A_2$ なので，行列のサイズに関する帰納法で証明できる．

相似な行列の固有値は等しいので，A と U_1 の固有値は等しい．また，上三角行列の固有値は対角成分に等しい．U_1 の対角成分を上から $\alpha_1, \alpha_2, \cdots, \alpha_n$ とおき，U_2 の対角成分を上から $\beta_1, \beta_2, \cdots, \beta_n$ とおく．

$$P^{-1}f(A,B)P = f(P^{-1}AP, P^{-1}BP) = f(U_1, U_2)$$

である．$f(A,B)$ の固有値と $P^{-1}f(A,B)P = f(U_1,U_2)$ の固有値は等しく，$f(U_1,U_2)$ は上三角行列なので，この固有値は対角成分に等しい．$f(U_1,U_2)$ の (i,i) 成分は $f(\alpha_i,\beta_i)$ であるから $f(\alpha_i,\beta_i)$ $(i=1,2,\cdots,n)$ が $f(U_1,U_2)$ の固有値全体であり，$f(A,B)$ の固有値全体になる．(証明終わり)

(補足)　魚はマグロであるか

「$P(\lambda)$ は $P(B)$ の固有値である」という文章と,「$P(B)$ の固有値は $P(\lambda)$ である」という文章の違いが読み取れるだろうか．これは数学ではなく，国語のなのかもしれないが，ここで説明する．

たとえば,「マグロは魚である」は正しいが,「魚はマグロである」は間違っている．なぜなら，マグロ以外にも，カツオやブリなどいろいろな魚があるからだ．

この具体例からわかるように,「$P(\lambda)$ は $P(B)$ の固有値である」という文章は，$P(\lambda)$ 全体の集合が $P(B)$ の固有値全体の集合に含まれることを意味している．前者を S_1, 後者を T_1 とおいて，記号で表すと，$S_1 \subset T_1$ となる．$S_1 = T_1$ までは主張していない．λ を固定していると考えるのなら $P(\lambda)$ 全体の集合は唯一の元からなる $\{P(\lambda)\}$ になるので $S_1 \subset T_1$ は $P(\lambda) \in T_1$ と同じ意味になる．λ を B の固有値全体 $\lambda_1, \lambda_2, \cdots, \lambda_n$ を動かしていると考えるのであれば

$$S_1 = \{P(\lambda_1), P(\lambda_2), \cdots, P(\lambda_n)\}$$

となる．

「$P(B)$ の固有値は $P(\lambda)$ である」

という文章は原則として $T_1 \subset S_1$ を表す．これは，λ を 1 つ固定したのでは成立しないので，

「$P(B)$ の固有値は $P(\lambda_i)$ $(i=1,2,\cdots,n)$ である」

の意味にとらざるを得ない．この場合は $T_1=S_1$ と解釈する．概して p が性質を書いた命題で真理集合が S_2, q が個別の元を書いた命題で真理集合が T_2 のとき「p は q」という命題は $S_2=T_2$ であることを意味することが多い.「q は p」という命題だと $T_2 \subset S_2$ を意味することが多い．たとえば，

「$x^2-5x+6=0$ の解は 2 と 3 である」

の場合は，$x^2-5x+6=0$ の解全体の集合と $\{2,3\}$ なる集合が一致していることを示す．前者を S_3, 後者を T_3 とおいて，記号で表すと，$S_3=T_3$ を表す．この場合でも，

「2 と 3 は $x^2-5x+6=0$ の解である」

にすると，$T_3 \subset S_3$ を意味するだけで，$S_3=T_3$ までは表さない．

数学は科学を表現する自然言語なので，国語を学習するときと同じ意識を持つことが大切である．すべてが論理的に表現されているとは限らず，慣用によって意味が変化していることもあるので，文脈から正しく読み取ることが必要になる．

なお，問題 5.3 では，各助詞の「は」が「が」になって，

「$P(\lambda)$ が $P(B)$ の固有値である」

と書かれている．この場合は，主語を強調したり，あらかじめ与えられてる複数の候補から主語を選択するニュアンスがある．$S_1=T_1$ の意味合いが強くなることもあるが，問題 5.3 の場合は $S_1 \subset T_1$ の意味に読み取るのが妥当である．

問題 5.4

ベクトル列の収束

以下の問 1 から問 4 の命題は，整数 $m \geqq 2$ に対する $m \times m$ の実行列 A に関して述べたものである．問 1〜問 4 のそれぞれの命題がすべての m, A について成立するかどうかを述べ，それを証明せよ．命題が成立しない場合には，反例を具体的にあげて示すこと．なお，問 3, 問 4 において記号 $\|\cdot\|$ はベクトルのノル

ムを表す記号で，$\overrightarrow{x}={}^t(x_1,\cdots,x_m)$ に対して，$||\overrightarrow{x}||=\sqrt{x_1^2+\cdots+x_m^2}$ である．

(問 1) A が相異なる m 個の実固有値 $\lambda_1,\cdots\lambda_m$ を持つとき，対応する固有ベクトルは線形独立である．すなわち，固有値 λ_i に対応する固有ベクトルを $\overrightarrow{x_i}$ とするとき，

$$\alpha_1\overrightarrow{x_1}+\cdots+\alpha_m\overrightarrow{x_m}=\overrightarrow{0}\quad \text{ならば}\quad \alpha_1=\cdots=\alpha_m=0\quad \text{である．}$$

(問 2) A の固有多項式 $F_A(\lambda)=\det(\lambda I-A)$ が重根を持つとき，A は対角化可能でない．ここで，I は $m\times m$ の単位行列を表す．

(問 3) A が相異なる m 個の実固有値を持つとき，以下で定まるベクトルの列 $\overrightarrow{u_0},\overrightarrow{u_1},\cdots$ は任意の m 次元ベクトル $\overrightarrow{b}$ に対して収束する．

$$\overrightarrow{u_0}=\overrightarrow{b},$$
$$\overrightarrow{u_{n+1}}=\begin{cases} A\overrightarrow{u_n}/||A\overrightarrow{u_n}|| & (||A\overrightarrow{u_n}||\neq 0 \text{ のとき}) \\ \overrightarrow{0} & (||A\overrightarrow{u_n}||=0 \text{ のとき}) \end{cases}\qquad (n=0,1,\cdots).$$

(問 4) A の固有多項式が m 重根を持ち，それが正の実数のとき，以下で定まるベクトルの列 $\overrightarrow{u_0},\overrightarrow{u_1},\cdots$ は任意の m 次元実ベクトル $\overrightarrow{b}$ に対して収束する．

$$\overrightarrow{u_0}=\overrightarrow{b},$$
$$\overrightarrow{u_{n+1}}=\begin{cases} A\overrightarrow{u_n}/||A\overrightarrow{u_n}|| & (||A\overrightarrow{u_n}||\neq 0 \text{ のとき}) \\ \overrightarrow{0} & (||A\overrightarrow{u_n}||=0 \text{ のとき}) \end{cases}\qquad (n=0,1,\cdots).$$

2010 年 東京大 情報理工学系研究科

ポイント

まず，それぞれの命題が成立するかどうかの目星をつける．

問 1　線形独立のことを 1 次独立ともいう．親切なことに，この定義が問題文に書かれている．A のサイズ m を固定すると，問題文中の固有ベクトルの本数 m も固定されてしまう．したがって，m に関する帰納法ではできないので，工夫が必要である．

問 2　A が対角化可能であるとは，ある行列 P が存在して $P^{-1}AP$ が対角行列になることである．証明する場合は，すべての m,A について成立することを示さなければならないので大変だが，反例を示すときには，ある m,A について提示すればよいので，簡単である．

問 3，問 4　ベクトルの列が収束するとは，ベクトル列の成分がすべて収束することである．固有ベクトルで考えろという手がかりが，問 1 から読み取れる．A をジョルダン標準形にして，成分計算で解こうとすると，ジョルダン細胞のサイズの可能性が多様なので，記述が煩雑になる．

解答 | 問 1　成立する．

n を m 以下の自然数とし，n 本のベクトル $\overrightarrow{x_1},\overrightarrow{x_2},\cdots,\overrightarrow{x_n}$ が 1 次独立であることを，n に関する数学的帰納法で証明する．

(i)　$n=1$ のとき．

$\alpha_1\overrightarrow{x_1}=\overrightarrow{0}$ と仮定する．$\overrightarrow{x_1}$ は固有ベクトルなので，$\overrightarrow{x_1}\neq\overrightarrow{0}$．よって，$\alpha_1=0$．

(ii)　$n=k$ $(1\leqq k\leqq m-1)$ のときの成立を仮定する．つまり，

$$\overrightarrow{x_1},\ \overrightarrow{x_2},\ \cdots,\ \overrightarrow{x_k}$$

は 1 次独立であることを仮定する．この仮定の下で $n=k+1$ のときを証明する．つまり，

$$\overrightarrow{x_1},\ \overrightarrow{x_2},\ \cdots,\ \overrightarrow{x_k},\ \overrightarrow{x_{k+1}}$$

が 1 次独立であることを証明する．

$$\alpha_1\overrightarrow{x_1}+\alpha_2\overrightarrow{x_2}+\cdots+\alpha_k\overrightarrow{x_k}+\alpha_{k+1}\overrightarrow{x_{k+1}}=\overrightarrow{0} \qquad (1)$$

の両辺に左から A をかけると，

$$\alpha_1\lambda_1\overrightarrow{x_1}+\alpha_2\lambda_2\overrightarrow{x_2}+\cdots+\alpha_k\lambda_k\overrightarrow{x_k}+\alpha_{k+1}\lambda_{k+1}\overrightarrow{x_{k+1}}=\overrightarrow{0}. \qquad (2)$$

$(2)-\lambda_{k+1}(1)$ より，

$$\alpha_1(\lambda_1-\lambda_{k+1})\overrightarrow{x_1}+\alpha_2(\lambda_2-\lambda_{k+1})\overrightarrow{x_2}+\cdots$$
$$+\alpha_k(\lambda_k-\lambda_{k+1})\overrightarrow{x_k}=\overrightarrow{0}.$$

帰納法の仮定から，

◀ $\overrightarrow{x_1},\cdots,\overrightarrow{x_k}$ が 1 次独立であることが帰納法の仮定である．

$$\alpha_1(\lambda_1-\lambda_{k+1})=0,\quad \alpha_2(\lambda_2-\lambda_{k+1})=0,\quad \cdots,$$

$$\alpha_k(\lambda_k-\lambda_{k+1})=0.$$

固有値はすべて異なるのだから,

$$\lambda_1-\lambda_{k+1}\neq 0,\quad \lambda_2-\lambda_{k+1}\neq 0,\quad \cdots,$$
$$\lambda_k-\lambda_{k+1}\neq 0.$$

よって, $\alpha_1=0$, $\alpha_2=0$, $\cdots$, $\alpha_k=0$. (1) に代入して, $\alpha_{k+1}\overrightarrow{x_{k+1}}=\vec{0}$. $\overrightarrow{x_{k+1}}$ は固有ベクトルなので, $\overrightarrow{x_{k+1}}\neq\vec{0}$. よって, $\alpha_{k+1}=0$.

$\alpha_1,\alpha_2,\cdots,\alpha_k,\alpha_{k+1}$ が全部 0 であることが証明できた.

◀定義からこれは $\overrightarrow{x_1},\cdots,\overrightarrow{x_{k+1}}$ が 1 次独立であることを示す. つまり $m=k+1$ のときも成立することを表している. (1)(2) より $1\leqq n\leqq m$ なるすべての整数 n に対して $\overrightarrow{x_1},\cdots,\overrightarrow{x_k}$ が 1 次独立であることが示せた. 特に $\overrightarrow{x_1},\cdots,\overrightarrow{x_m}$ は 1 次独立である.

問 2　成立しない.

$m=2$ の場合, A の固有方程式 $F_A(\lambda)=0$ の解が重解 $\lambda=\alpha$ なら, A のジョルダン標準形は

$$P^{-1}AP=\begin{pmatrix}\alpha & 0\\ 0 & \alpha\end{pmatrix}$$

または

$$P^{-1}AP=\begin{pmatrix}\alpha & 1\\ 0 & \alpha\end{pmatrix}$$

である. 前者の場合は対角化可能で, 後者の場合は対角化不可能である. 前者で, たとえば $\alpha=2$ とおくと, 反例 $A=\begin{pmatrix}2 & 0\\ 0 & 2\end{pmatrix}$ を得る. この A のとき, 固有多項式は $F_A(\lambda)=(\lambda-2)^2$ なので, 確かに重解をもち, A は $P=E$ を用いて対角化される. つまり, 最初から対角化されている.

問 3　成立しない.

$\vec{b}$ を A の固有値 $\lambda\neq 0$ の単位固有ベクトルとすると,

$$\overrightarrow{u_1}=\frac{A\overrightarrow{u_0}}{||A\overrightarrow{u_0}||}=\frac{A\vec{b}}{||A\vec{b}||}=\frac{\lambda\vec{b}}{||\lambda\vec{b}||}=\frac{\lambda\vec{b}}{|\lambda|}$$
$$=\frac{\lambda}{|\lambda|}\vec{b}=\begin{cases}\vec{b} & (\lambda>0\text{ のとき})\\ -\vec{b} & (\lambda<0\text{ のとき})\end{cases}.$$

帰納的に

$$\overrightarrow{u_n}=\begin{cases}\overrightarrow{b} & (\lambda>0 \text{ のとき})\\ (-1)^n\overrightarrow{b} & (\lambda<0 \text{ のとき})\end{cases}$$

となる．

反例は，たとえば，$A=\begin{pmatrix}-1 & 0\\ 0 & 1\end{pmatrix}$ で $\overrightarrow{b}=\begin{pmatrix}1\\0\end{pmatrix}$ のとき．このとき，$\overrightarrow{u_n}=(-1)^n\overrightarrow{b}$ となり振動し，収束しない．

◀ (1) $n=1$ のときは上の式より成立．
(2) $n=k$ のときの成立を仮定．
$n=k+1$ のときを考察する．
$\lambda>0$ のとき
$\overrightarrow{u}=\dfrac{A\overrightarrow{u_k}}{\|A\overrightarrow{u_k}\|}$
$=\dfrac{\lambda\overrightarrow{b}}{\|\lambda\overrightarrow{b}\|}=\dfrac{\lambda\overrightarrow{b}}{|\lambda|}=\overrightarrow{b}$.
$\lambda<0$ のとき
$\overrightarrow{u}=\dfrac{A\overrightarrow{u_k}}{\|A\overrightarrow{u_k}\|}$
$=\dfrac{(-1)^k\lambda\overrightarrow{b}}{\|(-1)^k\lambda\overrightarrow{b}\|}$
$=\dfrac{(-1)^k\lambda\overrightarrow{b}}{|\lambda|}$
$=\dfrac{(-1)^k\lambda\overrightarrow{b}}{-\lambda}$
$=(-1)^{k+1}\overrightarrow{b}$.
よって $n=k+1$ のときも成り立つ．

問 4　成立する．

ある n_0 で $\overrightarrow{u_{n_0}}=\overrightarrow{0}$ ならそれ以降 ($n\geqq n_0$ で) $\overrightarrow{u_n}=\overrightarrow{0}$ となるのでベクトル列 $\{\overrightarrow{u_n}\}$ は収束する．以降すべての n に対して $\overrightarrow{u_n}\neq\overrightarrow{0}$ の場合を考える．

$$\overrightarrow{u_1}=\frac{A\overrightarrow{u_0}}{\|A\overrightarrow{u_0}\|}=\frac{1}{\|A\overrightarrow{b}\|}A\overrightarrow{b}.$$

$$A\overrightarrow{u_1}=A\left(\frac{1}{\|A\overrightarrow{b}\|}A\overrightarrow{b}\right)=\frac{1}{\|A\overrightarrow{b}\|}A^2\overrightarrow{b}$$

なので，

$$\overrightarrow{u_2}=\frac{A\overrightarrow{u_1}}{\|A\overrightarrow{u_1}\|}=\frac{\dfrac{1}{\|A\overrightarrow{b}\|}A^2\overrightarrow{b}}{\left\|\dfrac{1}{\|A\overrightarrow{b}\|}A^2\overrightarrow{b}\right\|}=\frac{A^2\overrightarrow{b}}{\|A^2\overrightarrow{b}\|}.$$

これを続けて，帰納的に $\overrightarrow{u_n}=\dfrac{A^n\overrightarrow{b}}{\|A^n\overrightarrow{b}\|}$ となることがわかる．A の固有値を $\lambda>0$ とおくと，

$$\overrightarrow{u_n}=\frac{\lambda^{-n}A^n\overrightarrow{b}}{\lambda^{-n}\|A^n\overrightarrow{b}\|}=\frac{(\lambda^{-1}A)^n\overrightarrow{b}}{\|(\lambda^{-1}A)^n\overrightarrow{b}\|}. \tag{3}$$

◀ A の固有方程式を $f(x)=0$ とおくと $f(A)=O$ となることを主張するのがハミルトン–ケーリーの定理．

A の固有値は λ の m 重解なので，$\lambda^{-1}A$ の固有値は 1 の m 重解となる．ハミルトン–ケーリーの定理より，$(\lambda^{-1}A-E)^m=O$ なので，$N=\lambda^{-1}A-E$ とおくと，

$$\lambda^{-1}A=E+N \qquad (N^m=E)$$

とおける．2 項定理より，$n\geqq m-1$ のとき，

$$(\lambda^{-1}A)^n = (E+N)^n = \sum_{k=0}^{n} {}_n\mathrm{C}_k E^{n-k} N^k$$
$$= \sum_{k=0}^{n} {}_n\mathrm{C}_k N^k = \sum_{k=0}^{m-1} {}_n\mathrm{C}_k N^k$$

となる．$N^k \vec{b}$ $(k=0,1,2,\cdots,m-1)$ がすべて $\vec{0}$ なら，$(\lambda^{-1}A)^n \vec{b} = \vec{0}$ なので，$\lim_{n\to\infty} \overrightarrow{u_n} = \vec{0}$ となる．

$N^k \vec{b}$ $(k=0,1,2,\cdots,m-1)$ のうち $\vec{0}$ でないものが存在するとき，その最後が，$N^l \vec{b}$ だったとすると，

$$(\lambda^{-1}A)^n \vec{b} = \sum_{k=0}^{l} {}_n\mathrm{C}_k N^k \vec{b}$$

となる．${}_n\mathrm{C}_k$ は n の k 次式であるから，

$$(\lambda^{-1}A)^n \vec{b} = {}_n\mathrm{C}_l(N^l \vec{b} + o(1)) \qquad (n\to\infty)$$

となる．ここで，$o(1)$ はすべての成分が $n\to\infty$ のとき 0 に収束するベクトルである．よって，

$$\|(\lambda^{-1}A)^n \vec{b}\| = {}_n\mathrm{C}_l \|N^l \vec{b} + o(1)\|$$
$$= {}_n\mathrm{C}_l(\|N^l \vec{b}\| + o(1)) \qquad (n\to\infty).$$

(3) に代入して，

$$\overrightarrow{u_n} = \frac{{}_n\mathrm{C}_l(N^l \vec{b} + o(1))}{{}_n\mathrm{C}_l(\|N^l \vec{b}\| + o(1))}$$
$$\longrightarrow \frac{{}_n\mathrm{C}_l(N^l \vec{b})}{{}_n\mathrm{C}_l\|N^l \vec{b}\|} = \frac{N^l \vec{b}}{\|N^l \vec{b}\|} \qquad (n\to\infty).$$

したがって，収束する．

◀ たとえば $m=2$ のとき $(\lambda^{-1}A)^n = E+nN$. $m=3$ のとき $(\lambda^{-1}A)^n = E+nN + \frac{n(n-1)}{2}N$.

◀ たとえば $m=2$ のとき $(\lambda^{-1}A)^n \vec{b} = n\left(N\vec{b} + \frac{1}{n}\vec{b}\right)$. $m=3$ のとき $(\lambda^{-1}A)^n \vec{b} = \frac{n(n-1)}{2}\left(N^2\vec{b} + \frac{2}{n-1}N\vec{b} + \frac{2}{n(n-1)} \times \vec{b}\right)$.

解説 ｜ **問 1**　$(\overrightarrow{x_1}, \overrightarrow{x_2}, \cdots, \overrightarrow{x_m})$ が 1 次独立であることを一気に証明するのは難しいので，$\overrightarrow{x_1}$, $(\overrightarrow{x_1}, \overrightarrow{x_2})$, $(\overrightarrow{x_1}, \overrightarrow{x_2}, \overrightarrow{x_3})$, $\cdots$ のように本数を順に増やしていって，帰納的に示す．

次のように，背理法でも証明できる．

$$\alpha_1 \overrightarrow{x_1} + \cdots + \alpha_m \overrightarrow{x_m} = \vec{0}$$

かつ，係数に 0 でないものがあると仮定する．必要ならば番号を入れ替えて，最初の n 項の係数 $\alpha_1,\cdots,\alpha_n$ のみが 0 でないと仮定してよい．

$$\alpha_1\overrightarrow{x_1}+\cdots+\alpha_n\overrightarrow{x_n}=\overrightarrow{0}$$

に A をかけると，

$$\alpha_1\lambda_1\overrightarrow{x_1}+\cdots+\alpha_n\lambda_n\overrightarrow{x_n}=\overrightarrow{0}.$$

再び A をかけると，

$$\alpha_1\lambda_1^2\overrightarrow{x_1}+\cdots+\alpha_n\lambda_n^2\overrightarrow{x_n}=\overrightarrow{0}.$$

帰納的に

$$\alpha_1\lambda_1^k\overrightarrow{x_1}+\cdots+\alpha_n\lambda_n^k\overrightarrow{x_n}=\overrightarrow{0} \qquad (k=0,1,2,\cdots,n-1)$$

を得る．これらの式を 1 本にまとめると，

$$(\alpha_1\overrightarrow{x_1},\cdots,\alpha_n\overrightarrow{x_n})\begin{pmatrix}1 & \lambda_1 & \cdots & \lambda_1^{n-1}\\ 1 & \lambda_2 & \cdots & \lambda_2^{n-1}\\ \vdots & \vdots & \cdots & \vdots\\ 1 & \lambda_n & \cdots & \lambda_n^{n-1}\end{pmatrix}=O \tag{4}$$

となる．ここで O は m 行 n 列の零行列である．

$$\det\begin{pmatrix}1 & \lambda_1 & \cdots & \lambda_1^{n-1}\\ 1 & \lambda_2 & \cdots & \lambda_2^{n-1}\\ \vdots & \vdots & \cdots & \vdots\\ 1 & \lambda_n & \cdots & \lambda_n^{n-1}\end{pmatrix}$$

はファン・デル・モンドの行列式とよばれる．この値は差積

$$\prod_{1\leqq i<j\leqq n}(\lambda_j-\lambda_i)$$

になることが知られている．固有値はすべて異なるので，この値は 0 でない．したがって逆行列があり，(4) より，

$$(\alpha_1\overrightarrow{x_1},\cdots,\alpha_n\overrightarrow{x_n})=O$$

を得る．係数がすべて 0 でないことから，$\overrightarrow{x_1},\cdots,\overrightarrow{x_n}$ はすべて $\overrightarrow{0}$ となり，固有ベクトルであることに矛盾する．よって，

$$\alpha_1\overrightarrow{x_1}+\cdots+\alpha_m\overrightarrow{x_m}=\overrightarrow{0}$$

ならば係数はすべて 0 となる．最初の解答も別解も固有値が複素数の場合や複

素行列の場合でも通用する．

問 2　$m=1$ のときは，固有方程式は 1 次なので重解は生じない．仮定が偽なので，結論が何であってもつねに真となる．

$m \geqq 2$ のときは，A を単位行列の定数倍にすると反例になる．

$m=3$ のとき，たとえば，$A=\begin{pmatrix} 2 & 1 & 1 \\ 1 & 2 & 1 \\ 1 & 1 & 2 \end{pmatrix}$ は，

$$A\begin{pmatrix} 1 \\ -1 \\ 0 \end{pmatrix}=1\begin{pmatrix} 1 \\ -1 \\ 0 \end{pmatrix}, \quad A\begin{pmatrix} 1 \\ 0 \\ -1 \end{pmatrix}=1\begin{pmatrix} 1 \\ 0 \\ -1 \end{pmatrix}, \quad A\begin{pmatrix} 1 \\ 1 \\ 1 \end{pmatrix}=4\begin{pmatrix} 1 \\ 1 \\ 1 \end{pmatrix}$$

を満たす．したがって，固有値は $\lambda=1$ (重解),4 となり，重解を持つ．しかし，

$$P=\left(\begin{pmatrix} 1 \\ -1 \\ 0 \end{pmatrix}, \begin{pmatrix} 1 \\ 0 \\ -1 \end{pmatrix}, \begin{pmatrix} 1 \\ 1 \\ 1 \end{pmatrix}\right)$$

とおくと，

$$P^{-1}AP=\begin{pmatrix} 1 & 0 & 0 \\ 0 & 1 & 0 \\ 0 & 0 & 4 \end{pmatrix}$$

になり，対角化可能である．$m \geqq 3$ のときも，同様に対角成分が 2，残りのすべての成分が 1 の行列は固有値 1 が $m-1$ 重解であるが，対角化可能となる．他にもさまざまな反例を作ることができる．

問 3　もし，固有ベクトルがすべて非負なら，与えられた命題は成立する．このことを証明してみる．必要ならば，番号を入れ替えて，$0 \leqq \lambda_1 < \cdots < \lambda_m$ となっているとしてよい．$\overrightarrow{x_1}, \cdots, \overrightarrow{x_m}$ は 1 次独立なので，任意の $\vec{b}$ は

$$\vec{b}=\alpha_1\overrightarrow{x_1}+\cdots+\alpha_m\overrightarrow{x_m}$$

と表される．係数のうち，0 でない最後のものを α_k とおくと，

$$\vec{b}=\alpha_1\overrightarrow{x_1}+\cdots+\alpha_k\overrightarrow{x_k}$$

となる．$A^n\vec{b}=\alpha_1\lambda_1^n\overrightarrow{x_1}+\cdots+\alpha_k\lambda_k^n\overrightarrow{x_k}$ なので，

$$\overrightarrow{u_n}=\frac{A^n\vec{b}}{||A^n\vec{b}||}=\frac{\alpha_1\lambda_1^n\overrightarrow{x_1}+\cdots+\alpha_k\lambda_k^n\overrightarrow{x_k}}{||\alpha_1\lambda_1^n\overrightarrow{x_1}+\cdots+\alpha_k\lambda_k^n\overrightarrow{x_k}||}$$

$$=\frac{\alpha_1\left(\frac{\lambda_1}{\lambda_k}\right)^n\overrightarrow{x_1}+\cdots+\alpha_{k-1}\left(\frac{\lambda_{k-1}}{\lambda_k}\right)^n\overrightarrow{x_{k-1}}+\alpha_k\overrightarrow{x_k}}{\left\|\alpha_1\left(\frac{\lambda_1}{\lambda_k}\right)^n\overrightarrow{x_1}+\cdots+\alpha_{k-1}\left(\frac{\lambda_{k-1}}{\lambda_k}\right)^n\overrightarrow{x_{k-1}}+\alpha_k\overrightarrow{x_k}\right\|}$$

$$\longrightarrow\frac{\alpha_k\overrightarrow{x_k}}{||\alpha_k\overrightarrow{x_k}||}=\frac{\alpha_k}{|\alpha_k|}\cdot\frac{\overrightarrow{x_k}}{||\overrightarrow{x_k}||}=\pm\frac{\overrightarrow{x_k}}{||\overrightarrow{x_k}||}\qquad(n\to\infty).$$

符号は，$\alpha_k>0$ のとき $+$, $\alpha_k<0$ のとき $-$ である．したがって，収束する．

問 4　$||N^l\vec{b}+o(1)||=||N^l\vec{b}||+o(1)$ を $m=2$ の場合に確認してみる．

$N^l\vec{b}=\begin{pmatrix}b_1\\b_2\end{pmatrix}$ とおくと，

$$N^l\vec{b}+o(1)=\begin{pmatrix}b_1+\varepsilon_1\\b_2+\varepsilon_2\end{pmatrix}$$

とおける．ここで，$\varepsilon_1\to0$ $(n\to\infty)$, $\varepsilon_2\to0$ $(n\to\infty)$ とする．

$$\begin{aligned}||N^l\vec{b}+o(1)||-||N^l\vec{b}||&=\sqrt{(b_1+\varepsilon_1)^2+(b_2+\varepsilon_2)^2}-\sqrt{b_1^2+b_2^2}\\&=\frac{\{(b_1+\varepsilon_1)^2+(b_2+\varepsilon_2)^2\}-(b_1^2+b_2^2)}{\sqrt{(b_1+\varepsilon_1)^2+(b_2+\varepsilon_2)^2}+\sqrt{b_1^2+b_2^2}}\\&=\frac{2b_1\varepsilon_1+\varepsilon_1^2+2b_2\varepsilon_2+\varepsilon_2^2}{\sqrt{(b_1+\varepsilon_1)^2+(b_2+\varepsilon_2)^2}}\to0\qquad(n\to\infty).\end{aligned}$$

よって，$||N^l\vec{b}+o(1)||-||N^l\vec{b}||=o(1)\quad(n\to\infty)$.

(発展)　一般逆行列

連立方程式 $A\vec{x}=\vec{b}$ を解く問題は標準的な線形代数の教科書には必ず載っており大学院入試にもよく出る．行に関する (階数用の) 基本変形を行うと，以下の (i),(ii) のみが起こることがわかる．

(i) $\mathrm{rank}(A,\vec{b})=\mathrm{rank}A$ のとき．

解が存在する．未知数を n 個とすると，$n-\mathrm{rank}A$ 個は求められないので，媒介変数で表すことになり，残りの $\mathrm{rank}A$ 個の未知数はこの媒介変数や数値で表される．

(ii) $\mathrm{rank}(A,\vec{b})=\mathrm{rank}A+1$ のとき．

解は存在しない．

A が実対称行列のとき内積 $\left(\frac{1}{2}A\vec{x}-\vec{b},\vec{x}\right)=\left(\frac{1}{2}A\vec{x},\vec{x}\right)-(\vec{b},\vec{x})$ を偏微分す

ると $A\vec{x}-\vec{b}=\vec{0}$ になる．よって内積の極値の候補は $A\vec{x}=\vec{b}$ の解になる．したがって A の固有値がすべて正の場合は $\left(\frac{1}{2}A\vec{x}-\vec{b},\vec{x}\right)$ の値が減るようにベクトル列 $\{\overrightarrow{x_n}\}$ を作ることによって $A\vec{x}=\vec{b}$ の解を求めることができる．A^{-1} があれば $A\vec{x}=\vec{b}$ の解は $\vec{x}=A^{-1}\vec{b}$ のみである．A^{-1} がない場合は $A\vec{x}=\vec{b}$ の解は存在しない場合も，無限個存在する場合もある．解があれば，それは $|A\vec{x}-\vec{b}|=0$ を満たすので，解なしの場合も，

$$|A\vec{x}-\vec{b}| \text{ を最小にするベクトル} \tag{5}$$

が解の代わりであると考える．$\vec{b}$ の成分の斉次 1 次式を成分として持つベクトル $A^{-}\vec{b}$ が (5) を満たすことが知られている．ここで A^{-} は次の (i),(ii) を満たす行列で，ムーア–ペンローズの一般逆行列と呼ばれる．

(i) $AA^{-}A=A$ かつ AA^{-} が対称行列，
(ii) $A^{-}AA^{-}=A^{-}$ かつ $A^{-}A$ が対称行列，
どんな A に対しても A^{-} は存在し，一意である (一通りに決まる).

実対称行列 A は直交行列で対角化できた．つまり，ある直交行列 T が存在し，

$$ {}^tTAT=\begin{pmatrix} \lambda_1 & 0 & 0 & \cdots & 0 \\ 0 & \lambda_2 & 0 & \cdots & 0 \\ \vdots & \cdots & \ddots & \cdots & \vdots \\ 0 & \cdots & 0 & \lambda_{n-1} & 0 \\ 0 & \cdots & 0 & 0 & \lambda_n \end{pmatrix} $$

とできた．右辺の対角行列を $D(\lambda_1,\cdots,\lambda_n)$ と略記することにする．

一般の $m\times n$ 行列 A に対しても，ある直交行列 T_1,T_2 が存在し，

$$ {}^tT_1AT_2=\begin{pmatrix} D(\mu_1,\cdots,\mu_r) & O \\ O & O \end{pmatrix} \qquad (\mu_1\geqq\cdots\geqq\mu_r>0,\ r=\mathrm{rank}A) $$

の形にできる．これを A の特異値分解という．T_1, T_2 は直交行列なので，

$$T_1^{-1}={}^tT_1, \qquad T_2^{-1}={}^tT_2.$$

よって，

$$A=T_1\begin{pmatrix} D(\mu_1,\cdots,\mu_m) & O \\ O & O \end{pmatrix}{}^tT_2$$

である．このとき，ムーア–ペンローズの一般行列 A^{-} は，

$$A^{-}=T_2\begin{pmatrix} D\left(\dfrac{1}{\mu_1},\cdots,\dfrac{1}{\mu_r}\right) & O \\ O & O \end{pmatrix}{}^{t}T_1$$

となることが知られている.

第6章　標準形

基礎のまとめ

1　正規行列

A を m 行 n 列の行列とする．m 次の可逆行列 P をうまく選ぶと，PA は階段行列にできる．m 次の可逆行列 P と n 次の可逆行列 Q とをうまく選ぶと，PAQ は $\begin{pmatrix} E_r & O \\ O & O \end{pmatrix}$ の形にできる．ここで，E_r は r 次の単位行列であり，$r=\mathrm{rank}A$ である．

m 次正方行列 A において，1 行目から k 行目までと，1 列目から k 列目までの交わる部分で作られる k 次正方行列の行列式 Δ_k $(k=1,2,\cdots,m)$ を**首座小行列式**という．これらがすべて 0 でなければ，下三角行列 L と対角成分が 1 の上三角行列 M の積で，$A=LM$ と表される．この分解は一意である．

m 次正方行列 A の固有ベクトルとして，1 次独立な m 本 $\overrightarrow{v_1},\overrightarrow{v_2},\cdots,\overrightarrow{v_m}$ が取れるとする．対応する固有値を順に

$$\lambda_1,\quad \lambda_2,\quad \cdots,\quad \lambda_m$$

とおく (同じものがあることを許す)．このとき，

$$P=(\overrightarrow{v_1},\overrightarrow{v_2},\cdots,\overrightarrow{v_m})$$

とおくと，$P^{-1}AP$ が，固有値を対角成分に持つ対角行列 D になる．つまり，

$$P^{-1}AP=\begin{pmatrix} \lambda_1 & 0 & 0 & \cdots & 0 \\ 0 & \lambda_2 & 0 & \cdots & \vdots \\ \vdots & 0 & \lambda_3 & \cdots & 0 \\ 0 & 0 & \cdots & \ddots & 0 \\ 0 & 0 & 0 & \cdots & \lambda_m \end{pmatrix}.$$

P に並べる固有ベクトルの順番を変えると，それに応じて，D の対角成分の固有値も順番が変わる．

$A^*A=AA^*$ を満たす行列 A を**正規行列**という．エルミート行列，歪エルミート行列，ユニタリ行列，実対称行列，実交代行列，直交行列はすべて正規行列である．ただし複素対称行列は正規行列とは限らない．

A が正規行列であることと，どの 2 本も直交する m 本の固有ベクトル $\overrightarrow{v_1},\overrightarrow{v_2},\cdots,\overrightarrow{v_m}$ が取れることは同値である．ただし，A が実行列でも P は複素行列になることがある．

m 次行列 A が正規行列のとき，直交する m 本の固有ベクトルを単位ベクトルに選ぶと，$P=(\overrightarrow{v_1},\overrightarrow{v_2},\cdots,\overrightarrow{v_m})$ はユニタリ行列 U になり，$U^{-1}AU$ は対角行列 D となる．このことを，**A はユニタリ行列 U で対角化される**という．ユニタリ行列の定義より $U^{-1}=U^*$ なので $U^{-1}AU=D$ は $U^*AU=D$ と書くこともできる．

エルミート行列の固有値は実数なので，ユニタリ行列で対角成分が実数の対角行列に対角化される．

ユニタリ行列かつ実行列なら直交行列になる．したがって，A の直交する m 本の固有ベクトル $\overrightarrow{v_1},\overrightarrow{v_2},\cdots,\overrightarrow{v_m}$ が実ベクトルなら，$(\overrightarrow{v_1},\overrightarrow{v_2},\cdots,\overrightarrow{v_m})$ は直交行列 T となる．したがって，直交行列 T を用いて $T^{-1}AT$ を対角行列 D にすることができる．直交行列の定義より $T^{-1}={}^tT$ なので $T^{-1}AT=D$ は ${}^tTAT=D$ と書くこともできる．

エルミート行列かつ実行列なら実対称行列になる．よって，固有値は実数であり，固有ベクトルも実ベクトルを選ぶことができる．したがって，実対称行列は直交行列で対角成分が実数の対角行列に対角化される．

エルミート行列 A と複素 m 次元ベクトル $\vec{v}$ に対して，$\vec{v}^*A\vec{v}$ を**エルミート形式**と呼ぶ．うまくユニタリ行列 U を選んで，$\vec{v}=U\vec{w}$ と変数変換すると，$\vec{w}^*U^*AU\vec{w}$ を

$$\sum_{i=1}^{m}\lambda_i\overline{w_i}w_i$$

の形にできる．ここで，λ_i $(i=1,2,\cdots,m)$ は実数である．

$w_i'=\sqrt{|\lambda_i|}w_i$ と変数変換し適当に添字 i を入れ替えると，

$$\sum_{i=1}^{p}|w_i'|^2-\sum_{i=p+1}^{p+q}|w_i'|^2$$

の形にできる．(p,q) をエルミート形式の符号数という．符号数は A の正の固有値の個数と負の固有値の個数を並べたものであり，可逆な変数変換を行っても保

たれる．

実対称行列 A と実 m 次元ベクトル $\vec{v}$ に対して，${}^t\vec{v}A\vec{v}$ を**実 2 次形式**と呼ぶ．うまく直交行列 T を選んで，$\vec{v}=T\vec{w}$ と変数変換すると，${}^t\vec{w}\,{}^tTAT\vec{w}$ を $\sum_{i=1}^{m}\lambda_i w_i^2$ の形にできる．ここで，λ_i $(i=1,2,\cdots,m)$ は実数である．

$w_i'=\sqrt{|\lambda_i|}w_i$ と変数変換し適当に添字を入れ替えると，

$$\sum_{i=1}^{p}|w_i'|^2-\sum_{i=p+1}^{p+q}|w_i'|^2$$

の形にできる．(p,q) を実 2 次形式の符号数という．符号数は A の正の固有値の個数と負の固有値の個数を並べたものであり，可逆な変数変換を行っても保たれる．これを**シルベスターの慣性法則**という．歪エルミート行列，交代行列の固有値は純虚数であり，上と同様のことが成り立つ．

2　ジョルダン標準形

A が実正規行列のとき，固有値 $p\pm qi$ $(q>0)$ に対応する固有ベクトルを $\vec{a}\pm\vec{b}i$ (複号同順) とおく．ここで $\vec{a}$, $\vec{b}$ は実ベクトルとする．

$$P=(\vec{a}+\vec{b}i,\vec{a}-\vec{b}i,\cdots)$$

の代わりに，

$$Q=(\vec{a},-\vec{b},\cdots)$$

を用いると，

$$P^{-1}AP=\begin{pmatrix} p+qi & 0 & 0 & \cdots \\ 0 & p-qi & 0 & \vdots \\ 0 & 0 & \ddots & \cdots \\ \vdots & \cdots & \vdots & \ddots \end{pmatrix}$$

は

$$Q^{-1}AQ=\begin{pmatrix} p & -q & 0 & \cdots \\ q & p & 0 & \vdots \\ 0 & 0 & \ddots & \cdots \\ \vdots & \cdots & \vdots & \ddots \end{pmatrix}$$

に変わり，左上が実数成分になる．これをくり返すことにより右辺を実数成分にすることができる．

k 次正方行列

$$J(\lambda,k)=\begin{pmatrix}\lambda & 1 & 0 & \cdots & 0 & 0\\ 0 & \lambda & 1 & 0 & \cdots & 0\\ \vdots & \ddots & \ddots & \ddots & \ddots & \vdots\\ 0 & \cdots & 0 & \lambda & 1 & 0\\ 0 & 0 & \cdots & 0 & \lambda & 1\\ 0 & 0 & \cdots & 0 & 0 & \lambda\end{pmatrix}$$

を**ジョルダン細胞**という．

$$\begin{pmatrix}J(\lambda_1,k_1) & O & \cdots & O & O\\ O & J(\lambda_2,k_2) & O & \cdots & O\\ \vdots & \ddots & \ddots & \ddots & \vdots\\ O & \cdots & O & J(\lambda_{m-1},k_{m-1}) & O\\ O & O & \cdots & O & J(\lambda_m,k_m)\end{pmatrix}.$$

の形の行列を**ジョルダン標準形**という．

A を n 次複素正方行列とする．A の固有値 λ に対応する広義固有空間とは $(A-\lambda E)$ を何回かかけると $\vec{0}$ になるベクトル $\vec{v}$ の全体のことである．何回かけると $\vec{0}$ になるかを考えると

$$\mathrm{Ker}(A-\lambda E)\subseteqq\mathrm{Ker}(A-\lambda E)^2\subseteqq\mathrm{Ker}(A-\lambda E)^3\subseteqq\cdots$$

なる包含関係が成り立つことがわかる．この列のあるところで等号が成り立つと，そこから先はずっと等号になる．

$$\mathrm{Ker}(A-\lambda E)^{k-1}\neq\mathrm{Ker}(A-\lambda E)^k=\mathrm{Ker}(A-\lambda E)^{k+1}$$

とすると，$\mathrm{Ker}(A-\lambda E)^k$ に入って $\mathrm{Ker}(A-\lambda E)^{k-1}$ に入らないベクトルの 1 つを $\overrightarrow{a_k}$ として，

$$\overrightarrow{a_{l-1}}=(A-\lambda E)\overrightarrow{a_l}\qquad(l=k,k-1,\cdots,3,2)$$

で，広義固有空間 $\mathrm{Ker}(A-\lambda E)^k$ 内のベクトルの列

$$\overrightarrow{a_1},\quad\overrightarrow{a_2},\quad\cdots,\quad\overrightarrow{a_k}$$

を定めると，$\overrightarrow{a_l}=(A-\lambda E)^{k-l}\overrightarrow{a_k}$ $(l=1,2,\cdots,k)$ であり，

$$A(\overrightarrow{a_1},\overrightarrow{a_2},\cdots,\overrightarrow{a_k},\cdots)=(\overrightarrow{a_1},\overrightarrow{a_2},\cdots,\overrightarrow{a_k},\cdots)\begin{pmatrix}J(\lambda,k) & O\\ O & \ddots\end{pmatrix}$$

となる．各固有値に対して同じことを繰り返し，広義固有空間内の1次独立なベクトルの列を用いて，

$$P=(\overrightarrow{a_1},\overrightarrow{a_2},\cdots,\overrightarrow{a_k},\cdots)$$

のように P を定めると，$P^{-1}AP$ はジョルダン標準形にできる．

一般には，$\mathrm{Ker}(A-\lambda E)^k$ からの元では足りなくなるので，

$$\mathrm{Ker}(A-\lambda E)\subsetneqq\mathrm{Ker}(A-\lambda E)^2\subsetneqq\mathrm{Ker}(A-\lambda E)^3\subsetneqq\cdots\subsetneqq\mathrm{Ker}(A-\lambda E)^k$$

の途中から始めて，ベクトル列を作ることも行う．たとえば A のジョルダン標準形が

$$J=\begin{pmatrix}\lambda&1&0&0&0\\0&\lambda&1&0&0\\0&0&\lambda&0&0\\0&0&0&\lambda&1\\0&0&0&0&\lambda\end{pmatrix}$$

のとき，

$$\mathrm{rank}(A-\lambda E)=3,\quad \mathrm{rank}(A-\lambda E)^2=1,$$
$$\mathrm{rank}(A-\lambda E)^3=0,\quad \mathrm{rank}(A-\lambda E)^4=0$$

である．$f:V\to W$ の Ker の次元を dimKer, Im の次元を dimIm とおくと，次元定理 $\dim\mathrm{Im}f+\dim\mathrm{Ker}f=\dim V$ が成り立つ．これを $\dim\mathrm{Im}f=\mathrm{rank}f$ より，

$$\dim\mathrm{Ker}(A-\lambda E)=2,\quad \dim\mathrm{Ker}(A-\lambda E)^2=4,$$
$$\dim\mathrm{Ker}(A-\lambda E)^3=5,\quad \dim\mathrm{Ker}(A-\lambda E)^4=5$$

である．

$\mathrm{Ker}(A-\lambda E)^3$ の元で $\mathrm{Ker}(A-\lambda E)^2$ に入らない部分からは1次元分しかとれない．したがって，

$$\overrightarrow{a_2}=(A-\lambda E)\overrightarrow{a_3},\quad \overrightarrow{a_1}=(A-\lambda E)\overrightarrow{a_2}$$

より，$\overrightarrow{a_1},\overrightarrow{a_2},\overrightarrow{a_3}$ の3本しかできない．

$\mathrm{Ker}(A-\lambda E)^2$　の元で　$\mathrm{Ker}(A-\lambda E)$　に入らない部分

は2次元分あるので，もう1本 $\overrightarrow{a_2}$ と1次独立なものがとれる．それを $\overrightarrow{b_2}$ とおくと，$\overrightarrow{b_1}=(A-\lambda E)\overrightarrow{b_2}$ より，$\overrightarrow{b_1},\overrightarrow{b_2}$ の2本ができて，

$$P=(\overrightarrow{a_1},\overrightarrow{a_2},\overrightarrow{a_3},\overrightarrow{b_1},\overrightarrow{b_2})$$

とおくことにより，$P^{-1}AP=J$ に変形できる．広義固有ベクトルの2つの列を入れ替えて

$$Q=(\overrightarrow{b_1},\overrightarrow{b_2},\overrightarrow{a_1},\overrightarrow{a_2},\overrightarrow{a_3})$$

とおくと，

$$Q^{-1}AQ=\begin{pmatrix}\lambda & 1 & 0 & 0 & 0\\ 0 & \lambda & 0 & 0 & 0\\ 0 & 0 & \lambda & 1 & 0\\ 0 & 0 & 0 & \lambda & 1\\ 0 & 0 & 0 & 0 & \lambda\end{pmatrix}$$

となり，ジョルダン細胞の位置が変わる．

正方行列 A のジョルダン標準形は，ジョルダン細胞の順番の入れ替えを除いて一意に定まる．

3　極分解，カルタン分解

エルミート行列 H が正値 (負値) であるとは，任意の $\vec{v}\neq\vec{0}$ に対して，

$$\vec{v}^{\,*}A\vec{v}>0 \qquad (\vec{v}^{\,*}A\vec{v}<0)$$

となることである．エルミート行列 H が非負値 (非正値) であるとは，任意の $\vec{v}\neq\vec{0}$ に対して，

$$\vec{v}^{\,*}A\vec{v}\geqq 0 \qquad (\vec{v}^{\,*}A\vec{v}\leqq 0)$$

となることである．

エルミート行列 H が不定値であるとは，$\vec{v}^{\,*}A\vec{v}$ が正になったり，負になったりすることである．

正方行列 A に対して，1行目から k 行目と1列目から k 列目の重なった部分からできる，k 次の正方行列の行列式 Δ_k を A の首座小行列式 (p.177 参照) という．

m 次エルミート行列 H が正値であるための必要十分条件は，H の首座小行列式 $\Delta_1,\Delta_2,\cdots,\Delta_m$ がすべて正になることである．また，固有値がすべて正であることも，必要十分条件である．正値エルミート行列 H に対して，$X^2=H$ を満たす正値エルミート行列 X が唯一存在する．A が正則行列のとき $A=vM$ を満たすユニタリ行列 U を対角成分が正の上三角行列 M が存在する．この事実を前述の X に適用することにより H が正値エルミート行列のとき，$H=M^*M$

を満たす，対角成分が正の上三角行列 M が存在することがわかる．

A が正則行列のとき A^*A は正値エルミート行列なので，$A^*A=H^2$ となる正値エルミート行列 H が存在する．AH^{-1} はユニタリ行列になるので，$A=UH$ と分解できる．この分解は一意であり，**極分解**と呼ばれる．

正値エルミート行列 H は，ユニタリ行列で対角成分が正の対角行列 D にできる．これを前述の $A=UH$ をあわせると，任意の正則行列はユニタリ行列 U_1,U_2 を用いて，U_1DU_2 の形に分解できることがわかる．この分解を**カルタン分解**という．カルタン分解は一意とは限らない．

正方行列が実行列の場合，上述の事実でエルミート行列を対称行列に，ユニタリ行列を直交行列に置き換えた命題も成立する．

問題と解答・解説

問題 6.1

LU 分解

n 次正方行列 A, B, C があり，その i 行 j 列成分をそれぞれ a_{ij}, b_{ij}, c_{ij} とする．ここで，A は $A=BC$ を満たすものとする．ただし，B は対角成分がすべて 1 の下三角行列 ($i<j$ に対して $b_{ij}=0$, かつ $i=j$ のとき $b_{ij}=1$), C は上三角行列 ($i>j$ に対して $c_{ij}=0$) とする．このとき，以下の問いに答えよ．

(問 1) $A=\begin{pmatrix}1 & 2 & -1\\ 2 & 1 & 1\\ 3 & -1 & 1\end{pmatrix}$ のとき，B と C を求めよ．

(問 2) A から第 i 行と第 j 列を除いてできた部分行列の行列式を $\det_{(i,j)} A$ と表す．$n=3$ のとき，C の成分 c_{33} は，A の行列式 $\det A$ を用いて $c_{33}=\dfrac{\det A}{\det_{(3,3)} A}$ と表されることを示せ．

(問 3) $n=4$ のとき，同時に c_{44} を $\det A$ と $\det_{(i,j)} A$ を用いて表せ．

ポイント

問 1　上三角行列と下三角行列の成分を文字で置いてかけ算を実行する．できた行列と最初の行列を比較する．

問 2　行列のサイズが小さい場合を計算していくと予想が立つ．行列の左上の小行列に着目する．

解答 | **問 1**

$$A=\begin{pmatrix}1 & 2 & -1\\ 2 & 1 & 1\\ 3 & -1 & 1\end{pmatrix}$$
$$=\begin{pmatrix}1 & 0 & 0\\ a & 1 & 0\\ b & c & 1\end{pmatrix}\begin{pmatrix}d & e & f\\ 0 & g & h\\ 0 & 0 & i\end{pmatrix}$$
$$=\begin{pmatrix}d & e & f\\ ad & ae+g & af+h\\ bd & be+cg & bf+ch+i\end{pmatrix}.$$

1 行目より $d=1$, $e=2$, $f=-1$. これらを代入して，

◀ 行列のかけ算の仕方は，たとえば，左の行列の 2 行目 $(a,1,0)$ と右の行列の 3 列目 $\begin{pmatrix}f\\ h\\ i\end{pmatrix}$ を内積のようにかけて $af+1h+0i=af+h$ とすると，積の 2 行 3 列成分が出る．

$$\begin{pmatrix}1 & 2 & -1\\2 & 1 & 1\\3 & -1 & 1\end{pmatrix}=\begin{pmatrix}1 & 2 & -1\\a & 2a+g & -a+h\\b & 2b+cg & -b+ch+i\end{pmatrix}.$$

2行目を比較して $a=2,\ g=-3,\ h=3$. これらを代入して,

> ◀ 行列が等しいとは，同じ場所にある成分がすべて等しいことである．

$$\begin{pmatrix}1 & 2 & -1\\2 & 1 & 1\\3 & -1 & 1\end{pmatrix}=\begin{pmatrix}1 & 2 & -1\\2 & 1 & 1\\b & 2b-3c & -b+3c+i\end{pmatrix}.$$

3行目より $b=3,\ c=\dfrac{7}{3},\ i=3$. 以上より

$$\textbf{（答）}\quad B=\begin{pmatrix}1 & 0 & 0\\2 & 1 & 0\\3 & \dfrac{7}{3} & 1\end{pmatrix},\qquad C=\begin{pmatrix}1 & 2 & -1\\0 & -3 & 3\\0 & 0 & -3\end{pmatrix}.$$

問2　n 次正方行列 M に対して，M の1行目から k 行目と1列目から k 列目までの共通部分で作られる k 次正方行列を M_k とおく．$A_k=B_kC_k$ となるので，

$$\det A_k=\det(B_kC_k)=(\det B_k)(\det C_k)$$
$$=1^k\cdot(c_{11}c_{22}c_{33}\times\cdots\times c_{kk}).$$

> ◀ 下三角行列の行列式は，対角部分の積になる．上三角行列の行列式もそう．

よって，

$$\det A_1=c_{11},\qquad \det A_2=c_{11}c_{22},$$
$$\det A_3=c_{11}c_{22}c_{33},\qquad \det A_4=c_{11}c_{22}c_{33}c_{44}.$$

これらを c_{ii} について解いていくと，

$$c_{11}=\det A_1,\qquad c_{22}=\frac{\det A_2}{\det A_1},$$
$$c_{33}=\frac{\det A_3}{\det A_2},\qquad c_{44}=\frac{\det A_4}{\det A_3}. \tag{1}$$

今の場合，$n=3$ なので，

$$\det A_2=\det{}_{(3,3)}A,\qquad \det A_3=\det A$$

である．(1) より，$c_{33}=\dfrac{\det A}{\det_{(3,3)}A}$ が示された．

（証明終わり）

問 3　$n=4$ なので，

$$\det A_3=\det{}_{(4,4)}A, \quad \det A_4=\det A$$

である．(1) より，$c_{44}=\dfrac{\det A}{\det_{(4,4)}A}$ が示された．

(証明終わり)

解説　| 行列 $L=(l_{i,j})$ が下三角行列とは，$i<j$ のとき，つまり列の番号の方が大きいとき $l_{i,j}=0$ となっていることをいう．行列 $U=(u_{i,j})$ が上三角行列とは，$i>j$ のとき $u_{i,j}=0$ となっていることをいう (p.18 参照).

LU 分解とは，行列 A を下三角行列 L と上三角行列 U の積で表すことをいう．これだけでは，分解の仕方が無数にある．そこで L の対角成分は全部 1 であるとすると，分解は一意に定まる．このような条件を付けて LU 分解する方法を，ドゥーリトル法という．U の対角成分は全部 1 であるとしても，分解は一意に定まる．このような条件を付けて LU 分解する方法を，クラウト法という．

本問は，ドゥーリトル法での計算における U の対角成分を導出している．

$$A=\begin{pmatrix} A_k & * \\ * & A'_{n-k} \end{pmatrix}, \quad B=\begin{pmatrix} B_k & O \\ * & B'_{n-k} \end{pmatrix}, \quad C=\begin{pmatrix} C_k & * \\ O & C'_{n-k} \end{pmatrix}$$

とブロック分解する．ただし，A_k, B_k, C_k は k 次正方行列，$A'_{n-k}, B'_{n-k}, C'_{n-k}$ は $n-k$ 次正方行列，$*$ はある行列とする．このとき

$$A=BC=\begin{pmatrix} B_kC_k & * \\ * & * \end{pmatrix}$$

となるので，$A_k=B_kC_k$ となる．

(補足)　**LU 分解と連立方程式**

行列 A を LU 分解すると，連立方程式 $A\vec{x}=\overrightarrow{x_0}$ は，$LU\vec{x}=\overrightarrow{x_0}$ になる．$\vec{x}=U\vec{x}$ とおくと $L\vec{x}=\overrightarrow{x_0}$ であり $\vec{x}$ の成分は，上から順に容易に決まっていく．この解を $\overrightarrow{x_0}$ とおくと $\overrightarrow{x_0}=U\vec{x}$ であり $\vec{x}$ の成分も下から順に容易に決まっていく．たとえば，

$$\begin{pmatrix} 1 & 2 \\ 3 & 4 \end{pmatrix}=\begin{pmatrix} 1 & 0 \\ 3 & 1 \end{pmatrix}\begin{pmatrix} 1 & 2 \\ 0 & -2 \end{pmatrix}$$

なので，連立方程式 $\begin{pmatrix} 1 & 2 \\ 3 & 4 \end{pmatrix}\begin{pmatrix} x \\ y \end{pmatrix}=\begin{pmatrix} 5 \\ 6 \end{pmatrix}$ は，

$$\begin{pmatrix}1 & 0\\3 & 1\end{pmatrix}\begin{pmatrix}1 & 2\\0 & -2\end{pmatrix}\begin{pmatrix}x\\y\end{pmatrix}=\begin{pmatrix}5\\6\end{pmatrix}$$

と同値になる.

$$\begin{pmatrix}1 & 2\\0 & -2\end{pmatrix}\begin{pmatrix}x\\y\end{pmatrix}=\begin{pmatrix}X\\Y\end{pmatrix}$$

とおくと，方程式は

$$\begin{pmatrix}1 & 0\\3 & 1\end{pmatrix}\begin{pmatrix}X\\Y\end{pmatrix}=\begin{pmatrix}5\\6\end{pmatrix}.$$

になる．これは，暗算で解けて，

$$\begin{pmatrix}X\\Y\end{pmatrix}=\begin{pmatrix}5\\-9\end{pmatrix}.$$

$\begin{pmatrix}1 & 2\\0 & -2\end{pmatrix}\begin{pmatrix}x\\y\end{pmatrix}=\begin{pmatrix}5\\-9\end{pmatrix}$ も暗算で解けて，

$$\begin{pmatrix}x\\y\end{pmatrix}=\begin{pmatrix}-4\\9/2\end{pmatrix}$$

となる.

特に $\overrightarrow{x_0}$ を基本ベクトル $\overrightarrow{e_k}={}^t(0,\cdots,0,1,0,\cdots,0)$ (1 は k 番目に入る) に選ぶと，A の逆行列も容易に計算できることがわかる．A の行列式は，$\det A=\det(LU)=\det L\det U$ より，L と U の対角成分の積だけで出る.

類題 6.1

E,O,A,B,C,D を n 次の正方行列とする．ただし，E は単位行列，O は零行列を表す．このとき以下の問いに答えよ.

(問 1) A が正則ならば適当な行列 X をとって

$$\begin{pmatrix}E & O\\X & E\end{pmatrix}\begin{pmatrix}A & B\\C & D\end{pmatrix}=\begin{pmatrix}L & M\\O & N\end{pmatrix}$$

が成立する．ここで，L,M,N は n 次の正方行列である．L,M,N,X を A,B,C,D を使って表せ.

(問 2) 上の問 1 の結果を利用し，$\begin{pmatrix}O & E\\A & O\end{pmatrix}$ の固有多項式 (特性多項式) を A の固有多項式を用いて表せ.

2009 年 東京大 経済学研究科 金融システム専攻

解答 ｜**問 1**　与式左辺$=\begin{pmatrix} A & B \\ XA+C & XB+D \end{pmatrix}$なので，与式右辺と成分比較して，

$$L=A, \quad M=B, \quad O=XA+C, \quad N=XB+D.$$

3 番目の式より，$XA=-C$. よって，$X=-CA^{-1}$. これを，4 番目の式に代入して，$N=-CA^{-1}B+D$. 以上より，

(答)　$L=A, \quad M=B, \quad N=-CA^{-1}B+D, \quad X=-CA^{-1}$.

問 2　正方行列 M の固有方程式は $\det(xE-M)$ で定義される．$2n$ 次の単位行列は $\begin{pmatrix} E & O \\ O & E \end{pmatrix}$ と表されるので，

$$x\begin{pmatrix} E & O \\ O & E \end{pmatrix}-\begin{pmatrix} O & E \\ A & O \end{pmatrix}=\begin{pmatrix} xE & -E \\ -A & xE \end{pmatrix}$$

の行列式が求める固有多項式である．この行列を，問 1 で求めた恒等式

$$\begin{pmatrix} E & O \\ -CA^{-1} & E \end{pmatrix}\begin{pmatrix} A & B \\ C & D \end{pmatrix}=\begin{pmatrix} A & B \\ O & -CA^{-1}B+D \end{pmatrix}$$

の $\begin{pmatrix} A & B \\ C & D \end{pmatrix}$ の部分に代入すると，$A=xE$, $B=-E$, $C=-A$, $D=xE$ なので，

$$\begin{pmatrix} E & O \\ A(xE)^{-1} & E \end{pmatrix}\begin{pmatrix} xE & -E \\ -A & xE \end{pmatrix}=\begin{pmatrix} xE & -E \\ O & A(xE)^{-1}(-E)+xE \end{pmatrix}.$$

よって，$\begin{pmatrix} E & O \\ x^{-1}A & E \end{pmatrix}\begin{pmatrix} xE & -E \\ -A & xE \end{pmatrix}=\begin{pmatrix} xE & -E \\ O & -x^{-1}A+xE \end{pmatrix}$.

両辺の行列式を計算して，

$$\begin{aligned}\det\begin{pmatrix} xE & -E \\ O & -x^{-1}A+xE \end{pmatrix}&=\det\left\{\begin{pmatrix} E & O \\ x^{-1}A & E \end{pmatrix}\begin{pmatrix} xE & -E \\ -A & xE \end{pmatrix}\right\}\\&=\det\begin{pmatrix} E & O \\ x^{-1}A & E \end{pmatrix}\det\begin{pmatrix} xE & -E \\ -A & xE \end{pmatrix}.\end{aligned}$$

$\det\begin{pmatrix} P & Q \\ O & R \end{pmatrix}=\det P\det R$ であり，$\det E=1$ なので，

$$\det(xE)\det(xE-x^{-1}A)=(\det E)^2\times\det\begin{pmatrix} xE & -E \\ -A & xE \end{pmatrix},$$

$$(\det P)(\det Q)=\det(PQ)$$

なので

$$\det(xE(xE-x^{-1}A))=1^2\det\begin{pmatrix} xE & -E \\ -A & xE \end{pmatrix}$$

$$\iff \quad \det(x^2E-A)=\det\begin{pmatrix} xE & -E \\ -A & xE \end{pmatrix}.$$

A の固有多項式 $\det(xE-A)$ を $f(x)$ とおくと，左辺は $f(x^2)$ である．右辺が求めるものであったので，

(答) $f(x^2)$.

問題 6.2

2 次曲面の標準形

2 次曲面 $2x^2+3y^2+2z^2+2xy+2yz+\sqrt{3}x-\sqrt{3}y+\sqrt{3}z=0$ の標準形を求め，この 2 次曲面の形状を簡単に述べよ．

ポイント

まず，与式を行列で表す．2 次部分の係数行列 A は対称行列で表すことができるので，その固有ベクトルを求める．固有ベクトルは 3 次元分あり，どの 2 本も直交するので，A は直交行列 T で対角化できる．この T の表す変数変換を用いればよい．

解答 | 与式は，

$$(x,y,z)\begin{pmatrix} 2 & 1 & 0 \\ 1 & 3 & 1 \\ 0 & 1 & 2 \end{pmatrix}\begin{pmatrix} x \\ y \\ z \end{pmatrix}+(\sqrt{3},-\sqrt{3},\sqrt{3})\begin{pmatrix} x \\ y \\ z \end{pmatrix}=0$$

とおける．

$$A=\begin{pmatrix} 2 & 1 & 0 \\ 1 & 3 & 1 \\ 0 & 1 & 2 \end{pmatrix}, \qquad B=(\sqrt{3},-\sqrt{3},\sqrt{3})$$

とおくと，与式は

$$(x,y,z)A\begin{pmatrix} x \\ y \\ z \end{pmatrix}+B\begin{pmatrix} x \\ y \\ z \end{pmatrix}=0 \tag{1}$$

となる．まず，A を直交行列 T で対角化する．

◀ たとえば $A=\begin{pmatrix} 2 & 2 & 0 \\ 0 & 3 & 2 \\ 0 & 0 & 1 \end{pmatrix}$ を用いても同じ 2 次式が表せるが固有ベクトルが直交しないので，続く議論が成立しない．

$$A\begin{pmatrix}1\\-1\\1\end{pmatrix}=\begin{pmatrix}1\\-1\\1\end{pmatrix},\quad A\begin{pmatrix}1\\0\\-1\end{pmatrix}=2\begin{pmatrix}1\\0\\-1\end{pmatrix},$$

$$A\begin{pmatrix}1\\2\\1\end{pmatrix}=4\begin{pmatrix}1\\2\\1\end{pmatrix}$$

なので，これら 3 本が固有ベクトルとなる．特に，どの 2 本も直交している．これらの長さを 1 にして，単位ベクトルにしたものを並べて，

$$T=\begin{pmatrix}\frac{1}{\sqrt{3}} & \frac{1}{\sqrt{2}} & \frac{1}{\sqrt{6}}\\ -\frac{1}{\sqrt{3}} & 0 & \frac{2}{\sqrt{6}}\\ \frac{1}{\sqrt{3}} & -\frac{1}{\sqrt{2}} & \frac{1}{\sqrt{6}}\end{pmatrix}$$

とおく．T は直交行列である．つまり，${}^tTT=E, T{}^tT=E$ が成り立つ．よって，$T^{-1}={}^tT$ である．

$$T^{-1}AT=\begin{pmatrix}1&0&0\\0&2&0\\0&0&4\end{pmatrix}$$

なので，この右辺を D とおくと ${}^tTAT=D$.

$$\begin{pmatrix}x\\y\\z\end{pmatrix}=T\begin{pmatrix}x_1\\y_1\\z_1\end{pmatrix}$$

と変数変換して (1) に代入すると

$$(x_1,y_1,z_1){}^tTAT\begin{pmatrix}x_1\\y_1\\z_1\end{pmatrix}+BT\begin{pmatrix}x_1\\y_1\\z_1\end{pmatrix}=0$$

$$\Longleftrightarrow(x_1,y_1,z_1)D\begin{pmatrix}x_1\\y_1\\z_1\end{pmatrix}$$

$$+(\sqrt{3},-\sqrt{3},\sqrt{3})\begin{pmatrix}\frac{1}{\sqrt{3}} & \frac{1}{\sqrt{2}} & \frac{1}{\sqrt{6}}\\ -\frac{1}{\sqrt{3}} & 0 & \frac{2}{\sqrt{6}}\\ \frac{1}{\sqrt{3}} & -\frac{1}{\sqrt{2}} & \frac{1}{\sqrt{6}}\end{pmatrix}\begin{pmatrix}x_1\\y_1\\z_1\end{pmatrix}=0$$

◀ 時間の節約のため，0 に近い整数を代入して勘で求めた．

◀ 固有方程式を解いて固有値 λ を出し，連立 1 次方程式 $A\overrightarrow{v}=\lambda\overrightarrow{v}$ を解いて固有ベクトル $\overrightarrow{v}$ を出してもよい．

◀ T が直交行列であるための必要十分条件は，どの列ベクトルも単位ベクトルで，異なる 2 本の列ベクトルはどれも直交することである．

$$\iff (x_1,y_1,z_1)\begin{pmatrix}1&0&0\\0&2&0\\0&0&4\end{pmatrix}\begin{pmatrix}x_1\\y_1\\z_1\end{pmatrix}+(3,0,0)\begin{pmatrix}x_1\\y_1\\z_1\end{pmatrix}=0$$

$$\iff x_1^2+2y_1^2+4z_1^2+3x_1=0$$

$$\iff \left(x_1+\frac{3}{2}\right)^2+2y_1^2+4z_1^2=\frac{9}{4}$$

となる．x_1 軸方向に $-\dfrac{3}{2}$ だけ平行移動すると $x_2^2+2y_2^2+4z_2^2=\left(\dfrac{3}{2}\right)^2$ になる．これは，楕円面を表す．

(答) 楕円面．

◀ 曲面 $f(x,y,z)=0$ を x 方向に a，y 方向に b，z 方向に c だけ平行移動して得られる曲面は $f(x-a,y-b,z-c)=0$ である．

解説 | n 次実対称行列の固有値は n 個の実数である．その中には同じものが含まれているかもしれないが，1 次独立な n 本の固有ベクトルがあり，しかもどの 2 本も直交するように選ぶことができる．たとえば，本問の A の場合，固有方程式は λ の 3 次式であり λ^2 の係数は $-\mathrm{tr}A$, 定数項は $-\det A$ になる．具体的には

$$\begin{aligned}
&\det(\lambda E-A)=0\\
\iff\quad &\lambda^3-(2+3+2)\lambda^2+\{(2\cdot 3-1^2)+(2\cdot 3-1^2)+(2^2-0)\}\lambda\\
&-\{(2\cdot 3\cdot 2-0-0)-(2\cdot 1^2+1^2\cdot 2+0)\}=0\\
\iff\quad &\lambda^3-7\lambda^2+14\lambda-8=0\\
\iff\quad &(\lambda-1)(\lambda-2)(\lambda-4)=0.
\end{aligned}$$

ここで，$\det A$ はサラスの方法で展開した．よって，固有値は $\lambda=1,2,4$ である．

固有値 1 に対応する固有空間の元は，次のように連立方程式を解くことによって出せる．

$$A\begin{pmatrix}x\\y\\z\end{pmatrix}=\begin{pmatrix}x\\y\\z\end{pmatrix}\iff\begin{cases}2x+y=x\\x+3y+z=y\\y+2z=z\end{cases}\iff\begin{cases}x+y=0\\x+2y+z=0\\y+z=0\end{cases}$$

第 1 式より $y=-x$．これを第 2 式，第 3 式に代入するとともに $z=x$ となる．よって，

$$\begin{pmatrix} x \\ y \\ z \end{pmatrix} = \begin{pmatrix} x \\ -x \\ x \end{pmatrix} = x\begin{pmatrix} 1 \\ -1 \\ 1 \end{pmatrix}.$$

固有値 2,4 に対応する固有空間の元も同様にして，

$$x\begin{pmatrix} 1 \\ 0 \\ -1 \end{pmatrix}, \quad x\begin{pmatrix} 1 \\ 2 \\ 1 \end{pmatrix}$$

であることがわかる．これら 3 本は確かに直交している．

なお，行列 A の固有値 λ における固有空間 W_λ とは，$\mathrm{Ker}(A-\lambda E)$, つまり，$(A-\lambda E)\vec{v}=\vec{0}$ の解全体のことである．移項すると，$A\vec{v}=\lambda\vec{v}$ の解全体ということになり，W_λ は固有ベクトルの全体に $\vec{0}$ を加えただけのものである．

2 次曲面

$$S: a_1x^2+a_2y^2+a_3z^2+2a_4xy+2a_5xz+2a_6yz+b_1x+b_2y+b_3z+c=0$$

$$\iff \quad (x,y,z)\begin{pmatrix} a_1 & a_4 & a_5 \\ a_4 & a_2 & a_6 \\ a_5 & a_6 & a_3 \end{pmatrix}\begin{pmatrix} x \\ y \\ z \end{pmatrix}+(b_1,b_2,b_3)\begin{pmatrix} x \\ y \\ z \end{pmatrix}+c=0$$

の 2 次部分の係数を表す対称行列 $A=\begin{pmatrix} a_1 & a_4 & a_5 \\ a_4 & a_2 & a_6 \\ a_5 & a_6 & a_3 \end{pmatrix}$ の固有値を $\lambda_1,\lambda_2,\lambda_3$ とおく．原点を中心とする適当な回転移動 $\begin{pmatrix} x \\ y \\ z \end{pmatrix}=R\begin{pmatrix} x_1 \\ y_1 \\ z_1 \end{pmatrix}$ によって，S は

$$\lambda_1x_1^2+\lambda_2y_1^2+\lambda_3z_1^2+(x_1,y_1,z_1 \text{ の 1 次以下の式})=0 \tag{2}$$

になる．もし A が非退化，つまり正則 $(\mathrm{rank}(A)=3)$ なら，固有値はすべて 0 でないので，(2) を適当に平行移動することによって S は次のいずれかになる．

(ア) 楕円面 $\dfrac{x^2}{a^2}+\dfrac{y^2}{b^2}+\dfrac{z^2}{c^2}=1$

(イ) 1 点 $\dfrac{x^2}{a^2}+\dfrac{y^2}{b^2}+z^2=0$

(ウ) 空集合 $\dfrac{x^2}{a^2}+\dfrac{y^2}{b^2}+\dfrac{z^2}{c^2}=-1$

(エ) 1 葉双曲面 $\dfrac{x^2}{a^2}+\dfrac{y^2}{b^2}-\dfrac{z^2}{c^2}=1$

(オ) 錐面 $\dfrac{x^2}{a^2}+\dfrac{y^2}{b^2}-z^2=0$

(カ) 2 葉双曲面 $\dfrac{x^2}{a^2}+\dfrac{y^2}{b^2}-\dfrac{z^2}{c^2}=-1$

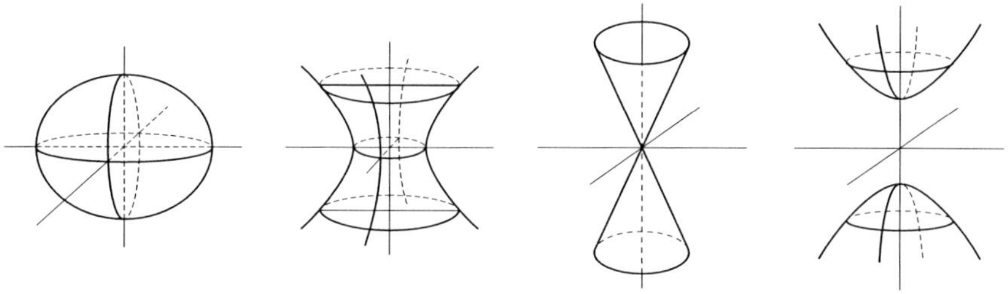

図 6.1

A の固有値の符号がすべてそろっている場合は (ア)(イ)(ウ), 固有値に正のものと負のものが混じっている場合が (エ)(オ)(カ) になる.

A が退化して階数 $\mathrm{rank}A=2$ の場合は，A の固有値に 1 つだけ 0 が入るので，z 軸に対応する固有値が 0 になるように，(2) 式の変数を入れ替えて，適当に平行移動することによって，S は次のいずれかになる.

(キ) 楕円放物面　$z=\dfrac{x^2}{a^2}+\dfrac{y^2}{b^2}$

(ク) 楕円柱面　$1=\dfrac{x^2}{a^2}+\dfrac{y^2}{b^2}$

(ケ) 直線　$0=\dfrac{x^2}{a^2}+y^2$

(コ) 空集合　$-1=\dfrac{x^2}{a^2}+\dfrac{y^2}{b^2}$

(サ) 双曲放物面　$z=\dfrac{x^2}{a^2}-\dfrac{y^2}{b^2}$

(シ) 双曲柱面　$1=\dfrac{x^2}{a^2}-\dfrac{y^2}{b^2}$

(ス) 交わる 2 平面　$0=\dfrac{x^2}{a^2}-y^2$

A の 0 でない固有値の符号がすべてそろっている場合は (キ)(ク)(ケ)(コ), 0 でない固有値に正のものと負のものが混じっている場合が (サ)(シ)(ス) になる.

A が退化して階数 $\mathrm{rank}A=1$ の場合は，A の固有値に 2 つ 0 が入るので，y 軸，z 軸に対応する固有値が 0 になるように，(2) 式の変数を入れ替えて，適当に平行移動することによって，S は次のいずれかになる.

(セ) 放物柱面　$y=\dfrac{x^2}{a^2}$

(ソ) 平行な 2 平面　$1=\dfrac{x^2}{a^2}$

(タ) 重なった 2 平面　$0=x^2$

(チ) 空集合　$-1=\dfrac{x^2}{a^2}$

A が退化して階数 $\mathrm{rank}A=0$ の場合は，$A=O$ ということになり，最初の S の式が 1 次式になってしまい，2 次曲面であることに反する．回転や平行移動だけでなく，座標軸ごとに異なる倍率で伸び縮みさせることを許すと，係数 $\dfrac{1}{a^2},\dfrac{1}{b^2},\dfrac{1}{c^2}$ はすべて 1 にできる．

類題 6.2

行列 $A=\begin{pmatrix}2 & 2\\ 2 & -1\end{pmatrix}$ とする．以下の問いに答えよ．

(問 1) A の固有値，固有ベクトルを求めよ．ただし，固有ベクトルを $\vec{x}={}^t(x_1,x_2)$ としたとき，$\sqrt{x_1^2+x_2^2}=1$ を満たすものとする．

(問 2) 2 次形式 $f(x_1,x_2)=2x_1^2+4x_1x_2-x_2^2$ を考える．いま，ある直交行列 P を用いた変換 $\begin{pmatrix}x_1\\ x_2\end{pmatrix}=P\begin{pmatrix}y_1\\ y_2\end{pmatrix}$ によって，$f(x_1,x_2)$ を

$$a_1y_1^2+a_2y_2^2 \qquad (a_1,a_2\text{は実数})$$

の形にしたい．a_1,a_2 の値と P を求めよ．

2007 年 東京大 経済学研究科 金融システム専攻

解答 ｜**問 1**　$A\begin{pmatrix}2\\ 1\end{pmatrix}=3\begin{pmatrix}2\\ 1\end{pmatrix}$, $A\begin{pmatrix}-1\\ 2\end{pmatrix}=-2\begin{pmatrix}-1\\ 2\end{pmatrix}$ なので，固有値は 3,−2. 対応する単位固有ベクトルは，順に，

$$\textbf{(答)}\quad \pm\frac{1}{\sqrt{5}}\begin{pmatrix}2\\ 1\end{pmatrix},\qquad \pm\frac{1}{\sqrt{5}}\begin{pmatrix}-1\\ 2\end{pmatrix}.$$

問 2

$$f=(x_1,x_2)\begin{pmatrix}2 & 2\\ 2 & -1\end{pmatrix}\begin{pmatrix}x_1\\ x_2\end{pmatrix}={}^t\vec{x}A\vec{x} \tag{3}$$

である．単位固有ベクトルから一組を選んで並べ，$P=\dfrac{1}{\sqrt{5}}\begin{pmatrix}2 & -1\\ 1 & 2\end{pmatrix}$ と定義する．固有ベクトルが直交することから，P は直交行列となる．つまり ${}^tPP=E$

より ${}^tP=P^{-1}$. $D=\begin{pmatrix}3 & 0\\ 0 & -2\end{pmatrix}$ とおくと，$AP=PD$ より ${}^tPAP=P^{-1}AP=D$ である．(3) に $\vec{x}=P\vec{y}$ を代入して，

$$f={}^t(P\vec{y})A(P\vec{y})=({}^t\vec{y}\,{}^tP)A(P\vec{y})={}^t\vec{y}({}^tPAP)\vec{y}={}^t\vec{y}D\vec{y}=3y_1^2-2y_2^2.$$

以上より，答えの一組は，

$$\textbf{（答）}\quad (a_1,a_2)=(3,-2),\qquad P=\frac{1}{\sqrt{5}}\begin{pmatrix}2 & -1\\ 1 & 2\end{pmatrix}.$$

類題 6.3

デカルト座標系 (x,y,z) において次の (i)〜(v) で表される曲面は，それぞれ下図のどれに対応するか．ここで $a>0$, $b>0$, $c>0$ とする．図の灰色の部分は断面部を示し，曲面そのものではない．また，図に示された形状の向きは座標系のとり方により変わる．

$$ax^2+by^2=z \tag{i}$$

$$ax^2-by^2=z \tag{ii}$$

$$ax^2+by^2+cz^2=1 \tag{iii}$$

$$ax^2+by^2-cz^2=1 \tag{iv}$$

$$ax^2-by^2-cz^2=1 \tag{v}$$

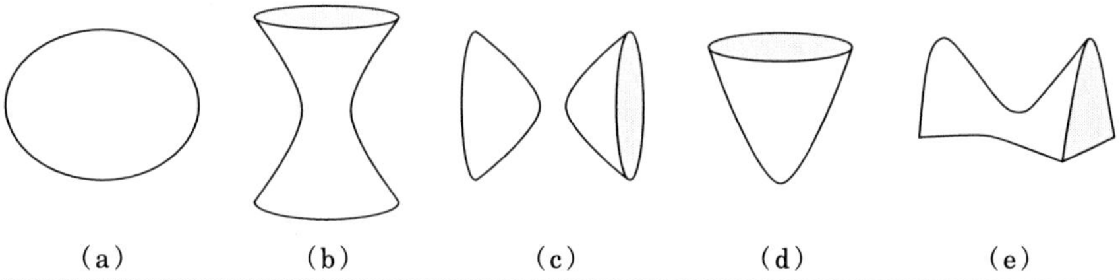

解答 | (i) (d),　(ii) (e),　(iii) (a),　(iv)(b),　(v) (c)

（発展）　代数幾何と射影空間

2 次曲面の分類は，2 次曲線や 1 次曲面 (平面) に比べ随分と繁雑になった．もし，変数や係数に複素数を許して良いとすると，分類が簡単になる．たとえば，一葉双曲面 $x^2+y^2-z^2=1$ はどんな 3 次の直交変換でも球面 $x^2+y^2+z^2=1$ に

はならない．しかし，3 次のユニタリ変換

$$\begin{pmatrix} 1 & 0 & 0 \\ 0 & 1 & 0 \\ 0 & 0 & i \end{pmatrix}$$

で移せば，球面 $x^2+y^2+z^2=1$ になる．

このように，直交変換より広いユニタリ変換を用いることを許すと，(ア), (イ), (ウ), (エ), (オ), (カ) は，正の実数 α,β,γ を用いて，次の 2 種類にまとめることができる．

(あ) $\alpha x^2+\beta y^2+\gamma z^2=1$
(い) $\alpha x^2+\beta y^2+z^2=0$

同様にして，(キ), (ク), (ケ), (コ), (サ), (シ), (ス) は次の 3 種類にまとめることができる．

(う) $z=\alpha x^2+\beta y^2$
(え) $1=\alpha x^2+\beta y^2$
(お) $0=\alpha x^2+y^2$

また (セ),(ソ),(タ),(チ) は次の 3 種類にまとめることができる．

(か) $y=\alpha x^2$
(き) $1=\alpha x^2$
(く) $0=x^2$

回転や平行移動だけでなく，座標軸ごとに異なる倍率で伸び縮みさせることを許すと，係数 α,β,γ はすべて 1 にできる．

2 次曲面の分類をさらに易しくするため $x=\dfrac{X}{W}$, $y=\dfrac{Y}{W}$ $z=\dfrac{Z}{W}$ のように，変数の分母と分子を別の文字で表すことを考える．このとき，たとえば一葉双曲面

$$x^2+y^2-z^2=1 \tag{4}$$

の式は

$$X^2+Y^2-Z^2-W^2=0 \tag{5}$$

となる．このように分母を分離して表すことを射影化という．

(5) 式は $W=0$ の場合も意味を持つ．たとえば，$(X,Y,Z,W)=(3,4,5,0)$ は

(5) を満たす．この点は，(4) 上では $(x,y,z)=\left(\frac{3}{0},\frac{4}{0},\frac{5}{0}\right)$ のように分母が 0 となって意味を持たないが，これを無限遠点であると解釈し，(4) に無限遠点を付加したものが (5) であると思うことができる．

普通の空間に，無限遠点を全部付加したものを射影空間という．たとえば，普通の平面 $\mathbb{R}^2$ に無限遠点を付け加えたものは実射影平面と呼び，$\mathbb{R}\mathrm{P}^2$ で表す．複素平面 $\mathbb{C}$ に無限遠点を付け加えたものは複素射影直線 (リーマン球面) と呼び，$\mathbb{C}\mathrm{P}^1$ で表す．

3 次元複素ベクトル $\mathbb{C}^3$ に無限遠点を加えた $\mathbb{C}\mathrm{P}^3$ の中で考えると，2 次曲面の分類はもっと簡単になる．適切な 4 次のユニタリ変換でうつして簡単な形にすると，(あ) と (う) はまとまって

$$\alpha X^2+\beta Y^2+\gamma Z^2+W^2=0$$

になる．(い) と (え) と (か) はまとまって

$$\alpha X^2+\beta Y^2+Z^2=0$$

になる．(お) と (き) はまとまって

$$\alpha X^2+Y^2=0$$

になる．(く) は

$$X^2=0$$

になる．このように，分類が簡単になるため，(多項式)$=0$ という方程式たちの表す図形を研究する学問である代数幾何学では，図形を複素射影空間 $\mathbb{C}\mathrm{P}^n$ 内で考えることが多い．

問題 6.3

交換可能な実対称行列の直交行列での同時対角化

(問 1) 以下に示す 3 次の実対称行列 A, B について，$AB=BA$ が成り立つとする．このとき，a, b を求めよ．

$$A=\begin{pmatrix} 6 & -2 & 1 \\ -2 & 6 & 1 \\ 1 & 1 & 5 \end{pmatrix},\quad B=\begin{pmatrix} a & b & -1 \\ b & -1 & -1 \\ -1 & -1 & 4 \end{pmatrix}$$

(問 2) 行列 A の固有値と，絶対値を 1 に規格化した固有ベクトルを求めよ．

(問 3) 適当な直交行列 P を用いると，$A'={}^tPAP$ は対角行列となる．直交行列 P と対角行列 A' を求めよ．さらに，この P を用いて，$B'={}^tPBP$ を計算し，B' も対角行列となることを確かめよ．ただし，${}^tP$ は P の転置行列を表す．

(問 4) 3 次の実対称行列 C が直交行列 Q を用いて，

$$C'={}^tQCQ=\begin{pmatrix}\alpha & 0 & 0\\ 0 & \beta & 0\\ 0 & 0 & \gamma\end{pmatrix}$$

のように対角化されるとする．ただし，α, β, γ は相異なる実数である．ここで，3 次の実対称行列 D が $CD=DC$ を満たすとき，同じ直交行列 Q を用いて，$D'={}^tQDQ$ も対角行列となることを証明せよ．

ポイント

問 1　9 個の連立方程式を書くのは大変なので，適当な成分に着目して，必要条件から a,b を決め，後で十分性をチェックする．

問 2　まず，固有方程式を立て固有値を出し，各固有値に対して 3 元連立方程を立てて，固有ベクトルを求める．最後に長さを 1 にする．

問 3　A の単位固有ベクトルを並べて作った行列を P とすればよい．

問 4　抽象的にもできるが，ゴリゴリ計算してもできる．

解答 **問 1**

$$AB=\begin{pmatrix}6a-2b-1 & 6b+2-1 & -6+2+4\\ * & * & *\\ * & * & *\end{pmatrix},$$

◀ 1 行目だけでの比較で a,b は求まる (必要条件).

$$BA=\begin{pmatrix}6a-2b-1 & -2a+6b-1 & a+b-5\\ * & * & *\\ * & * & *\end{pmatrix}.$$

◀ 1 行目だけしか比較していないので，2 行目，3 行目も確かに等しいことを調べる必要がある (十分性の確認).

1 行 2 列成分より $a=-1$．1 行 3 列成分より $b=6$．このとき，確かに $AB=BA$ となる．

(答)　$(a,b)=(-1,6)$.

問 2　A の固有方程式は，

$$\lambda^3-17\lambda^2+90\lambda-144=(\lambda-3)(\lambda-6)(\lambda-8)=0.$$

よって，固有値は

$$\textbf{（答）}\quad \lambda=3,6,8.$$

固有ベクトルの1例は，

$$A\begin{pmatrix}1\\1\\-1\end{pmatrix}=3\begin{pmatrix}1\\1\\-1\end{pmatrix},\quad A\begin{pmatrix}1\\1\\2\end{pmatrix}=6\begin{pmatrix}1\\1\\2\end{pmatrix},$$

$$A\begin{pmatrix}1\\-1\\0\end{pmatrix}=8\begin{pmatrix}1\\-1\\0\end{pmatrix}.$$

よって，単位固有ベクトルは，固有値の小さい順に，

$$\textbf{（答）}\quad \pm\frac{1}{\sqrt{3}}\begin{pmatrix}1\\1\\-1\end{pmatrix},\quad \pm\frac{1}{\sqrt{6}}\begin{pmatrix}1\\1\\2\end{pmatrix},\quad \pm\frac{1}{\sqrt{2}}\begin{pmatrix}1\\-1\\0\end{pmatrix}.$$

問 3　直交行列 P は単位固有ベクトルを並べればできる．

$$\textbf{（答）}\quad P=\begin{pmatrix}\frac{1}{\sqrt{3}} & \frac{1}{\sqrt{6}} & \frac{1}{\sqrt{2}}\\ \frac{1}{\sqrt{3}} & \frac{1}{\sqrt{6}} & -\frac{1}{\sqrt{2}}\\ -\frac{1}{\sqrt{3}} & \frac{2}{\sqrt{6}} & 0\end{pmatrix}.$$

このとき，

$$AP=P\begin{pmatrix}3&0&0\\0&6&0\\0&0&8\end{pmatrix}$$

となるので，右辺右側の対角行列を D_1 とおくと，$D_1=P^{-1}AP$. P は直交行列なので，$P^{-1}={}^tP$ が成り立つ．よって，$D_1={}^tPAP$ なので，D_1 が A' に他ならない．ゆえに，

$$\textbf{（答）}\quad A'=\begin{pmatrix}3&0&0\\0&6&0\\0&0&8\end{pmatrix}.$$

◀ 0 や ±1 を成分に持つ固有ベクトルを勘で探すとまず，$\vec{c}=\begin{pmatrix}1\\-1\\0\end{pmatrix}$ が見つかる．A は対称行列なので，残りの固有値に対応する固有ベクトルは $\vec{c}$ と直交する．そこで，$\begin{pmatrix}1\\1*\end{pmatrix}$ の形のものを探すと，$\vec{a}=\begin{pmatrix}1\\1\\-1\end{pmatrix}$ が見つかる．最後の固有値に対応する固有ベクトル $\vec{b}$ は，$\vec{a}$ と $\vec{c}$ の両方に直交するので，$\vec{c}\times\vec{a}=\begin{pmatrix}1\\1\\2\end{pmatrix}$ として求まる．

$$B\begin{pmatrix}1\\1\\-1\end{pmatrix}=6\begin{pmatrix}1\\1\\-1\end{pmatrix},\quad B\begin{pmatrix}1\\1\\2\end{pmatrix}=3\begin{pmatrix}1\\1\\2\end{pmatrix},$$

$$B\begin{pmatrix}1\\-1\\0\end{pmatrix}=-7\begin{pmatrix}1\\-1\\0\end{pmatrix}$$

なので，A の場合の計算と全く同様にして，

$$\textbf{(答)}\quad B'=\begin{pmatrix}6&0&0\\0&3&0\\0&0&-7\end{pmatrix}.$$

◀各式の両辺をベクトルの長さで割って単位ベクトルにした 3 本の式を 1 本にまとめて，$BP=P\begin{pmatrix}6&0&0\\0&3&0\\0&0&-7\end{pmatrix}$．右辺右側の対角行列を D_2 とおくと，$P^{-1}BP=D_2\iff {}^tPBP=D_2$．これが B' に他ならない．

問 4　$CD=DC\iff {}^tQCDQ={}^tQDCQ.$

Q が直交行列なので，$Q{}^tQ=E$, よって，

$$(\text{上式})\iff {}^tQCQ{}^tQDQ={}^tQDQ{}^tQCQ$$
$$\iff C'D'=D'C'.$$

$D'=\begin{pmatrix}d_{11}&d_{12}&d_{13}\\d_{21}&d_{22}&d_{23}\\d_{31}&d_{32}&d_{33}\end{pmatrix}$ とおいて成分計算すると，

◀「正規直交基底を取り直して，C が対角化される基底で考えると」と書いて，いきなり成分計算の式に飛ぶと答案がもっとすっきりする．

$$\iff\begin{pmatrix}\alpha&0&0\\0&\beta&0\\0&0&\gamma\end{pmatrix}\begin{pmatrix}d_{11}&d_{12}&d_{13}\\d_{21}&d_{22}&d_{23}\\d_{31}&d_{32}&d_{33}\end{pmatrix}$$
$$=\begin{pmatrix}d_{11}&d_{12}&d_{13}\\d_{21}&d_{22}&d_{23}\\d_{31}&d_{32}&d_{33}\end{pmatrix}\begin{pmatrix}\alpha&0&0\\0&\beta&0\\0&0&\gamma\end{pmatrix}$$
$$\iff\begin{pmatrix}\alpha d_{11}&\alpha d_{12}&\alpha d_{13}\\\beta d_{21}&\beta d_{22}&\beta d_{23}\\\gamma d_{31}&\gamma d_{32}&\gamma d_{33}\end{pmatrix}=\begin{pmatrix}\alpha d_{11}&\beta d_{12}&\gamma d_{13}\\\alpha d_{21}&\beta d_{22}&\gamma d_{23}\\\alpha d_{31}&\beta d_{32}&\gamma d_{33}\end{pmatrix}$$
$$\iff\begin{pmatrix}0&(\alpha-\beta)d_{12}&(\alpha-\gamma)d_{13}\\(\beta-\alpha)d_{21}&0&(\beta-\gamma)d_{23}\\(\gamma-\alpha)d_{31}&(\gamma-\beta)d_{32}&0\end{pmatrix}$$
$$=\begin{pmatrix}0&0&0\\0&0&0\\0&0&0\end{pmatrix}.$$

$\alpha\neq\beta,\beta\neq\gamma,\gamma\neq\alpha$ より，D' の対角成分以外はすべて 0 とわかる．よって，

$$D' = \begin{pmatrix} d_{11} & 0 & 0 \\ 0 & d_{12} & 0 \\ 0 & 0 & d_{13} \end{pmatrix}$$

なので，D' は対角行列.　　　　　　　　　　　　　(証明終わり)

解説 | **問 1**　行列のかけ算は,

$$\begin{pmatrix} a_1 & a_2 & a_3 \\ b_1 & b_2 & b_3 \\ c_1 & c_2 & c_3 \end{pmatrix}\begin{pmatrix} d_1 & e_1 & f_1 \\ d_2 & e_2 & f_2 \\ d_3 & e_3 & f_3 \end{pmatrix}$$

$$= \begin{pmatrix} a_1d_1+a_2d_2+a_3d_3 & a_1e_1+a_2e_2+a_3e_3 & a_1f_1+a_2f_2+a_3f_3 \\ b_1d_1+b_2d_2+b_3d_3 & b_1e_1+b_2e_2+b_3e_3 & b_1f_1+b_2f_2+b_3f_3 \\ c_1d_1+c_2d_2+c_3d_3 & c_1e_1+c_2e_2+c_3e_3 & c_1f_1+c_2f_2+c_3f_3 \end{pmatrix}$$

のように，左側の行列の行と，右側の行列の列を内積のようにして計算する．左側の行列の第 i 行と右側の行列の第 j 行を内積のように計算すると，かけ算した結果の行列の i 行 j 列成分が出てくる.

一般に行列の積に関して $AB \neq BA$ である．この現象を「積が非可換である」という．たとえば,

$$\begin{pmatrix} 0 & 1 & 0 \\ 0 & 0 & 1 \\ 1 & 0 & 0 \end{pmatrix}\begin{pmatrix} 1 & 2 & 3 \\ 4 & 5 & 6 \\ 7 & 8 & 9 \end{pmatrix} = \begin{pmatrix} 4 & 5 & 6 \\ 7 & 8 & 9 \\ 1 & 2 & 3 \end{pmatrix}$$

だが,

$$\begin{pmatrix} 1 & 2 & 3 \\ 4 & 5 & 6 \\ 7 & 8 & 9 \end{pmatrix}\begin{pmatrix} 0 & 1 & 0 \\ 0 & 0 & 1 \\ 1 & 0 & 0 \end{pmatrix} = \begin{pmatrix} 3 & 1 & 2 \\ 6 & 4 & 5 \\ 9 & 7 & 8 \end{pmatrix}$$

となり，積は一致しない．$AB = BA$ を満たす行列 A, B は特別な関係にあると言える.

問 2　$A = \begin{pmatrix} a & b & c \\ d & e & f \\ g & h & i \end{pmatrix}$ の固有方程式は

$$\lambda^3 - (a+e+i)\lambda^2 + \{(ae-bd)+(ei-fh)+(ai-cg)\}\lambda$$
$$-(aei+bfg+cdh-afh-bdi-ceg) = 0 \qquad (1)$$

である．λ^2 の係数は $\mathrm{tr}(A)$, 定数項は $\det(A)$ である．定数項はサラスの方法で出した．固有多項式 $\det(\lambda E - A)$ 自身をサラスの方法で展開して出すのは面倒なので，上の公式を暗記しておくとよい.

固有方程式を解くと固有値が出る．$(A-\lambda E)\vec{v}=\vec{0}$ の解，つまり，$A\vec{v}=\lambda\vec{v}$ の解全体が A の固有値 λ に対応する固有空間 W_λ であり，その中で $\vec{0}$ でないものを固有ベクトルという．本問の場合，たとえば 6 が固有値であったから，対応する固有空間の元は，

$$\begin{pmatrix} 6 & -2 & 1 \\ -2 & 6 & 1 \\ 1 & 1 & 5 \end{pmatrix}\begin{pmatrix} x \\ y \\ z \end{pmatrix}=6\begin{pmatrix} x \\ y \\ z \end{pmatrix} \iff \begin{cases} -2y+z=0 \\ -2x+z=0 \\ x+y-z=0 \end{cases} \iff \begin{cases} y=x \\ z=2x \end{cases}$$

$$\iff \begin{pmatrix} x \\ y \\ z \end{pmatrix}=x\begin{pmatrix} 1 \\ 1 \\ 2 \end{pmatrix}$$

として出る．したがって，固有値 6 の固有ベクトルの全体は，

$$x\begin{pmatrix} 1 \\ 1 \\ 2 \end{pmatrix} \qquad (x\neq 0).$$

問 3　行列 A の転置行列 ${}^tA$ とは，$A=\begin{pmatrix} a & b & c \\ d & e & f \\ g & h & i \end{pmatrix}$ に対して，

$${}^tA=\begin{pmatrix} a & d & g \\ b & e & h \\ c & f & i \end{pmatrix}$$

のように横のものを縦にした行列のことである．縦のものを横にしたといっても同じ．

直交行列 P の定義は「${}^tPP=E$ かつ $P{}^tP=E$ を満たす行列 P」であった．直交行列は正方行列になる．このことを仮定すると，${}^tPP=E$ と $P{}^tP=E$ の一方から他方が出てくるので，片方だけを考えればよい．

P を $P=(\overrightarrow{p_1},\overrightarrow{p_2},\overrightarrow{p_3})$ と列ベクトルで表すと，定義の第 1 式 ${}^tPP=E$ は

$$\begin{pmatrix} {}^t\overrightarrow{p_1} \\ {}^t\overrightarrow{p_2} \\ {}^t\overrightarrow{p_3} \end{pmatrix}(\overrightarrow{p_1},\overrightarrow{p_2},\overrightarrow{p_3})=E \iff \begin{pmatrix} \overrightarrow{p_1}\cdot\overrightarrow{p_1} & \overrightarrow{p_1}\cdot\overrightarrow{p_2} & \overrightarrow{p_1}\cdot\overrightarrow{p_3} \\ \overrightarrow{p_2}\cdot\overrightarrow{p_1} & \overrightarrow{p_2}\cdot\overrightarrow{p_2} & \overrightarrow{p_2}\cdot\overrightarrow{p_3} \\ \overrightarrow{p_3}\cdot\overrightarrow{p_1} & \overrightarrow{p_3}\cdot\overrightarrow{p_2} & \overrightarrow{p_3}\cdot\overrightarrow{p_3} \end{pmatrix}=\begin{pmatrix} 1 & 0 & 0 \\ 0 & 1 & 0 \\ 0 & 0 & 1 \end{pmatrix}$$

を意味するので，P が直交行列であるための必要十分条件は，各列ベクトルが単位ベクトルで，どの 2 本の列ベクトルも直交することである．

直交行列の定義の第 2 式 $P{}^tP=E$ から行ベクトルに関しても同様のことが成立することがわかる．

問 4　${}^tQCQ=C' \iff Q^{-1}CQ=C' \iff CQ=QC'$ である．$Q=(\vec{a},\vec{b},\vec{c})$ と

おくと，$C(\vec{a},\vec{b},\vec{c})=(\vec{a},\vec{b},\vec{c})C'=(\alpha\vec{a},\beta\vec{b},\gamma\vec{c})$. 列ごとに分けて書くと，

$$C\vec{a}=\alpha\vec{a}, \qquad (2)$$
$$C\vec{b}=\beta\vec{b},$$
$$C\vec{c}=\gamma\vec{c}.$$

Q は直交行列なので，特に可逆行列であるから，列ベクトル $\vec{a},\vec{b},\vec{c}$ に $\vec{0}$ はない．よって，Q の列ベクトルは，C' の各対角成分を固有値に持つ固有ベクトルになっている．(2) の両辺に D をかけると，

$$DC\vec{a}=D\alpha\vec{a} \iff CD\vec{a}=\alpha D\vec{a}$$

よって，$D\vec{a}$ も C の固有値 α に対応する固有空間 W_α に属する．C の固有値がすべて異なることから，W_α は 1 次元なので $D\vec{a}$は$\vec{a}$の定数倍であり,$D\vec{a}=\alpha'\vec{a}$ とおける．つまり，$\vec{a}$ は D の固有ベクトルにもなっている．

この事実を用いると，成分計算を避けた別解ができる．$\vec{a},\vec{b},\vec{c}$ は D の固有ベクトルなので，$D\vec{a}=\alpha'\vec{a}$, $D\vec{b}=\beta'\vec{b}$, $D\vec{c}=\gamma'\vec{c}$ とおける．1 本の式にまとめて，

$$D(\vec{a},\vec{b},\vec{c})=(\alpha'\vec{a},\beta'\vec{b},\gamma'\vec{c})=(\vec{a},\vec{b},\vec{c})\begin{pmatrix}\alpha' & 0 & 0\\ 0 & \beta' & 0\\ 0 & 0 & \gamma'\end{pmatrix}.$$

最後の対角行列を D' とおくと，$DQ=QD'$. よって，$Q^{-1}DQ=D'$ となる．Q は直交行列だったので，${}^tQDQ=D'$ となる．

(発展)　複数の行列を同時に標準型にする

問題 6.3 の事実は，対称行列 C の固有値に重解がある場合は，成立しない．つまり，C を対角化する直交行列 Q を 1 つ固定してしまうと，$CD=DC$ を満たす対称行列 D に対して，${}^tQDQ$ が対角行列になるとは限らない．

C の固有値に重解が 1 つ増えるごとに，直交行列 Q の選び方の自由度が 1 つ増えるので，C を対角化する Q をうまく選び直せば，${}^tQCQ$ と ${}^tQDQ$ を同時に対角化することができる．

たとえば，$C=\begin{pmatrix}2 & 0\\ 0 & 2\end{pmatrix}$, $D=\begin{pmatrix}1 & -2\\ -2 & 4\end{pmatrix}$ とすると，任意の直交行列 Q に対して，${}^tQCQ=\begin{pmatrix}2 & 0\\ 0 & 2\end{pmatrix}$ となり対角行列になるが，${}^tQDQ$ を対角行列にする直交行列 Q は

$$\pm\frac{1}{\sqrt{5}}\begin{pmatrix}2 & -1\\ 1 & 2\end{pmatrix},\quad \pm\frac{1}{\sqrt{5}}\begin{pmatrix}2 & 1\\ 1 & -2\end{pmatrix},\quad \pm\frac{1}{\sqrt{5}}\begin{pmatrix}-1 & 2\\ 2 & 1\end{pmatrix},\quad \pm\frac{1}{\sqrt{5}}\begin{pmatrix}1 & 2\\ -2 & 1\end{pmatrix}$$

の 8 つだけである．

一般に V をベクトル空間，$C{:}V\to V$ を 1 次変換とする．V の部分ベクトル空間 W が $CW\subset W$ を満たすとき，W を C の不変部分空間という．$D{:}V\to V$ を 1 次変換とするとき，$CD=DC$ なら $CW\subset W$ の両辺に D をかけて，$DCW\subset DW$．よって，$CDW\subset DW$．ゆえに，DW も C の不変部分空間になる．

C の固有値 λ に対応する固有空間を W_λ とおくと，W_λ は C の不変部分空間なので，DW_λ もそうである．$C\vec{v}=\lambda\vec{v}$ ならば $D(C\vec{v})=D(\lambda\vec{v})$ より，$C(D\vec{v})=\lambda(D\vec{v})$ である．よって，$DW_\lambda\subset W_\lambda$ も言える．これは，W_λ が D の不変部分空間であることを意味する．C が実対称行列なら，V は W_λ たちの直和になる．C と D を各 W_λ に制限して考えれば，同時に対角化できることの証明は，上の 2 次正方行列の例と同様に一方が単位行列の場合に帰着される．

C の固有値 λ に対応する広義固有空間を W'_λ とおく．つまり，十分大きい N に対して

$$(C-\lambda E)^N\vec{v}=\vec{0}$$

を満たす $\vec{v}$ の全体を W'_λ とおく．W'_λ は C の不変部分空間なので，DW'_λ もそうであり，さらに，$DW'_\lambda\subset W'_\lambda$ も言える．これは，W'_λ が D の不変部分空間であることを意味する．V は W'_λ たちの直和になる．C と D を各 W'_λ に制限して考えれば，$CD=DC$ を満たす複素行列 C,D がいつ同時にジョルダン標準型になるかは，C がジョルダン標準形で固有値がすべて同じ場合の考察に帰着されることがわかる．

たとえば，$\begin{pmatrix}0 & 1\\ 0 & 0\end{pmatrix}$ と $\begin{pmatrix}a & b\\ 0 & a\end{pmatrix}$ は交換可能である．しかし，後者が最初からジョルダン標準型である場合を除いて同時にジョルダン標準型にすることはできない．したがって，対称行列の同時対角化定理を一般の行列に単純に拡張することはできない．

- 一般に $CD=DC$ のとき，可逆行列あるいはユニモジュラー行列 (整数成分で行列式が ±1 の行列) P で，$P^{-1}CP$ と $P^{-1}DP$ が同時にどこまで簡単な形にできるか．
- 直交行列あるいはユニタリ行列 T で，${}^tTCT$ と ${}^tTDT$ が同時にどこまで簡単な形にできるか．

- 成分や係数を複素数，実数，有理数，整数と変更していくとどうなるか．

こうしたことを調べてノートにまとめると，とても良い勉強になる．

類題 6.4

複素数 a,b に対して，3 次の複素正方行列 A,B を次のように定める．

$$A=\begin{pmatrix}2&0&0\\1&1&a\\1&-a&3\end{pmatrix},\quad B=\begin{pmatrix}0&b&-2\\1&1&1\\3&-3&5\end{pmatrix}$$

(問 1) A が対角化可能であるための必要十分条件を求めよ．

(問 2) A と B が相似であるための必要十分条件を求めよ．ただし，2 つの正方行列 X,Y が相似であるとは，ある正則行列 P が存在して，$Y=PXP^{-1}$ となることである．

2011 年 東京大 数理科学研究科

解答 ｜**問 1** A の固有方程式は，$\lambda^3-6\lambda^2+(a^2+11)\lambda-(2a^2+6)=0$ である．因数分解すると，$(\lambda-2)\{\lambda^2-4\lambda+(a^2+3)\}=0$.

(i) $a\neq\pm1$ のとき．

$f(\lambda)=\lambda^2-4\lambda+(a^2+3)=0$ の判別式を D とおくと，

$$D/4=4-(a^2+3)=1-a^2\neq0.$$

また，$f(2)=a^2-1\neq0$ なので固有値は異なる 3 解となる．よって，対角化可能．

(ii) $a=1$ のとき．固有値 $\lambda=2$ は 3 重解となる．このとき，

$$A=\begin{pmatrix}2&0&0\\1&1&1\\1&-1&3\end{pmatrix}$$

なので

$$A-2E=\begin{pmatrix}0&0&0\\1&-1&1\\1&-1&1\end{pmatrix}$$

となる. 列ベクトルで 1 次独立になるのは最大 1 本なので $\mathrm{rank}(A-2E)=1$．よって，固有値 2 に対応する固有空間は 2 次元分しかない．A のジョルダン標準形

は $\begin{pmatrix} 2 & 1 & 0 \\ 0 & 2 & 0 \\ 0 & 0 & 2 \end{pmatrix}$ となり対角化できない.

(iii)　$a=-1$ のとき．固有値 $\lambda=2$ は 3 重解となる．このとき，

$$A=\begin{pmatrix} 2 & 0 & 0 \\ 1 & 1 & -1 \\ 1 & 1 & 3 \end{pmatrix}$$

なので

$$A-2E=\begin{pmatrix} 0 & 0 & 0 \\ 1 & -1 & -1 \\ 1 & -1 & 1 \end{pmatrix}$$

となる．列ベクトルで 1 次独立になるものは最大 2 本なので $\mathrm{rank}(A-2E)=2$. よって，固有値 2 に対応する固有空間は 1 次元分しかない．A のジョルダン標準形は $\begin{pmatrix} 2 & 1 & 0 \\ 0 & 2 & 1 \\ 0 & 0 & 2 \end{pmatrix}$ となり，対角化できない.

(i),(ii),(iii) より

(答)　$a\neq\pm1$.

問 2　A と B が相似であるための必要十分条件はジョルダン標準形が一致することである.

B の固有方程式は，$\lambda^3-6\lambda^2+(14-b)\lambda-(12-2b)=0$ である．因数分解すると，

$$(\lambda-2)\{\lambda^2-4\lambda+(6-b)\}=0.$$

相似であるためには，固有値が一致していることが必要なので，固有方程式が等しいことから

$$a^2+3=6-b \iff b=3-a^2.$$

(i) $a\neq\pm1$ のとき.

固有値がすべて異なるので，A と B は相似.

(ii) $a=1$ のとき. $b=2$ なので，

$$B=\begin{pmatrix} 0 & 2 & -2 \\ 1 & 1 & 1 \\ 3 & -3 & 5 \end{pmatrix}$$

となる．よって，

$$B-2E=\begin{pmatrix} -2 & 2 & -2 \\ 1 & -1 & 1 \\ 3 & -3 & 3 \end{pmatrix}.$$

$\mathrm{rank}(B-2E)=1$ なので，固有値 2 に対応する固有空間の次元は 2 となる．B の固有値は 2 の 3 重解であったから B のジョルダン標準形は $\begin{pmatrix} 2 & 1 & 0 \\ 0 & 2 & 0 \\ 0 & 0 & 2 \end{pmatrix}$ になる．これは A の場合と同じであるから，A と B は相似である．

(iii) $a=-1$ のとき．$b=2$ なので，(ii) と同じで，行列 B の固有値 2 に対応するジョルダン細胞のサイズは 1 と 2 になる．一方，行列 A のジョルダン細胞のサイズは 3 なので，A と B は相似でない．

以上より，

(答) $b=3-a^2$ かつ $a\neq-1$.

問題 6.4

実対称行列の固有空間と複素対称行列の対角化

行列 A_t を $\begin{pmatrix} 2 & -1 & 1 \\ -1 & t & 1 \\ 1 & 1 & 2 \end{pmatrix}$ で定める．

(問 1) t を実数とする．実線形空間 $V_t=\{\vec{x}\in\mathbb{R}^3 \mid A_t\vec{x}=0\}$ の次元を求めよ．

(問 2) t を複素数とする．行列 A_t の特性方程式 $\det(A_t-xI)=0$ が重解を持つような t をすべて求めよ．また，このような t について，A_t が対角化可能かどうかを判定せよ．

2009 年 東京大 数理科学研究科

ポイント

問 1　A_t^{-1} がある場合は，$V_t=\{\vec{0}\}$ なので，A_t^{-1} がない場合のみを計算すればよい．

問 2　特性方程式 (固有方程式) が 3 重解をもつことはないので，重解に対して固有空間が 2 次元分あれば，対角化可能である．

解答 ｜**問 1**　サラスの方法で計算すると，

$$\det A_t = (4t-1-1)-(2+2+t) = 3t-6$$

である．

(i)　$t \neq 2$ のとき．$\det A_t \neq 0$ なので，A_t^{-1} が存在する．$A_t\vec{v} = \vec{0}$ の両辺に左から A_t^{-1} をかけて，$\vec{v} = A_t^{-1}\vec{0} = \vec{0}$．よって，$\dim V_t = 0$.

(ii) $t=2$ のとき．

$$A_t = \begin{pmatrix} 2 & -1 & 1 \\ -1 & 2 & 1 \\ 1 & 1 & 2 \end{pmatrix}.$$

1 行目から 3 行目の 2 倍を引いて，2 行目に 3 行目を加えると，

$$\begin{pmatrix} 0 & -3 & -3 \\ 0 & 3 & 3 \\ 1 & 1 & 2 \end{pmatrix}.$$

1 行目と 2 行目を 1/3 倍すると，

$$\begin{pmatrix} 0 & -1 & -1 \\ 0 & 1 & 1 \\ 1 & 1 & 2 \end{pmatrix}.$$

1 行目と 3 行目を入れ替えると，

$$\begin{pmatrix} 1 & 1 & 2 \\ 0 & 1 & 1 \\ 0 & -1 & -1 \end{pmatrix}.$$

1 行目から 2 行目を引き，3 行目に 2 行目を足すと，

$$B = \begin{pmatrix} 1 & 0 & 1 \\ 0 & 1 & 1 \\ 0 & 0 & 0 \end{pmatrix}$$

になる．V_2 は $\{\vec{v} \in \mathbb{R}^3 \mid B\vec{v} = \vec{0}\}$ に等しい．よって，

$$V_2 = \left\{ t\begin{pmatrix} 1 \\ 1 \\ -1 \end{pmatrix} \middle| t \in \mathbb{R} \right\}$$

より，$\dim V_2 = 1$.

(i), (ii) より

◀ 正方行列 A の余因子行列を $\widetilde{A}$ とおくと，$\det A \neq 0$ なら $A^{-1} = \dfrac{1}{\det A}\widetilde{A}$.　$\det A = 0$ なら A^{-1} は存在しない．

◀ 行に関する基本変形は，p.18 参照.

(答)　$\dim V_t=\begin{cases}0 & (t\neq 2)\\ 1 & (t=2)\end{cases}.$

問 2　$\det(A_t-xI)=0\iff(-1)^3\det(xI-A_t)=0$ である．3 次正方行列の固有方程式の公式 (p.201 の (1) 式) より

$$x^3-(t+4)x^2+\{(2t-1)+(2t-1)+3\}x-(3t-6)=0$$

$$\iff x^3-(t+4)x^2+(4t+1)x-(3t-6)=0$$

$$\iff (x-3)\{x^2-(t+1)x+(t-2)\}=0.$$

問題の条件から，これが重解を持つ．

(i) $x^2-(t+1)x+(t-2)=0$ が 3 を解に持つとき．

$x=3$ を代入して，

$$9-3(t+1)+(t-2)=0\iff -2t+4=0\iff t=2.$$

このとき A_t は実対称行列なので，対角化可能である．

◀ 任意の実対称行列 A はある直交行列 T によって対角化できる．つまり，$T^{-1}AT$ を対角行列にする T が存在する．

(ii) $x^2-(t+1)x+(t-2)=0$ が重解を持つとき．

判別式を D とおくと，

$$D=(t+1)^2-4(t-2)=t^2-2t+9=0$$

より $t=1\pm 2\sqrt{2}i$. このとき，重解は

$$x=\frac{t+1\pm\sqrt{D}}{2}=\frac{t+1}{2}=1\pm\sqrt{2}i.$$

A_t の固有値 x に対応する固有ベクトル $\overrightarrow{v}$ は $A_t\overrightarrow{v}=x\overrightarrow{v}$ より $(A_t-xE)\overrightarrow{v}=\overrightarrow{0}$ を解けば出る．x が重解なので，この解空間 $\mathrm{Ker}(A_t-xE)$ が 2 次元分あれば対角化可能であり，1 次元分しかなければ対角化不可能である．

次元定理より

$$\mathrm{Ker}(A_t-xE)=3-\mathrm{rank}(A_t-xE)$$

であるから $\mathrm{rank}(A_t-xE)=1$ なら対角化可能であり，$\mathrm{rank}(A_t-xE)=2$ なら対角化不可能である．

$\det(A_t-xE)=0$ なので，$\mathrm{rank}(A_t-xE)$ は最大階数

3 よりは下がっている．

[1] $\mathrm{rank}(A_t-xE)=0$ になるのは，$A_t-xE=O$ のとき．

[2] $\mathrm{rank}(A_t-xE)=1$ になるのは，$A_t-xE\neq O$ かつ A_t-xE の列ベクトルはすべて 1 つの列ベクトルの定数倍のとき．

[3] $\mathrm{rank}(A_t-xE)=2$ になるのは，A_t-xE の列ベクトルに定数倍にならない 2 本があるとき．

(ii-1)　$t=1+2\sqrt{2}i$ のとき $x=1+\sqrt{2}i$ である．

$$A_t=\begin{pmatrix}2 & -1 & 1\\ -1 & 1+2\sqrt{2}i & 1\\ 1 & 1 & 2\end{pmatrix}$$

より，

$$A_t-xE=\begin{pmatrix}1-\sqrt{2}i & -1 & 1\\ -1 & \sqrt{2}i & 1\\ 1 & 1 & 1-\sqrt{2}i\end{pmatrix}.$$

$\mathrm{rank}(A_t-xE)=2$ なので $\dim\mathrm{Ker}(A_t-xE)=1$. よって，$A_t$ の固有値 x に対応する固有空間の次元は 1 しかないので，A_t は対角化できない．

(ii-2)　$t=1-2\sqrt{2}i$ のとき $x=1-\sqrt{2}i$ であり，(ii-1) と同様にして対角化できない．

(i),(ii) より，重解を持つ t は，

(答)　$t=3, t=1\pm2\sqrt{2}i$. このうち A_t が対角化可能なのものは $t=3$ のみ．

解説 | **問 1**　V_t を具体的に求めよという問題ではないので，A_2 の階数だけを計算して済ますこともできる．解答にある階段行列

$$\begin{pmatrix}1 & 0 & 1\\ 0 & 1 & 1\\ 0 & 0 & 0\end{pmatrix}$$

において 0 を無視すると，各行の左端には 1 行目と 2 行目に 1 が残っている．左端の 1 の総数は 2 であるから，$\mathrm{rank}A_2=2$. 次元定理より

$$\dim V_2 = \dim \mathrm{Ker} A_2 = \dim \mathbb{R}^3 - \dim \mathrm{Im} A_2 = \dim \mathbb{R}^3 - \mathrm{rank} A_2 = 3-2=1.$$

すぐに，問 2 で使うのだから，A_t の固有方程式 (特性方程式) を早めに計算して，使うことも可能である．$V_t=\{\vec{x} \mid A_t\vec{x}=0\vec{x}\}$ と変形すると，V_t は A_t の固有値 0 に対応する固有空間に他ならない．固有方程式を計算すると，

$$x^3-(t+4)x^2+(4t+1)x-(3t-6)=0 \iff (x-3)\{x^2-(t+1)x+(t-2)\}=0$$

なので，$t\neq 2$ のとき A_t は 0 固有値を持たない．よって，$\dim V_t=0$.

$t=2$ のとき A_t は 0 固有値を持つ．0 は固有方程式の単解なので (重解でないので)，$\dim V_2=1$. 一般の行列 A に対して固有値 λ を k 重解とする．A のジョルダン細胞の個数と

$$\dim V=\{\vec{v} \mid A\vec{v}=\lambda\vec{v}\}$$

は等しいので，$\dim V$ は 1 から k までのいずれの値も取り得る．しかし，A が実対称行列なら，A は対角化可能なのでジョルダン細胞は k 個になり，$\dim V$ は固有値 λ の重複度に等しくなる．

問 2　A_t の固有値が α,α,β $(\alpha\neq\beta)$ のとき，可逆行列 A をうまく選ぶと，$P^{-1}AP$ は

$$\begin{pmatrix}\alpha & 0 & 0\\ 0 & \alpha & 0\\ 0 & 0 & \beta\end{pmatrix} \quad と \quad \begin{pmatrix}\alpha & 1 & 0\\ 0 & \alpha & 0\\ 0 & 0 & \beta\end{pmatrix}$$

のいずれかの形にすることができる．つまり，A_t のジョルダン標準型の可能性は，この 2 通りである．前者では α に対応する固有空間の次元が 2 であり，後者では 1 次元しかない．もし，4 次正方行列で固有値 α が 4 重解になると，

$$\begin{pmatrix}\alpha & 1 & 0 & 0\\ 0 & \alpha & 1 & 0\\ 0 & 0 & \alpha & 0\\ 0 & 0 & 0 & \alpha\end{pmatrix} \quad と \quad \begin{pmatrix}\alpha & 1 & 0 & 0\\ 0 & \alpha & 0 & 0\\ 0 & 0 & \alpha & 1\\ 0 & 0 & 0 & \alpha\end{pmatrix}$$

のように，α に対応する固有空間の次元が 2 であってもジョルダン標準型が異なる場合がある．この 2 つの最小多項式は $(x-\alpha)^3$ と $(x-\alpha)^2$ なので，最小多項式で区別できる．もし，α が 7 重解になると，

$$J_1=(\alpha), \qquad J_2=\begin{pmatrix}\alpha & 1\\ 0 & \alpha\end{pmatrix}, \qquad J_3=\begin{pmatrix}\alpha & 1 & 0\\ 0 & \alpha & 1\\ 0 & 0 & \alpha\end{pmatrix}$$

とおいて，

$$\begin{pmatrix} J_3 & O & O \\ O & J_3 & O \\ O & O & J_1 \end{pmatrix} \quad と \quad \begin{pmatrix} J_3 & O & O \\ O & J_2 & O \\ O & O & J_2 \end{pmatrix}$$

のように，α に対応する固有空間がともに 7 次元分で，最小多項式がともに $(x-\alpha)^3$ であってもジョルダン標準型が異なる場合がある．この場合も $d_n = \dim\mathrm{Ker}\{(A-\alpha E)^n\}$ とおくと，前者は $(d_1,d_2,d_3)=(3,5,7)$, 後者は $(d_1,d_2,d_3)=(3,6,7)$ なので区別がつく．

類題 6.5

3 次の正方行列

$$B=\begin{pmatrix} 1 & 2 & 1 \\ -1 & 4 & 1 \\ 2 & -4 & 0 \end{pmatrix}$$

は，正則行列によって対角化可能か．可能ならば，対角化せよ．

2010 年 東京大 経済学研究科 金融システム専攻

解答 | 固有方程式は

$$\lambda^3-5\lambda^2+8\lambda-4=0 \iff (\lambda-1)(\lambda-2)^2=0$$

である．固有値 2 に対応する固有空間は

$$B\vec{v}=2\vec{v} \iff (B-2E)\vec{v}=\vec{0} \iff \begin{pmatrix} -1 & 2 & 1 \\ -1 & 2 & 1 \\ 2 & -4 & -2 \end{pmatrix}\begin{pmatrix} x \\ y \\ z \end{pmatrix}=\begin{pmatrix} 0 \\ 0 \\ 0 \end{pmatrix}$$

$$\iff -x+2y+z=0$$

より

$$\begin{pmatrix} x \\ y \\ z \end{pmatrix}=\begin{pmatrix} 2y+z \\ y \\ z \end{pmatrix}=y\begin{pmatrix} 2 \\ 1 \\ 0 \end{pmatrix}+z\begin{pmatrix} 1 \\ 0 \\ 1 \end{pmatrix}.$$

よって，2 次元分あるので，対角化可能．固有値 1 に対応する固有空間は

$$B\vec{v}=\vec{v} \iff (B-E)\vec{v}=\vec{0} \iff \begin{pmatrix} 0 & 2 & 1 \\ -1 & 3 & 1 \\ 2 & -4 & -1 \end{pmatrix}\begin{pmatrix} x \\ y \\ z \end{pmatrix}=\begin{pmatrix} 0 \\ 0 \\ 0 \end{pmatrix}$$

より

$$\begin{pmatrix} x \\ y \\ z \end{pmatrix} = x \begin{pmatrix} 1 \\ 1 \\ -2 \end{pmatrix}.$$

固有空間の基底

$$\vec{a} = \begin{pmatrix} 1 \\ 1 \\ -2 \end{pmatrix}, \quad \vec{b} = \begin{pmatrix} 2 \\ 1 \\ 0 \end{pmatrix}, \quad \vec{c} = \begin{pmatrix} 1 \\ 0 \\ 1 \end{pmatrix}$$

は $B\vec{a} = \vec{a}$, $B\vec{b} = 2\vec{b}$, $B\vec{c} = 2\vec{c}$ を満たすので，1本にまとめて，

$$B(\vec{a}, \vec{b}, \vec{c}) = (\vec{a}, 2\vec{b}, 2\vec{c}) = (\vec{a}, \vec{b}, \vec{c}) \begin{pmatrix} 1 & 0 & 0 \\ 0 & 2 & 0 \\ 0 & 0 & 2 \end{pmatrix}.$$

最後の行列を D とおき，$P = (\vec{a}, \vec{b}, \vec{c})$ とおくと，$BP = PD$ より $P^{-1}BP = D$.
よって B は,

(答) $P = \begin{pmatrix} 1 & 2 & 1 \\ 1 & 1 & 0 \\ -2 & 0 & 1 \end{pmatrix}$ によって対角化され，$\begin{pmatrix} 1 & 0 & 0 \\ 0 & 2 & 0 \\ 0 & 0 & 2 \end{pmatrix}$ になる.

(発展)　最小多項式とジョルダン標準形

行列 A を代入して O になる多項式のうち次数が最小で，最高次の係数が 1 になるものを A の最小多項式という．たとえば $\begin{pmatrix} a & b \\ c & d \end{pmatrix}$ が単位行列の定数倍でなければ，この最小多項式は固有多項式に一致し，$\lambda^2 - (a+d)\lambda + (ad-bc) = 0$. $\begin{pmatrix} k & 0 \\ 0 & k \end{pmatrix}$ の最小多項式は 1 次式になり，$\lambda - k = 0$.

A の最小多項式が重解を持たなければ，A は複素数の中で対角化可能である. A の最小多項式に因数 $(x-\alpha)^n$ があるときは A の固有値 α に対応するジョルダン細胞に n 次のものがある．$r_n = \dim\mathrm{Ker}\{(A-\alpha E)^n\}$ とおくと，r_1 が A の固有値 α に対応するジョルダン細胞の個数，$r_2 - r_1$ が A の固有値 α に対応するサイズ 2 以上のジョルダン細胞の個数，$r_3 - r_2$ が A の固有値 α に対応するサイズ 3 以上のジョルダン細胞の個数となる.

第7章　行列の方程式

基礎のまとめ

A の最小多項式を $m(x)$ とおく．任意の多項式 $P(x)$ に対して，$P(A)=O$ であれば，$P(x)$ は $m(x)$ で割り切れる．

たとえば，2 次実行列 X が $X^4-E=O$ を満たすとすると，X の最小多項式 $m(x)$ は

$$x^4-1=(x-1)(x+1)(x^2+1)$$

の約数かつ実数係数である．$m(x)$ が 1 次の場合は

$$x-1, \quad x+1$$

のみなので，$X=\pm E$.

$m(x)$ が 2 次の場合は

$$(x-1)(x+1), \quad x^2+1$$

のみなので，$X^2=\pm E$.

$$f(X)=O \iff P^{-1}f(X)P=O \iff f(P^{-1}XP)=O$$

なので，行列 X の n 次方程式は，X のジョルダン標準形を用いて考察することができる．

方程式によっては，可逆行列 P, Q を用いて，X を $PXQ=\begin{pmatrix} E_r & O \\ O & O \end{pmatrix}$ の形に変形して考察することもできる．

零因子があるので，行列の方程式を因数分解で解くことはできない．たとえば，

$$X^2-5X+6E=O \iff (X-2E)(X-3E)=O$$

だからといって，$X=2E, 3E$ とはいえない．

ハミルトン–ケーリーの定理と係数比較することもできない．たとえば，$X=$

$\begin{pmatrix} a & b \\ c & d \end{pmatrix}$ が $X^2-5X+6E=O$ を満たすとき，ハミルトン–ケーリーの定理から得られる $X^2-(a+d)X+(ad-bc)E=O$ と係数比較して，$(a+d, ad-bc)=(5,6)$ と断言してはいけない．$(a+d, ad-bc)=(4,4)$ となる解 $X=2E$ や，$(a+d, ad-bc)=(6,9)$ となる解 $X=3E$ もある．

m 次正方行列 A, n 次正方行列 B, m 行 n 列の行列 X に対して，$AX=XB$ が $X=O$ 以外の解を持つ必要十分条件は，A と B に同じ固有値 λ が存在することである．

$$A\vec{a}=\lambda\vec{a} \text{ かつ } \vec{a}\neq\vec{0}, \quad {}^tB\vec{b}=\lambda\vec{b} \text{ かつ } \vec{b}\neq\vec{0}$$

のとき，$X=\vec{a}\,{}^t\vec{b}$ が O でない解になる．

$m=n$ とする．$AX=XB$ が正則な解 X をもつ，つまり $X^{-1}AX=B$ となる条件は A と B のジョルダン標準形が一致することである．

$m=n$ かつ $A=B$ とすると，方程式 $AX=XB$ は積に関して A と可換な行列を探す問題になる．$P(x)$ を x の任意の多項式とすると $AX=XA$ の解として $X=P(A)$ がある．この形以外にも解がある必要十分条件は A のある固有値 α に対してジョルダン細胞が複数あることである．

問題と解答・解説

問題 7.1

A と交換可能な行列の次元

3 次の実正方行列全体を $M_3(\mathbb{R})$ と表し，これを自然に $\mathbb{R}$ 上のベクトル空間とみなす．実数 a,b,c に対して

$$A=\begin{pmatrix}1 & 0 & c\\ 0 & 1 & b\\ c & b & a\end{pmatrix}$$

とおく．以下の問いに答えよ．

(問 1) A と可換な行列全体からなる $M_3(\mathbb{R})$ の部分集合 W は，$M_3(\mathbb{R})$ の部分ベクトル空間をなすことを示せ．

(問 2) W の $\mathbb{R}$ 上のベクトル空間としての次元を求めよ．

2008 年 東京大 数理科学研究科

ポイント

問 1 「ベクトル空間の定義がわかっていますか」という問題．体上の加群であることの定義を全部確かめる必要はない．$M_3(\mathbb{R})$ が実ベクトル空間であることは問題文に書いてあるので，足して入っていて，かつ実数倍して入っていることを調べれば十分である．

問 2 次元は，基底の本数を数えれば出る．今の場合は，残った変数の個数を数えればよい．

解答 ｜**問 1** $W=\{X\in M_3(\mathbb{R})\mid AX=XA\}$ である．任意の $k_1,k_2\in\mathbb{R}$ と，任意の $X_1,X_2\in W$ に対して，

$$\begin{aligned}A(k_1X_1+k_2X_2)&=A(k_1X)+A(k_2X_2)\\&=k_1AX_1+k_2AX_2\\&=k_1X_1A+k_2X_2A\\&=(k_1X_1+k_2X_2)A\end{aligned}$$

なので，

◀ 問題文の「可換」とは，積に関して可換ということ．したがって，X が A と可換 $\Longleftrightarrow AX=XA$.

$$k_1X_1+k_2X_2\in W$$

よって，W は $\mathbb{R}$ 上のベクトル空間である．

◀ V がベクトル空間のとき，W が V の部分ベクトル空間であるとは，W が V の部分集合かつ，W がベクトル空間になっていること．

問 2　$AX=XA \Longleftrightarrow (A-E)X=X(A-E)$ なので，A の代わりに

$$B=A-E=\begin{pmatrix}0&0&c\\0&0&b\\c&b&d\end{pmatrix}$$

を考えればよい．ここで，$d=a-1$ とおいた．

B の固有方程式は

$$\lambda^3-d\lambda^2+(-b^2-c^2)\lambda=0 \Longleftrightarrow \lambda(\lambda^2-d\lambda-b^2-c^2)=0$$

である．B は対称行列なので，直交行列で対角化できる．特に，$M_3(\mathbb{R})$ の中で対角化できる．以下，B が対角行列

$$\begin{pmatrix}\alpha&0&0\\0&\beta&0\\0&0&\gamma\end{pmatrix}$$

となる $\mathbb{R}^3$ の基底で成分計算する．

(i) B の固有値 α,β,γ がすべて異なるとき．

◀ α,β,γ が虚数になったら，$M_3(\mathbb{R})$ に収まらなくなるので困るが，B は実対称行列なので，大丈夫．

$$X=\begin{pmatrix}e&f&g\\h&i&j\\k&l&m\end{pmatrix}$$

とおくと，

$$BX=XB$$

$$\Longleftrightarrow \begin{pmatrix}\alpha e&\alpha f&\alpha g\\\beta h&\beta i&\beta j\\\gamma k&\gamma l&\gamma m\end{pmatrix}=\begin{pmatrix}\alpha e&\beta f&\gamma g\\\alpha h&\beta i&\gamma j\\\alpha k&\beta l&\gamma m\end{pmatrix}$$

$$\Longleftrightarrow \begin{pmatrix}0&(\alpha-\beta)f&(\alpha-\gamma)g\\(\beta-\alpha)h&0&(\beta-\gamma)j\\(\gamma-\alpha)k&(\gamma-\beta)l&0\end{pmatrix}=\begin{pmatrix}0&0&0\\0&0&0\\0&0&0\end{pmatrix}.$$

$\alpha\neq\beta$, $\beta\neq\gamma$, $\gamma\neq\alpha$ より $f=0$, $g=0$, $h=0$, $j=0$, $k=0$, $l=0$．よって，

$$X=\begin{pmatrix} e & 0 & 0 \\ 0 & i & 0 \\ 0 & 0 & m \end{pmatrix}=eE_{11}+iE_{22}+mE_{33}.$$

ここで E_{ij} は i 行 j 列成分のみが 1 で残りが 0 の行列である．

X 全体の成す部分ベクトル空間 W の基底は，3 個の行列 E_{11}, E_{22}, E_{33} からなるので，W は $\mathbb{R}$ 上 3 次元．

◀ 部分空間の基底を構成するベクトルの本数を次元という．

(ii) B の固有値が重解と単解のとき．

(ii-1) 重解が 0 のとき．$\lambda^2-d\lambda-(b^2+c^2)=0$ の 1 つの解が $\lambda=0$ より $b=0$, $c=0$．よって残りの解は $\lambda=d\neq 0$．$B=\begin{pmatrix} 0 & 0 & 0 \\ 0 & 0 & 0 \\ 0 & 0 & d \end{pmatrix}$ となるので，X を (i) と同じに定めると

$$BX=XB$$

$$\Longleftrightarrow \begin{pmatrix} 0 & 0 & 0 \\ 0 & 0 & 0 \\ dk & dl & dm \end{pmatrix}=\begin{pmatrix} 0 & 0 & dg \\ 0 & 0 & dj \\ 0 & 0 & dm \end{pmatrix}.$$

$d\neq 0$ より $g=0$, $j=0$, $k=0$, $l=0$．以上より

$$X=\begin{pmatrix} e & f & 0 \\ h & i & 0 \\ 0 & 0 & m \end{pmatrix}=eE_{11}+fE_{12}+hE_{21}+iE_{22}+mE_{33}.$$

W の基底は 5 個の行列からなるので W は $\mathbb{R}$ 上 5 次元．

(ii-2) 重解が 0 でないとき．$\lambda^2-d\lambda+(-b^2-c^2)=0$ の判別式 D が

$$D=d^2-4(-b^2-c^2)=d^2+4b^2+4c^2=0$$

より $(b,c,d)=(0,0,0)$ となる．このとき $\lambda=0$ は 3 重解となり，場合分けの条件に反する．

(iii) B の固有値が 3 重解のとき．

このとき，$b=0$, $c=0$, $d=0$ である．B は，零行列 O となるので，$BX=XB$ は任意の行列 X で成り立つ．

よって，X 全体の成す空間 W は $\mathbb{R}$ 上 9 次元．

(i),(ii),(iii) より

（答） $a=1,\ b=0,\ c=0$ のとき 9 次元，
$a\neq 1,\ b=0,\ c=0$ のとき 5 次元，
それ以外のとき 3 次元．

解説 ｜**問 1**　集合 V が 2 項演算 $+$ に関して加法群であるとは，次の 5 つを満たすことである．

(i) V の任意の元 (要素) $\vec{v},\ \vec{w}$ に対して，ある計算規則 $+$ があって

$$\vec{v}+\vec{w}\in V$$

となる．つまり，加法が定まっている．

(ii) V の任意の元 $\vec{u},\ \vec{v}, \vec{w}$ に対して，

$$(\vec{u}+\vec{v})+\vec{w}=\vec{u}+(\vec{v}+\vec{w})$$

が成り立つ．つまり結合法則が成り立つ．

(iii) V のある元 $\vec{0}$ が存在して，V の任意の元 $\vec{v}$ に対して，

$$\vec{0}+\vec{v}=\vec{v} \quad \text{かつ} \quad \vec{v}+\vec{0}=\vec{v}$$

が成り立つ．$\vec{0}$ を加法の単位元という．

(iv) V の任意の元 $\vec{v}$ に対して．V のある元 $-\vec{v}$ が存在して，

$$\vec{v}+(-\vec{v})=\vec{0} \quad \text{かつ} \quad (-\vec{v})+\vec{v}=\vec{0}$$

が成り立つ．$-\vec{v}$ を $\vec{v}$ の加法に関する逆元という．

(v) V の任意の元 $\vec{v}, \vec{w}$ に対して．

$$\vec{v}+\vec{w}=\vec{w}+\vec{v}$$

が成り立つ．つまり，$+$ に関して交換法則が成り立つ．

加法群 $(V,+)$ が $\mathbb{R}$ 加群であるとは，次の 5 つを満たすことである．$\mathbb{R}$ 加群のことを $\mathbb{R}$ ベクトル空間とか，実ベクトル空間ともいう．

(vi) 任意の $r\in\mathbb{R}$ と任意の $\vec{v}\in V$ に対して，“r 倍” $r\vec{v}\in V$ が定義されてい

る．ベクトル空間と見なすときは，r 倍をスカラー倍という．

(vii) $1\vec{v}=\vec{v}$ が成り立つ．

(viii) 任意の $r,s\in\mathbb{R}$ と任意の $\vec{v}\in V$ に対して，$(rs)\vec{v}=r(s\vec{v})$ が成り立つ．つまり，スカラーの積に関して，結合法則が成り立つ．

(ix) 任意の $r,s\in\mathbb{R}$ と任意の $\vec{v}\in V$ に対して，

$$(r+s)\vec{v}=r\vec{v}+s\vec{v}$$

が成り立つ．つまり，スカラーの和に関して，分配法則が成り立つ．

(x) 任意の $r\in\mathbb{R}$ と任意の $\vec{v},\vec{w}\in V$ に対して，

$$r(\vec{v}+\vec{w})=r\vec{v}+r\vec{w}$$

が成り立つ．つまり，ベクトルの和に関して，分配法則が成り立つ．

本問で，これら全部をチェックする必要は全くない．問題文で，$M_3(\mathbb{R})$ が実ベクトル空間であることを仮定しているので，$M_3(\mathbb{R})$ の部分集合である W は，上記 10 個の大半を満たしている．確認しなければならないのは，

(i) W の任意の元 $\vec{v}$, $\vec{w}$ に対して $\vec{v}+\vec{w}\in W$,

(vi) 任意の $r\in\mathbb{R}$ と任意の $\vec{v}\in W$ に対して，$r\vec{v}\in W$

の 2 つだけである．(i) かつ (vi) は，次と同値になる．

W の任意の元 $\vec{v}$, $\vec{w}$ と $\mathbb{R}$ の任意の元 r, s に対して $r\vec{v}+s\vec{w}\in W$.

上の解答では，これを確認している．

問 2　W を実ベクトル空間とする．W 内のベクトルをいくつか集めた集合

$$S=\{\overrightarrow{w_1},\overrightarrow{w_2},\cdots\}$$

に対して，実数係数の有限和 $k_1\overrightarrow{w_1}+k_2\overrightarrow{w_2}+\cdots$ を S の元の 1 次結合 (線形結合) という．W の任意の元 $\vec{v}$ が S の 1 次結合で表されるとき，S を W の生成元の集合という．S の元の任意の 1 次結合に対して，

$$k_1\overrightarrow{w_1}+k_2\overrightarrow{w_2}+\cdots=\vec{0}$$

ならば，k_i が全部 0 となる，つまり，$(k_1,k_2,\cdots)=(0,0,\cdots)$ となるとき，S は 1 次独立 (線形独立) であるという．1 次独立でないことを 1 次従属 (線形従属) という．S が W の 1 次独立な生成元の集合のとき，S を W の基底という．これ

は，S からどれか1つの元を取り除くと生成元の集合にならない，つまり，S が生成元の集合として極小であることと同値である．

W を固定しても，その基底にはさまざまなものがあるが，S が有限個の元からなるなら，その個数は S に関わらず一定となる．この個数を W の次元といい，$\dim W$ で表す．

S が W の基底であることは，次の (ア) かつ (イ) と同値である．

(ア) $\forall \vec{w} \in W$ に対して，$\vec{w}$ が S の1次結合で表される (表示の存在)．

(イ) 表し方は一通りである (表示の一意性)．

1次変換 $B:\mathbb{R}^3 \to \mathbb{R}^3$ において，$\mathbb{R}^3$ の基底を変換すると，問題の条件が成立しなくなる不安があるかもしれない．しかし，

$$BX = XB \iff P^{-1}BXP = P^{-1}XBP$$
$$\iff (P^{-1}BP)(P^{-1}XP) = (P^{-1}XP)(P^{-1}BP)$$

なので，

$$X \text{ が } B \text{ と可換} \iff P^{-1}XP \text{ が } P^{-1}BP \text{ と可換}$$

である．このように，$\mathbb{R}^3$ の基底変換 $(\overrightarrow{f_1}, \overrightarrow{f_2}, \overrightarrow{f_3}) = (\overrightarrow{e_1}, \overrightarrow{e_2}, \overrightarrow{e_3})P$ を行っても，可換性は保たれる．したがって，P をうまく選んで $P^{-1}BP$ ができるだけ簡単になるようにすると，後の計算が楽になる．

本問の場合は B が実対称行列になっているので，P をうまく選ぶと，$P^{-1}BP$ が対角行列になる．しかし，出てきたのは $P^{-1}XP$ 全体の成す次元であって，X 全体の次元とは違うかもしれない．

X 全体の成す部分ベクトル空間 W の基底を $E_1, \cdots, E_d$ とおくと，$P^{-1}XP$ 全体の成す部分ベクトル空間の基底は $P^{-1}E_1P, \cdots, P^{-1}E_dP$ となり，基底を構成するベクトルの本数は同じになるので，次元は同じになる．

行列もベクトルの一種なので次元を考えることができる．3次正方行列

$$A = \begin{pmatrix} a_{11} & a_{12} & a_{13} \\ a_{21} & a_{22} & a_{23} \\ a_{31} & a_{32} & a_{33} \end{pmatrix}$$

の全体が成す空間を $M_3(\mathbb{R})$ とおく．

$$A = a_{11}\begin{pmatrix} 1 & 0 & 0 \\ 0 & 0 & 0 \\ 0 & 0 & 0 \end{pmatrix} + a_{12}\begin{pmatrix} 0 & 1 & 0 \\ 0 & 0 & 0 \\ 0 & 0 & 0 \end{pmatrix} + \cdots + a_{33}\begin{pmatrix} 0 & 0 & 0 \\ 0 & 0 & 0 \\ 0 & 0 & 1 \end{pmatrix}$$

$$=a_{11}E_{11}+a_{12}E_{12}+\cdots+a_{33}E_{33}$$

と書くことができ，書き表し方は唯一である．したがって E_{ij} ($i=1,2,3,\ j=1,2,3$) が基底となる．この E_{ij} を行列単位という．基底が 9 個のベクトルからなるので $M_3(\mathbb{R})$ の次元 $\dim M_3(\mathbb{R})$ は 9 次元となる．

(発展)　群・環・体

数学では，いろいろな数の世界を扱う．その概略を直観的に紹介する．

(1) 足し算と引き算ができる世界を加法群という．たとえば整数係数の 1 次以下の式全体は加法群である．

(2) かけ算と割り算ができる世界を乗法群という．たとえば正の有理数全体は乗法群である．

(3) 足し算と引き算とかけ算ができる世界を環 (ring) という．たとえば整数全体 $\mathbb{Z}$ は環になる．環は加法群になる．

(4) 足し算と引き算とかけ算と，0 で割る以外の割り算ができる世界を体 (field) という (p.39 参照)．たとえば有理数全体 $\mathbb{Q}$ は体になる．体は環になる．

(5) 足し算と引き算と実数倍ができる世界を $\mathbb{R}$ 加群，または，実ベクトル空間という．たとえば平面ベクトルの全体 $\mathbb{R}^2$ は実ベクトル空間になる．ベクトル空間は加法群になる．

(6) 足し算と引き算とかけ算と実数倍ができる世界は $\mathbb{R}$ 多元環とか $\mathbb{R}$ 代数という．たとえば実 2 次正方行列の全体 $M_2(\mathbb{R})$ は $\mathbb{R}$ 代数になる．多元環はベクトル空間になる．

類題 7.1

$$A=\begin{pmatrix}2 & t & -1\\ 1 & 3 & -1\\ 2 & 4 & -1\end{pmatrix}$$ とおく．

(問 1) A が対角化できるためのパラメータ t の条件を求めよ．

(問 2) 複素成分の 3×3 行列 B で $AB=BA$ となるもの全体のなす線形空間を V とおく．V の複素次元が最大になるようにパラメータ t の値を決めよ．

2000 年 東京大 数理科学研究科

解答　| **問 1**　A の固有方程式は $\lambda^3-4\lambda^2+(7-t)\lambda+t-4=0$. 因数分解すると，

$(\lambda-1)(\lambda^2-3\lambda+4-t)=0.$

(i) 固有方程式が異なる 3 解 (複素数を許す) のとき，その 3 解を $\lambda=\alpha,\beta,\gamma$ とおく．各固有値に対して固有ベクトルが存在し，その 3 本は 1 次独立である．これらを並べて行列 P を作ると

$$AP=P\begin{pmatrix}\alpha & 0 & 0\\ 0 & \beta & 0\\ 0 & 0 & \gamma\end{pmatrix}$$

となる．つまり，

$$P^{-1}AP=\begin{pmatrix}\alpha & 0 & 0\\ 0 & \beta & 0\\ 0 & 0 & \gamma\end{pmatrix}$$

なので，対角化可能である．

(ii) $\lambda=1$ が重解のとき，$\lambda^2-3\lambda+4-t=0$ に代入して $t=2$. このとき，固有値は $\lambda=1$ (重解), 2 となる．

A の固有値 1 に対応する固有空間の元は $(A-E)\vec{v}=\vec{0}$ の解である．成分で書くと，

$$\begin{pmatrix}1 & 2 & -1\\ 1 & 2 & -1\\ 2 & 4 & -2\end{pmatrix}\begin{pmatrix}x\\ y\\ z\end{pmatrix}=\begin{pmatrix}0\\ 0\\ 0\end{pmatrix}.$$

係数行列の列ベクトルは 3 本とも平行なので，階数は 1. よって，この方程式の解空間は $3-1=2$ 次元分ある．つまり固有値 1 に対応する固有ベクトルとして 1 次独立な 2 本がとれる．たとえば $\begin{pmatrix}1\\ 0\\ 1\end{pmatrix}$ と $\begin{pmatrix}0\\ 1\\ 2\end{pmatrix}$. これと固有値 2 に対応する固有ベクトル，たとえば $\begin{pmatrix}1\\ 1\\ 2\end{pmatrix}$ を並べて行列 $P=\begin{pmatrix}1 & 0 & 1\\ 0 & 1 & 1\\ 1 & 2 & 2\end{pmatrix}$ を作ると

$$AP=P\begin{pmatrix}1 & 0 & 0\\ 0 & 1 & 0\\ 0 & 0 & 2\end{pmatrix}$$

となる．つまり，

$$P^{-1}AP=\begin{pmatrix}1 & 0 & 0\\ 0 & 1 & 0\\ 0 & 0 & 2\end{pmatrix}$$

なので，対角化可能である．

(iii) $\lambda^2-3\lambda+4-t=0$ が重解のとき．重解は，$\lambda=\dfrac{3}{2}$ であり，判別式が 0 より $t=\dfrac{7}{4}$. このとき，固有値は $\lambda=\dfrac{3}{2}$ (重解),1 となる．

A の固有値 $\dfrac{3}{2}$ に対応する固有空間の元は $\left(A-\dfrac{3}{2}E\right)\vec{v}=\vec{0}$ の解である．成分で書くと，

$$\begin{pmatrix} \dfrac{1}{2} & \dfrac{7}{4} & -1 \\ 1 & \dfrac{3}{2} & -1 \\ 2 & 4 & -\dfrac{5}{2} \end{pmatrix}\begin{pmatrix} x \\ y \\ z \end{pmatrix}=\begin{pmatrix} 0 \\ 0 \\ 0 \end{pmatrix}.$$

係数行列の列ベクトルのうち 2 本は 1 次独立なので，階数は 2. よって，この方程式の解空間は $3-2=1$ 次元分しかない．つまり固有値 $\dfrac{3}{2}$ に対応する固有ベクトルとして 1 次独立なものは 1 本しかとれない．したがって，A は対角化不可能.

問 2　A がジョルダン標準型になる基底で考える．

(i) A の固有値がすべて異なり対角化可能な場合．$AB=BA$ を成分で書くと，

$$\begin{pmatrix} \alpha & 0 & 0 \\ 0 & \beta & 0 \\ 0 & 0 & \gamma \end{pmatrix}\begin{pmatrix} a & b & c \\ d & e & f \\ g & h & i \end{pmatrix}=\begin{pmatrix} a & b & c \\ d & e & f \\ g & h & i \end{pmatrix}\begin{pmatrix} \alpha & 0 & 0 \\ 0 & \beta & 0 \\ 0 & 0 & \gamma \end{pmatrix}$$

$$\iff \begin{pmatrix} \alpha a & \alpha b & \alpha c \\ \beta d & \beta e & \beta f \\ \gamma g & \gamma h & \gamma i \end{pmatrix}=\begin{pmatrix} \alpha a & \beta b & \gamma c \\ \alpha d & \beta e & \gamma f \\ \alpha g & \beta h & \gamma i \end{pmatrix}$$

$$\iff \begin{pmatrix} 0 & (\alpha-\beta)b & (\alpha-\gamma)c \\ (\beta-\alpha)d & 0 & (\beta-\gamma)f \\ (\gamma-\alpha)g & (\gamma-\beta)h & 0 \end{pmatrix}=\begin{pmatrix} 0 & 0 & 0 \\ 0 & 0 & 0 \\ 0 & 0 & 0 \end{pmatrix}.$$

よって，$b=0$, $c=0$, $d=0$, $f=0$, $g=0$, $h=0$.

よって，$B=\begin{pmatrix} a & 0 & 0 \\ 0 & e & 0 \\ 0 & 0 & i \end{pmatrix}$ となるので，$\dim V=3$.

(ii) A の固有値が $\lambda=\alpha,\alpha,\beta$ $(\alpha\neq\beta)$ で，対角化可能な場合.

$$\begin{pmatrix} \alpha & 0 & 0 \\ 0 & \alpha & 0 \\ 0 & 0 & \beta \end{pmatrix}\begin{pmatrix} a & b & c \\ d & e & f \\ g & h & i \end{pmatrix}=\begin{pmatrix} a & b & c \\ d & e & f \\ g & h & i \end{pmatrix}\begin{pmatrix} \alpha & 0 & 0 \\ 0 & \alpha & 0 \\ 0 & 0 & \beta \end{pmatrix}$$

$$\iff \begin{pmatrix} \alpha a & \alpha b & \alpha c \\ \alpha d & \alpha e & \alpha f \\ \beta g & \beta h & \beta i \end{pmatrix}=\begin{pmatrix} \alpha a & \alpha b & \beta c \\ \alpha d & \alpha e & \beta f \\ \alpha g & \alpha h & \beta i \end{pmatrix}$$

$$\iff \begin{pmatrix} 0 & 0 & (\alpha-\beta)c \\ 0 & 0 & (\alpha-\beta)f \\ (\beta-\alpha)g & (\beta-\alpha)h & 0 \end{pmatrix} = \begin{pmatrix} 0 & 0 & 0 \\ 0 & 0 & 0 \\ 0 & 0 & 0 \end{pmatrix}.$$

よって，$c=0,\ f=0,\ g=0,\ h=0$ となる．

$B=\begin{pmatrix} a & b & 0 \\ d & e & 0 \\ 0 & 0 & i \end{pmatrix}$ なので，$\dim V=5$.

(iii) A の固有値が $\lambda=\alpha,\alpha,\beta\ (\alpha\neq\beta)$ で対角化不可能な場合．

$$\begin{pmatrix} \alpha & 1 & 0 \\ 0 & \alpha & 0 \\ 0 & 0 & \beta \end{pmatrix}\begin{pmatrix} a & b & c \\ d & e & f \\ g & h & i \end{pmatrix} = \begin{pmatrix} a & b & c \\ d & e & f \\ g & h & i \end{pmatrix}\begin{pmatrix} \alpha & 1 & 0 \\ 0 & \alpha & 0 \\ 0 & 0 & \beta \end{pmatrix}$$

$$\iff \begin{pmatrix} \alpha a+d & \alpha b+e & \alpha c+f \\ \alpha d & \alpha e & \alpha f \\ \beta g & \beta h & \beta i \end{pmatrix} = \begin{pmatrix} \alpha a & a+\alpha b & \beta c \\ \alpha d & d+\alpha e & \beta f \\ \alpha g & g+\alpha h & \beta i \end{pmatrix}$$

$$\iff \begin{pmatrix} d & e-a & (\alpha-\beta)c+f \\ 0 & -d & (\alpha-\beta)f \\ (\beta-\alpha)g & (\beta-\alpha)h-g & 0 \end{pmatrix} = \begin{pmatrix} 0 & 0 & 0 \\ 0 & 0 & 0 \\ 0 & 0 & 0 \end{pmatrix}.$$

よって，$a=e,\ c=0,\ d=0,\ f=0,\ g=0,\ h=0$ となる．

$B=\begin{pmatrix} a & b & 0 \\ 0 & a & 0 \\ 0 & 0 & i \end{pmatrix}$ なので，$\dim V=3$.

(i),(ii),(iii) より

（答） $\dim V=5$ が最大で，このとき，$t=2$.

問題 7.2

固有ベクトルと行列の方程式

$A=\begin{pmatrix} 4 & 1 \\ -4 & 0 \end{pmatrix}$ とするとき，$AB\,{}^tA=\alpha B$ となる 2 行 2 列の実対称行列 B と実数 α をすべて求めよ．ただし，${}^tA$ は A の転置行列を表す．

2005 年 東京大 数理科学研究科

ポイント $f(\vec{v},\vec{w})={}^t\vec{v}AB\,{}^tA\vec{w}$ とおく．${}^tA$ の固有ベクトルと ${}^tA$ の広義固有ベクトルを求め，$\vec{v},\vec{w}$ に代入して関係式を求める．

解答 ${}^tA\begin{pmatrix} 2 \\ 1 \end{pmatrix}=\begin{pmatrix} 4 & -4 \\ 1 & 0 \end{pmatrix}\begin{pmatrix} 2 \\ 1 \end{pmatrix}=\begin{pmatrix} 4 \\ 2 \end{pmatrix}=2\begin{pmatrix} 2 \\ 1 \end{pmatrix}$ である．

◀ 両辺を転置すると $(2,1)A=2(2,1)$.

$AB{}^tA=\alpha B$ に左から $(2,1)$ を，右から $\begin{pmatrix}2\\1\end{pmatrix}$ をかける．

$$(2,1)AB{}^tA\begin{pmatrix}2\\1\end{pmatrix}=(2,1)\alpha B\begin{pmatrix}2\\1\end{pmatrix}$$

$$\Longleftrightarrow 4(2,1)B\begin{pmatrix}2\\1\end{pmatrix}=\alpha(2,1)B\begin{pmatrix}2\\1\end{pmatrix}. \tag{1}$$

$${}^tA\begin{pmatrix}1\\0\end{pmatrix}=\begin{pmatrix}4&-4\\1&0\end{pmatrix}\begin{pmatrix}1\\0\end{pmatrix}=\begin{pmatrix}4\\1\end{pmatrix}=2\begin{pmatrix}1\\0\end{pmatrix}+\begin{pmatrix}2\\1\end{pmatrix}$$

◀ 両辺を転置すると $(1,0)A=2(1,0)+(2,1)$.

である．

$AB{}^tA=\alpha B$ に左から $(2,1)$ を，右から $\begin{pmatrix}1\\0\end{pmatrix}$ をかける．

$$(2,1)AB{}^tA\begin{pmatrix}1\\0\end{pmatrix}=(2,1)\alpha B\begin{pmatrix}1\\0\end{pmatrix}$$

$$\Longleftrightarrow 4(2,1)B\begin{pmatrix}1\\0\end{pmatrix}+2(2,1)B\begin{pmatrix}2\\1\end{pmatrix}=\alpha(2,1)B\begin{pmatrix}1\\0\end{pmatrix}. \tag{2}$$

◀ 左辺は $2(2,1)B\left\{2\begin{pmatrix}1\\0\end{pmatrix}+\begin{pmatrix}2\\1\end{pmatrix}\right\}$ になる．

$AB{}^tA=\alpha B$ に左から $(1,0)$ を，右から $\begin{pmatrix}1\\0\end{pmatrix}$ をかける．

B が対称行列なので，転置することにより

$$(2,1)B\begin{pmatrix}1\\0\end{pmatrix}=(1,0)B\begin{pmatrix}2\\1\end{pmatrix}$$

が成り立つので，

$$(1,0)AB{}^tA\begin{pmatrix}1\\0\end{pmatrix}=(1,0)\alpha B\begin{pmatrix}1\\0\end{pmatrix}$$

$$\Longleftrightarrow 4(1,0)B\begin{pmatrix}1\\0\end{pmatrix}+4(2,1)B\begin{pmatrix}1\\0\end{pmatrix}+(2,1)B\begin{pmatrix}2\\1\end{pmatrix}$$

$$=\alpha(1,0)B\begin{pmatrix}1\\0\end{pmatrix}. \tag{3}$$

◀ 左辺は $\{2(1,0)+(2,1)\}B\cdot\left\{2\begin{pmatrix}1\\0\end{pmatrix}+\begin{pmatrix}2\\1\end{pmatrix}\right\}$ になる．

(i) $\alpha=4$ のとき．(1) はつねに成り立つ．(2) より

$$(2,1)B\begin{pmatrix}2\\1\end{pmatrix}=0.$$

(3) より

$$(2,1)B\begin{pmatrix}1\\0\end{pmatrix}=0.$$

よって，任意の $\begin{pmatrix} x \\ y \end{pmatrix}$ に対して，$(2,1)B\begin{pmatrix} x \\ y \end{pmatrix}=0$. ゆえに

$$(2,1)B=(0,0). \tag{4}$$

$$B=\begin{pmatrix} a & -2a \\ -2a & 4a \end{pmatrix}.$$

◀ 任意の $\begin{pmatrix} x \\ y \end{pmatrix}$ は $\begin{pmatrix} x \\ y \end{pmatrix}=y\begin{pmatrix} 2 \\ 1 \end{pmatrix}+(x-2y)\begin{pmatrix} 1 \\ 0 \end{pmatrix}$ と表せる．

(ii) $\alpha \neq 4$ のとき．(1) より

$$(2,1)B\begin{pmatrix} 2 \\ 1 \end{pmatrix}=0.$$

(2) より

$$(2,1)B\begin{pmatrix} 1 \\ 0 \end{pmatrix}=0.$$

よって，(4) が成り立つ．

(3) より

$$(1,0)B\begin{pmatrix} 1 \\ 0 \end{pmatrix}=0.$$

これと

$$(1,0)B\begin{pmatrix} 2 \\ 1 \end{pmatrix}=0$$

により任意の $\begin{pmatrix} x \\ y \end{pmatrix}$ に対して，

$$(1,0)B\begin{pmatrix} x \\ y \end{pmatrix}=0.$$

ゆえに $(1,0)B=(0,0)$. これと (4) より，任意の (x,y) に対して，$(x,y)B=(0,0)$. よって，$B=O$.

(i)(ii) より，

(答) $B=a\begin{pmatrix} 1 & -2 \\ -2 & 4 \end{pmatrix}$ かつ $\alpha=4$ または，

$B=O$ かつ α は任意.

解説 | $\vec{v}={}^tA\vec{w}$ という変数変換で定数倍しかされない 2 次形式 (2 次の斉次式) を求める問題である．

2 次行列なので $B=\begin{pmatrix} a & b \\ b & c \end{pmatrix}$ とおいて

$$AB\,{}^tA=\alpha B \quad \Longleftrightarrow \quad AB=\alpha B\,{}^tA^{-1}$$

に代入して腕力でやってもできるが時間がかかる．手際良く処理するには固有値，固有ベクトルを用いるとよい．

(発展)　ハメル基底

$\mathbb{Q}$ を有理数全体の集合，$\mathbb{Q}$ に i をつけ加えた集合 $\{a+bi \mid a,b\in\mathbb{Q}\}$ は，$\mathbb{Q}$ 上 2 次元のベクトル空間になる．

$\mathbb{Q}$ に $\sqrt[3]{2}$ と $\sqrt[3]{4}$ をつけ加えた集合 $\{a+b\sqrt[3]{2}+c\sqrt[3]{4} \mid a,b,c\in\mathbb{Q}\}$ は，$\mathbb{Q}$ 上 3 次元のベクトル空間になる．

では，実数全体の集合 $\mathbb{R}$ は $\mathbb{Q}$ 上何次元のベクトル空間となるだろうか．これは無限次元になる．この際の基底をハメル基底という．$f:\mathbb{R}\to\mathbb{R}$ が $f(x+y)=f(x)+f(y)$ を満たすとき，$f(x)$ は正比例の関数 $f(x)=ax$ になりそうな気がするが，実際は，ハメル基底を用いた無限個の解がある．

f の定義域を有理数 $\mathbb{Q}$ に制限すると，正比例だけになる．f の定義域が実数 $\mathbb{R}$ でも f が連続関数なら正比例だけになる．

類題 7.2

A を行列 $\begin{pmatrix} 2 & 1 & 1 \\ -1 & 2 & -1 \\ -1 & -1 & 0 \end{pmatrix}$ とする．以下の問いに答えよ．

(問 1) A の固有値および広義固有空間をすべて求めよ．

(問 2) $AB=2BA$ を満たす任意の 3 次正方行列 B は $B^3=O$ を満たすことを示せ．

(問 3) $AB=2BA$ を満たす零行列でない 3 次正方行列 B を 1 つ求めよ．

2007 年 東京大 数理科学研究科

解答 | **問 1**　A の固有方程式 $\lambda^3-4\lambda^2+5\lambda-2=(\lambda-2)(\lambda-1)^2=0$ を解いて，

(答)　固有値は$\lambda=1$ (重解), 2.

$$A\begin{pmatrix}1\\0\\-1\end{pmatrix}=\begin{pmatrix}1\\0\\-1\end{pmatrix},\quad A\begin{pmatrix}1\\1\\-1\end{pmatrix}=2\begin{pmatrix}1\\1\\-1\end{pmatrix}$$

である．この固有ベクトルを順に $\overrightarrow{v_1},\overrightarrow{v_2}$ とおく．

$$A-E=\begin{pmatrix}1&1&1\\-1&1&-1\\-1&-1&-1\end{pmatrix}$$

の階数は 2 なので，固有値 1 に対応する固有空間 $W_1=\mathrm{Ker}(A-E)$ の次元は $3-2=1$. よって

$$\textbf{（答）}\quad W_1=\{s\overrightarrow{v_1}\mid s\in\mathbb{R}\}.$$

$$(A-E)^2=\begin{pmatrix}-1&1&-1\\-1&1&-1\\1&-1&1\end{pmatrix}$$

の階数は 1 なので，固有値 1 に対応する広義固有空間 $W_1'=\mathrm{Ker}(A-E)^2$ の次元は $3-1=2$. W_1' の元で W_1 に入らないものとして，たとえば，$\overrightarrow{v_1}'=\begin{pmatrix}1\\1\\0\end{pmatrix}$ がある．よって，

$$\textbf{（答）}\quad W_1'=\{s\overrightarrow{v_1}+t\overrightarrow{v_1}'\mid s,t\in\mathbb{R}\}.$$

固有値 2 に対応する固有空間は

$$\textbf{（答）}\quad W_2=\{s\overrightarrow{v_2}\mid u\in\mathbb{R}\}.$$

問 2　$\det A=2\neq 0$ なので A^{-1} が存在する．よって，$\vec{v}\neq\vec{0}\Longleftrightarrow A\vec{v}\neq\vec{0}$ である．

B の固有値を λ, それに対応する固有ベクトルを $\vec{v}$ とおく．$BA=\dfrac{1}{2}AB$ の両辺に，右から $\vec{v}$ をかけると，

$$BA\vec{v}=\left(\frac{1}{2}AB\right)\vec{v}=\frac{1}{2}A(B\vec{v})=\frac{1}{2}A\lambda\vec{v},\quad \text{よって}\quad B(A\vec{v})=\frac{\lambda}{2}(A\vec{v}).$$

$A\vec{v}\neq\vec{0}$ なので，$A\vec{v}$ は B の固有値 $\dfrac{\lambda}{2}$ に対応する固有ベクトルになる．これを繰り返すと B には固有値 $\lambda,\dfrac{\lambda}{2},\dfrac{\lambda}{4},\dfrac{\lambda}{8},\cdots$ が存在することになる．B は 3 次行列なので異なる固有値は高々3 個である．したがって，$\lambda=0$.

B のすべての固有値は 0 なので，固有方程式は $\lambda^3=0$. ハミルトン–ケーリーの定理より $B^3=0$.　　(証明終わり)

問 3　$(1,0,1)A=(1,0,1)$ が成り立つ．この横ベクトルを $\vec{w}$ とおき，

$$B=\vec{v_2}\vec{w}=\begin{pmatrix}1\\1\\-1\end{pmatrix}(1,0,1)$$

とおく．このとき

$$AB=A(\vec{v_2},0,\vec{v_2})=(2\vec{v_2},0,2\vec{v_2})=2B.$$

一方，

$$BA=\begin{pmatrix}\vec{w}\\\vec{w}\\-\vec{w}\end{pmatrix}A=\begin{pmatrix}\vec{w}\\\vec{w}\\-\vec{w}\end{pmatrix}=B.$$

$AB=2BA$ が成り立つので，答えの 1 例は，

$$\textbf{(答)}\quad B=\begin{pmatrix}1&0&1\\1&0&1\\-1&0&-1\end{pmatrix}.$$

（発展）　カルタン分解

n 次正方行列 M は $\det M\neq 0$ のとき，直交行列 T_1,T_2 と対角成分が正の対角行列 D を用いて $M=T_1DT_2$ と表せる．これをカルタン分解という．

$\det M>0$ なら T_1,T_2 を回転行列に選べる．$\det M<0$ なら T_1,T_2 の一方が回転行列，もう一方が鏡映行列になる．

たとえば，$M=\begin{pmatrix}a&b\\c&d\end{pmatrix}$ の場合，

$$M=\begin{pmatrix}\cos\theta&-\sin\theta\\\sin\theta&\cos\theta\end{pmatrix}\begin{pmatrix}\alpha&0\\0&\beta\end{pmatrix}\begin{pmatrix}\cos\phi&-\sin\phi\\\sin\phi&\cos\phi\end{pmatrix}$$

または，

$$M=\begin{pmatrix}\cos\theta&\sin\theta\\\sin\theta&-\cos\theta\end{pmatrix}\begin{pmatrix}\alpha&0\\0&\beta\end{pmatrix}\begin{pmatrix}\cos\phi&-\sin\phi\\\sin\phi&\cos\phi\end{pmatrix}$$

と変形できる．

これから，カルタン分解の存在を証明する．まずは，準備から．${}^tMM$ の固有値はすべて非負である．なぜなら，${}^tMM$ の固有値を α，これに対応する単位固有ベクトルを $\vec{v}$ とおくと，

$$\alpha=\alpha(\vec{v},\vec{v})=({}^tMM\vec{v},\vec{v})=(M\vec{v},M\vec{v})=|M\vec{v}|^2\geqq 0.$$

$\det M\neq 0$ なら 0 固有値は存在しないので，${}^tMM$ の固有値 $\alpha_1,\cdots,\alpha_n$ はすべて

正となる．${}^tMM$ は対称行列なので，ある直交行列 T_3 を用いて

$$
{}^tT_3({}^tMM)T_3=\begin{pmatrix}\alpha_1 & & O\\ & \ddots & \\ O & & \alpha_n\end{pmatrix}
$$

の形にできる．

$$
S=T_3\begin{pmatrix}\sqrt{\alpha_1} & & O\\ & \ddots & \\ O & & \sqrt{\alpha_n}\end{pmatrix}{}^tT_3
$$

とおくと S は正値対称行列であり，$S^2={}^tMM$ となる．このような S は唯一であることも証明できる．$MS^{-1}=T_4$ とおくと，簡単な計算で T_4 が直交行列になっていることがわかる．

$$
\therefore\quad M=T_4S.
$$

S を回転行列で対角化すると

$$
M=T_4{}^tT_5\begin{pmatrix}\sqrt{\alpha_1} & & O\\ & \ddots & \\ O & & \sqrt{\alpha_n}\end{pmatrix}T_5.
$$

$T_1=T_4{}^tT_5$, $T_2=T_5$ とおくと $M=T_1DT_2$ の形になる．

等式

$$
\begin{pmatrix}1 & 0\\ 0 & 2\end{pmatrix}=\begin{pmatrix}0 & 1\\ -1 & 0\end{pmatrix}\begin{pmatrix}2 & 0\\ 0 & 1\end{pmatrix}\begin{pmatrix}0 & -1\\ 1 & 0\end{pmatrix}
$$

が端的に表す通り，カルタン分解は一意ではない．

参考文献

[1] 赤尾和男著『線形代数と群』(共立講座　21 世紀の数学 3), 共立出版 (1998)

[2] 有馬 哲・浅枝 陽著『演習詳解　線形代数』, 東京図書 (1976)

[3] 伊原信一郎・河田敬義著『線形空間・アフィン幾何』(岩波基礎数学選書), 岩波書店 (1997)

[4] 伊理正夫著『線形代数 I, II』(岩波講座　応用数学 1, 11), 岩波書店 (1993, 1994)

[5] 内田伏一・浦川 肇著『線形代数通論』, 裳華房 (1994)

[6] 小林正典・寺尾宏明著『線形代数　講義と演習』, 培風館 (2007)

[7] 岩堀長慶著『線形代数学』, 裳華房 (1982)

[8] 金子 晃著『線形代数講義』(数理・情報系の数学講座 2), サイエンス社 (2004)

[9] 熊原啓作著『行列・群・等質空間』(日評数学選書), 日本評論社 (2001)

[10] E. クライツィグ著, 堀 素夫訳『線形代数とベクトル解析』(技術者のための高等数学 2), 培風館 (2003)

[11] 小寺平治著『明解演習線形代数』(明解演習シリーズ 1), 共立出版 (1982)

[12] 小寺平治著『初めて学ぶ線形代数』, 現代数学社 (1997)

[13] 小西栄一・深見哲造・遠藤静男著『線形代数・ベクトル解析』(改訂・工科の数学 2), 培風館 (1978)

[14] 米田二良著『計算問題中心の線形代数学 (第 2 版)』, 学術図書出版 (2010)

[15] 齋藤寛靖著『単位が取れる線形代数ノート』, 講談社 (2003)

[16] 齋藤正彦著『線形代数入門』(基礎数学 1), 東京大学出版会 (1995)

[17] 齋藤正彦著『線形代数演習』(基礎数学 4), 東京大学出版会 (1985)

[18] 佐武一郎著『線形代数学』(数学選書 1), 裳華房 (1974)

[19] 佐武一郎著『線形代数』(共立講座　21 世紀の数学 2), 共立出版 (1997)

[20] 数学教科書編集委員会編『基礎理学　線形代数学』, 学術図書出版社 (2009)

[21] 砂田利一著『行列と行列式 1, 2』(岩波講座　現代数学への入門 1, 5), 岩波書店 (1995, 1996)

[22] 竹内外史著『線形代数と量子力学』(基礎数学選書 24), 裳華房 (1981)

[23] 田吉隆夫著『理工系　線形代数学入門』, 昭晃堂 (2005)

[24] 寺田文行・木村宣昭著『演習と応用　線形代数』(新・演習数学ライブラリ 1), サイエンス社 (2000)

[25] 寺田文行・増田真郎著『演習線形代数』(サイエンスライブラリ演習数学 2), サイエンス社 (1978)
[26] 戸田暢茂著『基礎線形代数』, 学術図書出版社 (2002)
[27] 中村 郁著『線形代数学』, 数学書房 (2007)
[28] 西田吾郎著『線形代数学』, 京都大学学術出版会 (2009)
[29] 二木昭人著『基礎講義　線形代数学』, 培風館 (1999)
[30] 暫江誠夫・桑垣煥・笠原晧司著『詳説演習　線形代数学』, 培風館 (1981)
[31] 三浦 毅・佐藤邦夫・高橋眞映著『線形代数の発想』, 学術図書出版 (2009)
[32] 三宅敏恒著『入門線形代数』, 培風館 (2008)
[33] 三宅敏恒著『線形代数学　初歩からジョルダン標準形へ』, 培風館 (2008)
[34] 村上正康・佐藤恒雄・野澤宗平・稲葉尚志著『教養の線形代数 (五訂版)』, 培風館 (2008)
[35] 森元勘治・松本茂樹著『基礎線形代数』, 学術図書出版社 (2010)
[36] 山形邦夫・和田倶幸著『線形代数学入門』, 培風館 (2006)
[37] 吉本武史・豊泉正男著『線形代数学入門　基礎と演習』, 学術図書出版社 (2010)

著者 **池田和正**（いけだ かずまさ）

略歴

1963年　東京都に生まれる.

1986年　東京大学理学部数学科卒業.

1988年　東京大学大学院理学系研究科数学専攻修了.　理学博士.

現在　東京理科大学，お茶の水女子大学講師.

訳書

『フラクタル幾何学』（共訳，日経サイエンス）

『ウェーブレット 理論と応用』

（共訳，シュプリンガー・フェアラーク東京）

大学院入試問題から学ぶシリーズ **線形代数**《せんけいだいすう》

2011年9月10日　第1版第1刷発行

2023年4月10日　第1版第4刷発行

著者　池田 和正

発行所　株式会社 日本評論社

〒170-8474 東京都豊島区南大塚3-12-4

電話（03）3987-8621［販売］（03）3987-8599［編集］

印刷製本　株式会社デジタルパブリッシングサービス

装幀　Malpu Design（清水良洋）

本文デザイン　Malpu Design（佐野佳子）

ISBN 978-4-535-78603-5